青海省水土保持分析与研究

孙维营　王玲玲　张　攀　编著

黄河水利出版社

·郑州·

内 容 提 要

　　本书在详细、系统分析青海省基本情况、水土流失情况、防治现状和存在问题的基础上,根据水土保持工作面临的新形势、新机遇、新挑战,进行水土保持现状评价与需求分析,以防治水土流失,合理利用、开发和保护水土资源为主线,分析研究提出较科学的水土保持方略(涵盖预防、治理、监测、综合监管、科技、宣传、教育等诸多方面)、防治目标与总体布局,根据各区域特点分区提出合理的防治措施配置体系,研究提出水土保持监测、综合监管、科技、宣传、教育等方面的发展方向和工作重点。本书适合水土保持工作者阅读参考。

图书在版编目(CIP)数据

　　青海省水土保持分析与研究/孙维营,王玲玲,张攀编
著. —郑州:黄河水利出版社,2018.8
　　ISBN 978 - 7 - 5509 - 2101 - 6

　　Ⅰ.①青…　Ⅱ.①孙…②王…③张…　Ⅲ.①水土保
持 - 研究 - 青海　Ⅳ.①S157

　　中国版本图书馆 CIP 数据核字(2018)第 184328 号

出　版　社:黄河水利出版社
　　　　　地址:河南省郑州市顺河路黄委会综合楼14层　邮政编码:450003
发行单位:黄河水利出版社
　　　　　发行部电话:0371 - 66026940、66020550、66028024、66022620(传真)
　　　　　E-mail:hhslcbs@ 126. com
承印单位:河南新华印刷集团有限公司
开本:787 mm × 1 092 mm　1/16
印张:16.5
字数:387 千字　　　　　　　　　　　印数:1—1 000
版次:2018 年 8 月第 1 版　　　　　　印次:2018 年 8 月第 1 次印刷
定价:38.00 元

前　言

　　水土资源是人类赖以生存和发展的基础性资源。水土流失对农业生产、生态可持续发展、防洪安全及水质安全有着重要影响,严重的水土流失将会威胁到中华民族的生存和发展,是我国的主要环境问题。

　　党中央和国务院历来高度重视水土流失问题,将水土保持作为保障国家生态安全和经济社会可持续发展的一项长期战略任务,采取多种措施防治水土流失,实施了一系列水土保持重点工程。党的十六大以来,党中央提出了以人为本、全面协调可持续发展的科学发展观。党的十七大进一步将科学发展观确立为建设社会主义现代化国家必须长期坚持的重要指导思想。党的十八届三中全会进一步确立了包括生态文明在内的中国特色社会主义"五位一体"建设总布局,提出"努力建设美丽中国,实现中华民族永续发展"。党的十九大更是提出"加快生态文明体制改革,建设美丽中国"的新目标,为水土保持工作指明了前进道路和发展方向。

　　青海省是青藏高原的主体,在中国乃至亚洲具有显著的生态战略地位,被称为中国的"江河源""生态源",是我国及东半球气候的"启动区"和"调节区"。2017年,经国务院批准,在青海试点建立我国第一个国家公园"三江源国家公园",其生态战略地位可见一斑。青海省地域辽阔,经度和纬度跨度大、地形复杂、气候多变,生态环境脆弱,水土流失量大面广,类型复杂多样,制约着全省乃至全国经济社会的可持续发展。水土保持作为生态文明建设的重要组成部分,对青海省落实生态文明建设和绿色发展理念,实施"生态优先、保护第一"方针,改善生态系统,维护生态功能,增强可持续发展能力,推进资源节约型和环境友好型社会建设具有重要作用。

　　本书在详细、系统分析总结青海省基本情况、水土流失防治现状和存在问题的基础上,针对水土保持工作面临的新形势、新机遇、新挑战和防治需求,以防治水土流失,合理利用、开发和保护水土资源为主线,提出较科学的水土保持防治目标、总体布局、防治体系与方略(涵盖预防、治理、监测、综合监管、科技、宣传、教育等诸多方面)、水土保持工作保障措施,并给出了规划阶段水土保持投资匡算方法,以期使更多的人了解青海省水土流失状况及水土保持的重要性,并希望对水土保持相关专业从业人员提供一定的参考和帮助,为青海省夯实水土保持工作基础,因地制宜地制定水土保持发展战略、治理方略和防治模式,加快水土流失防治步伐、规范生产建设行为、增强防灾减灾能力、促进山区群众脱贫致富、形成全社会共同参与水土保持的新局面、推动加快转变经济发展方式和生态文明建设尽绵薄之力。

　　本书由史学建组织策划、编制提纲和统稿。各部分分工如下:孙维营撰写了内容提要、第1章1.3~1.4节、第4章、第9章9.1~9.3节及9.6节部分内容;王玲玲撰写了第3章3.1~3.3节;张攀撰写了第5章,张攀、于杰共同撰写了第8章;侯欣欣撰写了第6章6.3节中6.3.1~6.3.2小节及第9章9.6节部分内容;彭红撰写了第1章1.1节;李莉撰写了第1章1.2节、第6章6.3节中6.3.3小节、第9章9.4~9.5节及9.6节部分内容，李莉、乔建栋共同撰写了第7章7.1~7.5节及7.8~7.10节；常珊撰写了第2章及第9章9.6节部分内容；刘红梅撰写了前言、第3章3.4节、第6章6.1~6.2节、第7章7.6~7.7节及第9章9.6节部分内容、第10章、第11章及参考文献。

　　青海省水利厅领导、各职能部门、地方有关业务部门同仁对本书的编写给予了诸多支持和帮助，特别是青海省水土保持局刘寻续、乔建栋、于杰、韩成军同志提供了大量的生产实践和研究资料，在此致以衷心的谢意；同时，本书编写过程中参考引用了大量的文献资料，在此也向文献作者和资料提供者致以深切的谢意。

　　青海省水土保持工作任重道远，由于作者水平有限，难免有疏漏之处，敬请读者批评指正。

作　者

2018年5月

目　录

第 1 章　青海省基本情况

青海省位于我国西北部内陆腹地、青藏高原东北部,是我国东部通往新疆、甘肃北部、西藏的重要通道,战略位置非常重要。地理坐标 N31°39′~39°19′,E89°35′~103°04′,东西长约 1 200 km,南北宽约 800 km。总面积 69.66 万 km²,占全国总面积的 7.5%。全省包括 6 个民族自治州、2 个地级市,共 8 个市、自治州级单位;5 个市辖区、3 个县级市、28 个县、7 个民族自治县、3 个行政委员会,共 46 个县级单位。

青海省行政区划基本情况见表 1-1,行政区划图见图 1-1。

表 1-1　青海省行政区划基本情况表

市(自治州)	面积(万 km²)	涉及县、市、区、行政委员会(个)	县(自治县、行政委员会)
西宁市	0.76	7	城东区、城中区、城西区、城北区、大通回族土族自治县、湟中县、湟源县
海东市	1.3	6	平安县、乐都区、互助土族自治县、民和回族土族自治县、化隆回族自治县、循化撒拉族自治县
海北藏族自治州	3.44	4	祁连县、刚察县、海晏县、门源回族自治县
海南藏族自治州	4.35	5	共和县、贵德县、同德县、贵南县、兴海县
黄南藏族自治州	1.82	4	同仁县、尖扎县、泽库县、河南蒙古族自治县
果洛藏族自治州	7.42	6	玛沁县、甘德县、久治县、达日县、班玛县、玛多县
玉树藏族自治州	20.49	6	玉树市、囊谦县、称多县、治多县、杂多县、曲麻莱县
海西蒙古族藏族自治州	30.09	8	格尔木市、德令哈市、乌兰县、都兰县、天峻县、茫崖行政委员会、冷湖行政委员会、大柴旦行政委员会
合计	69.66	46	

全省涉及黄河、长江、澜沧江、内陆河四大水系,是我国乃至亚洲部分地区的重要水源地,被誉为"三江之源""中华水塔",生态地位尤为重要。全省地势西高东低,南北高中部低。全省属典型的高原大陆性气候,主要特征是干燥、多风、寒冷,多年平均气温 -5.6~8.5 ℃。有高山、盆地、戈壁、丘陵、平原、沼泽、湖泊等地类。植被类型多样,以草甸植被为主。全省土地资源和社会经济发展不均衡,东部黄土高原区人口较密,内陆河区、黄河源区、长江源区、澜沧江源区人口稀少。省内年总径流量 611.23 亿 m³,年均总输沙量

1.15 亿 t。据全国第一次水利普查成果,全省土壤侵蚀总面积 32.45 万 km²,占全省总土地面积的 46.58%。侵蚀类型有水力侵蚀、风力侵蚀和冻融侵蚀。

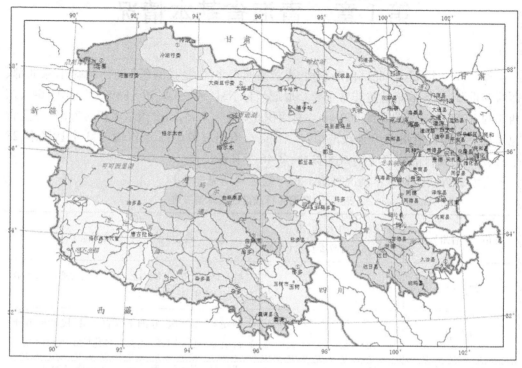

图 1-1　青海省行政区划图

1.1　自然条件

1.1.1　地形地貌

1.1.1.1　地处高原,平均海拔高

青海省地处青藏高原东北部和黄土高原西部。青海省东北部由阿尔金山、祁连山等数列平行山脉和谷地组成,平均海拔在 4 000 m 以上;位于达坂山和拉脊山之间的湟水谷地,平均海拔在 2 300 m 左右;西北部的柴达木盆地,是一个被阿尔金山、祁连山和昆仑山环绕的巨大盆地,海拔 2 600 ~ 3 000 m;南部是以昆仑山为主体并占全省面积一半以上的青南高原,大部分地区海拔在 4 000 ~ 5 000 m 之间,平均海拔 4 500 m 以上,最高海拔达 6 860 m。具体地势情况见图 1-2。该区域因高海拔的地理特征形成了独特的高寒气候和高原景观。

1.1.1.2　地势起伏大,高差悬殊

全省地势自西向东倾斜,最高点(昆仑山布喀达坂峰,海拔 6 860 m)和最低点(民和县下川口村,海拔约 1 650 m)海拔相差 5 210 m,高差悬殊。青海省地貌以山地为主,兼有平地和丘陵。具体地形起伏情况见图 1-3。

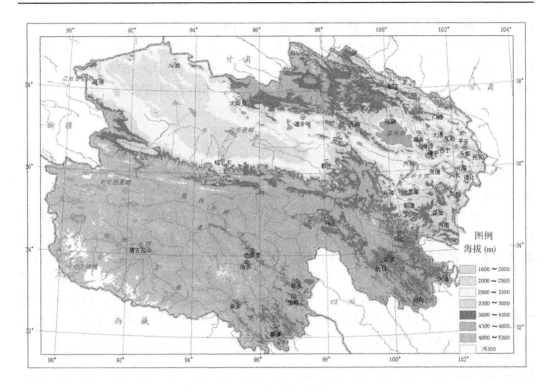

图 1-2　青海省地势图

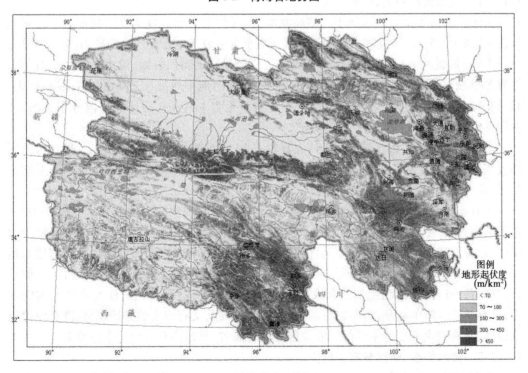

图 1-3　青海省地形起伏度分布图

1.1.1.3　地貌基本格局清晰,呈北西西—南东东走向

受地质构造运动控制,地貌基本格局呈北西西—南东东走向,地貌单元基本上呈带状分布。自北向南依次为祁连山—阿尔金山、柴达木盆地—共和盆地—河湟谷地及黄南低地、东昆仑山脉、青南高原、唐古拉山脉。总的表现为北部山地,中部盆地、谷地和低地,南部高原,呈高大山脉、山间盆地、高原相间排列的地貌格局。

1.1.1.4　地貌类型复杂多样,具有垂直地带性分布规律

全省地貌类型复杂多样,有山地、高原、盆地、丘陵、谷地、戈壁等。盆地约占全省面积的30.0%,河谷占4.8%,山地占51%,戈壁荒漠占4.2%。阳光、风、水等外营力的作用,加上各地岩性不同,形成了丰富多彩的地貌类型。

由于地势悬殊,不同高度水热条件不同,导致外营力在垂直方向上的分带与相应地貌形态垂直分异的特点。从一个深切的河谷地段向上至高山顶部,往往在最低部流水作用下,河谷地形成冲积平原、阶地、台地,西部干旱区域发育干燥地貌类型及风积、风蚀地貌等;向上流水和风力作用减弱,冰缘冻土地貌有所加强,至山体顶部或一定高度,冻融作用强烈,冰川发育,形成典型的冰缘地貌、冻土地貌、冰川地貌等类型。大部分地域表现出地貌外营力在垂直方向上成层分异规律和水平方向上成片分异规律相结合,是造成全省地貌类型复杂多样的重要原因。

1.1.2　气候

1.1.2.1　气温普遍较低,冬长夏短

由于青海省大部分地区属于青藏高原地区,气候上突出表现为高寒特征。全省年均气温 −5.6 ~ 8.5 ℃,比我国东部同纬度地区要低8 ~ 20 ℃,相当于寒温带,年均气温分布见图1-4。最暖的7月平均气温5.4 ~ 20 ℃,气温最暖的黄河谷地、湟水谷地高于16 ℃。全省冬季漫长,大都在150 d以上,青南高原和祁连山地中西部在250 d左右;夏季短促,且分布地域狭小,主要分布在东部河湟谷地区。全省1月和7月平均气温分布见图1-5和图1-6。

全省气温日较差大,年较差小,气温日较差14 ~ 16 ℃,最高达36.6 ℃,一般比我国同纬度东部地区高2 ~ 5 ℃。全省年较差在20 ~ 27 ℃,比我国大陆同纬度的东部平原高3 ~ 8 ℃。

全省幅员辽阔,地形复杂,高低悬殊,各地的气候表现出明显的差异。海拔2 000 m以下的河湟谷地为暖区,是青海省重要的农业区。海拔3 000 m左右的柴达木盆地为次暖区,是青海省的新垦区,春小麦为优势作物。海拔4 000 m以上的青南高原和祁连山地为冷区,常年有冰雪分布。地形的差异形成形形色色的地方气候和小气候。由于气候复杂多样,各地区的土地利用形式和农业生产方式多种多样:既有供给江河水源的雪峰冰川,又有矿产丰富的盐湖沙漠;既有绿浪无边的大草原,又有茂密的原始森林;既有河湟富庶地区,又有海南和柴达木的绿洲农业区。在青海省,气候的垂直变化十分显著。

1.1.2.2　降水偏少,时空分布差异大

青海省距离海洋遥远,大气环流从海洋带来的水汽较少,降水总体偏少。全省降水量16.7 ~ 776.1 mm,地区差异悬殊(多年平均降水情况见图1-7),由东南部向西北部递减。

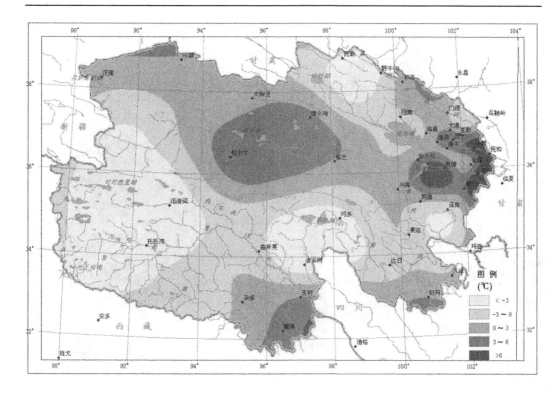

图1-4　青海省年平均气温等值线图

省内河南、大武、清水河、杂多一线东南部地区多年均降水量大都在 500 mm 以上,久治为 776.1 mm;东北部祁连山地,降水量在 400~500 mm 以上;河湟谷地降水偏少,一般在 400 mm 以下;中部地区降水量为 200~300 mm;西北部的柴达木盆地,降水量在 180 mm 以下,西北部不足 20 mm,冷湖只有 16.7 mm。

降水的季节分配集中在 6~9 月,6~9 月的降水量占全年降水量的 80% 左右(多年平均夏季降水量情况见图1-8)。青海省总降水量较东部同纬度地区偏少,降水强度不大,但降水日数相对较多;多数地区夜间降水比白天降水多,夜雨占总降水量的 60% 以上,这有利于作物生长,在一定程度上弥补了降水的不足。同时夏季降水多,有利于农牧业生产,使有限的水热资源得到了充分的利用。

1.1.2.3　日照充足,光能资源丰富

全省年太阳辐射总量仅次于西藏,居全国第二位,是我国太阳能资源最丰富的省(市、区)之一。省内太阳年辐射总量分布趋势从东南部向西北部递增。太阳辐射总量年内变化,最大值普遍出现在 6 月,全省 4~8 月的辐射总量占全年的 50% 以上,与全省气温、降水量分布相一致,有利于农牧业生产发展。

全省年日照时数 2 244~4 432 h,由东南部向西北部递增,其空间分布与年辐射总量分布基本相吻合(青海省多年平均日照时数分布情况见图1-9)。年日照时数比我国东部同纬度地区高 400~600 h。

1.1.2.4　气压低,含氧少

气压随海拔高度的变化而变化。青海省绝大部分地区都在海拔 2 000 m 以上,年均

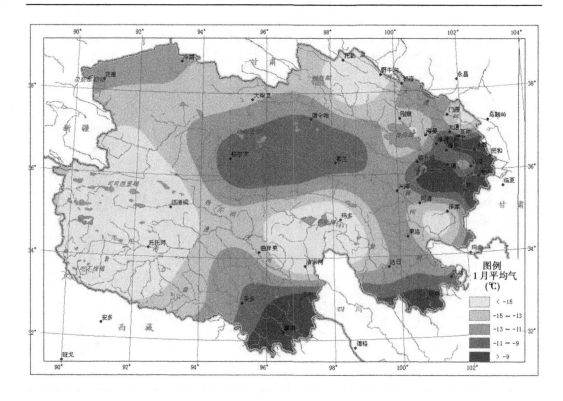

图 1-5　青海省 1 月平均气温等值线图

气压 580 ~ 820 hPa,大部分地区气压低于 650 hPa,为海平面气压的 2/3。含氧量大都在 0.174 ~ 0.233 kg/m³,比海平面低 20% ~ 40%。

1.1.2.5　气候灾害频繁

青海省气象灾害不仅多,而且危害十分严重,其中春旱、霜冻、暴雨、冰雹等气象灾害,对东部地区的农业生产造成极大的危害;青南高原广大牧区的雪灾、风灾、低温等,对农牧民的生活和生产造成十分不利的影响。

1.1.3　水文

1.1.3.1　青海省是我国大江大河的发源地,有"中华水塔"的美称

青海省多年平均流量 1 m³/s 以上的河流有 245 条,总长度 25 951.9 km。我国乃至世界著名河流长江、黄河、澜沧江均发源于青海,境内有我国最大的内陆咸水湖——青海湖。除少数河流外,省内大部分河流污染少,天然水质良好。因此,青海省素有"江河源头""中华水塔"之美称。

1.1.3.2　内外河流域面积各近半,水量差异显著

青海省东南部、东北部水系发育,河网密集;西北部诸盆地,河流稀疏;柴达木盆地西北部属于无径流区。以乌兰乌拉山—布尔汗布达山—日月山—大通山一线为界,以南以东为黄河流域、长江流域、澜沧江流域,为外流区,以北以西为内陆河流域。青海省水系流域划分情况见图 1-10,境内主要河流水文特征值详见表 1-2。

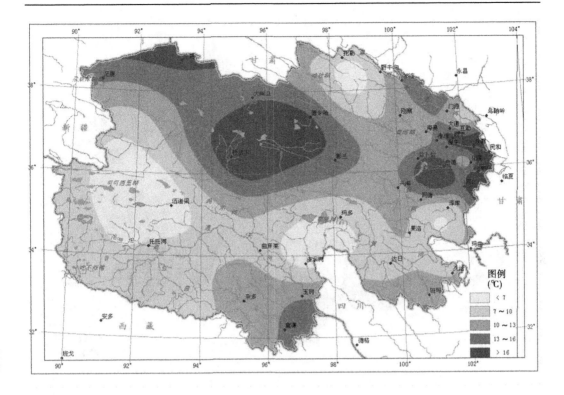

图 1-6　青海省 7 月平均气温等值线图

表 1-2　青海省境内主要河流水文特征值

河流	站名	集水面积（km^2）	年径流量（亿 m^3）	年径流深（mm）
黄河	循化	152 250	206.8	135.8
湟水	民和	15 342	20.64	134.5
大通河	享堂	15 126	28.94	191.4
通天河	直门达	158 392	179.4	113.3
澜沧江	香达	36 998	108.9	294.3
那棱格勒河	那棱格勒	21 898	10.34	47.2
格尔木河	格尔木（三）	18 648	7.657	41.1
香日德河	香日德	12 339	4.53	36.7
巴音河	德令哈（三）	7 281	3.323	45.6
哈尔腾河	花海子	5 967	2.681	44.9
察汉乌苏河	察汉乌苏（三）	4 434	1.526	34.4
诺木洪	诺木洪（三）	3 773	1.545	40.9
塔塔棱河	小柴旦	4 771	1.204	25.2
布哈河	布哈河口	14 337	7.825	54.6
黑河	扎马什克	10 161	16.790 5	165.2

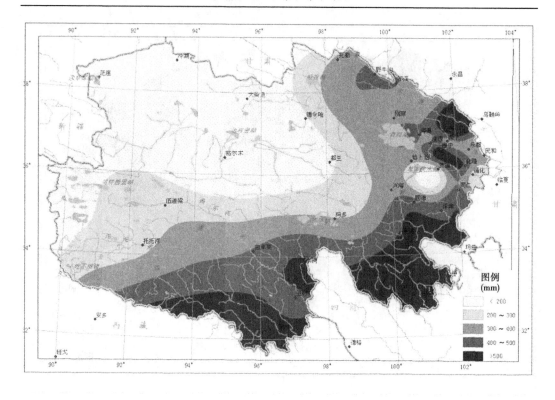

图1-7 青海省多年平均降水量等值线图

1. 外流河区

青海省境内的外流河区域主要分布在东部和南部,涉及黄河、长江、澜沧江三大水系,分别注入渤海、东海和南海,有河网密度大、流程长、径流量大的特点。

(1)黄河水系:我国第二大河,发源于曲麻莱县境内巴颜喀拉山北麓的约古宗列盆地。干流东流至寺沟峡处,出省入甘肃,自河源至流出青海省境,干流全长1 983 km(包括甘肃、四川大转弯的河长),河道平均比降1.47‰,多年平均径流量206.8亿 m³(其中青海省境内干流长1 694 km,落差2 768 m,比降约1.6‰,流域面积12.1万 km²,自产地表水资源量154.8亿 m³)。其主要支流有大日河、西科河、泽曲、巴沟、曲什安河、大河坝河、拉曲、隆务河等。

(2)长江水系:我国第一大河。省内干流长1 206 km,落差2 065 m,平均比降1.78‰,地表水资源量134.8亿 m³,多年平均径流量179.43亿 m³,较大支流有子曲、吉曲等。出省境后,在四川省境内汇入长江干流,其干流在青海省境内称通天河,河流长1 206 km,流域面积3.75万 km²。

(3)澜沧江水系:发源于唐古拉山北麓的拉宁查日山,河源海拔5 388 m,其干流在青海境内称扎曲,经囊谦县流入西藏。省境内干流长448 km,落差1 553 m,平均比降3.47‰,地表水资源量108.9亿 m³。

2. 内陆河区

内陆河主要分布在西部和北部,按区域差异分为祁连山北部、青海湖盆地、哈拉湖盆

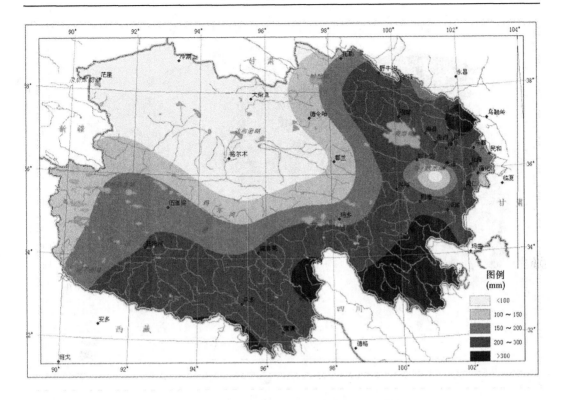

图 1-8　青海省多年平均夏季降水量等值线图

地、茶卡 - 沙珠玉盆地、柴达木盆地、可可西里六大水系,最终汇入各自汇水中心,消耗于蒸发,有水流分散、流程短、径流量相对较小、年内年际变化大、多为季节性河流等特点。

(1) 祁连山北部水系:均为山间谷地河流,由降水和冰川融水补给水源。其中,长度大于 100 km 的河流有疏勒河、托来河、黑河及其支流八宝河。主要河流黑河干流长234 km,流域面积 1.02 万 km², 多年平均径流量 16.79 亿 m³。

(2) 青海湖盆地水系:由降水、冰川融水补给水源。主要河流有布哈河、伊克乌兰河、哈尔盖河、倒淌河等 19 条。主要河流布哈河干流长 286 km,流域面积 1.43 万 km²,多年平均径流量 7.83 亿 m³。

(3) 哈拉湖盆地水系:主要河流有奥果吐乌兰河、哈尔古尔河等 16 条。

(4) 茶卡 - 沙珠玉盆地水系:河流多为山溪,主要有茶卡河、小察汗乌苏河等 7 条。

(5) 柴达木盆地水系:多为季节性河流,靠冰川、降水补给。该水系以盆地为中心,呈辐合分布。较大的河流有格尔木河、香日德河、巴音河等 40 余条。

(6) 可可西里地区水系:由为数众多,而各自独立的河湖水组成。注入这些湖泊的大小河流有 50 多条。

1.1.3.3　产水量和输沙量区内变化很大

1. 产水量变化

径流深反映一定时间段流域内单位面积的平均产水(径流)的深度。由于降水的区

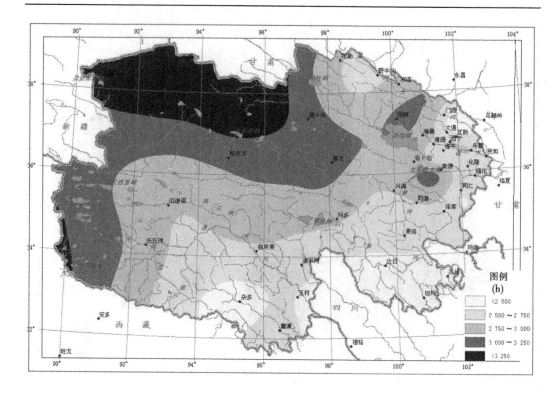

图 1-9　青海省多年平均年日照时数分布图

域差异,内流河区域和外流河区域平均径流深度差别较大,省内径流深分布与降水量分布基本一致,全省径流深度变化为 0 ~ 450 mm,总的趋势是由东南向西北递减。最高为东南部的玉树—囊谦、久治—班玛一带和河西内陆河的东部地区,多年平均径流深在 300 mm 以上,个别地区可达 450 mm;最低为柴达木盆地的中心地带,基本不产流。

全省多年平均径流总量 611.23 亿 m^3,折合成径流深为 85.6 mm。其中,外流河多年平均径流总量 495.13 亿 m^3(长江水系多年平均径流总量 179.43 亿 m^3,黄河水系多年平均径流总量 206.80 亿 m^3,澜沧江水系多年平均径流总量 108.90 亿 m^3),占全省水资源量的 81%;内陆河多年平均径流总量 116.10 亿 m^3,占全省地表水资源量的 19%。从年际变化来看,黄河干流自上游至下游,变化幅度逐渐加大。

2. 主要河流输沙量差异

黄河循化站多年平均输沙量 3 489 万 t。湟水干流西宁水文站、民和水文站多年平均输沙量分别为 322 万 t、1 644 万 t;长江干流直门达站多年平均输沙量 933 万 t;澜沧江香达水文站多年平均输沙量为 341 万 t;西北诸河布哈河口水文站多年平均输沙量 35.5 万 t,格尔木河水文站多年平均输沙量 250 万 t,巴音河德令哈水文站多年平均输沙量 24.1 万 t。

主要河流控制站不同系列、不同年代平均输沙量统计见表 1-3。

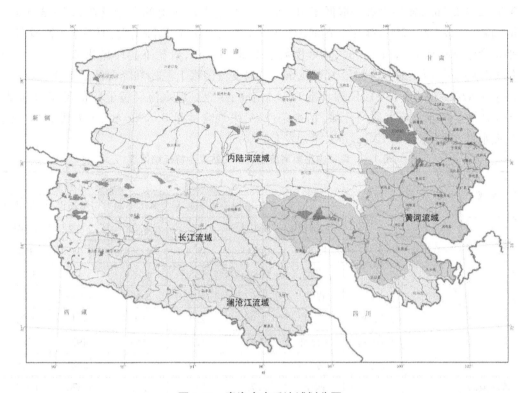

图 1-10　青海省水系流域划分图

表 1-3　主要河流控制站不同系列、不同年代平均输沙量统计表

河流名称	控制站	不同系列平均输沙量(万 t)				不同年代平均输沙量(万 t)				
		1956~1979 年	1971~2000 年	1980~2000 年	1956~2000 年	20 世纪 50 年代	20 世纪 60 年代	20 世纪 70 年代	20 世纪 80 年代	20 世纪 90 年代
通天河	直门达站	870	932	1 005	933	528	1 070	806	1 252	774
黄河	吉迈站	104	102	92.6	98.6		96.8	123	135	54.3
	唐乃亥站	1 076	1 430	1 487	1 268	710	1 079	1 220	1 982	1 140
	循化站	4 157	3 242	2 727	3 489	4 098	4 045	3 789	3 966	1 720
湟水	石崖庄站	59.8	49.2	42.2	51.6		51.7	65.4	51.4	36.1
	西宁站	404	293	228	322	416	333	470	237	232
	民和站	2 161	1 364	1 053	1 644	2 745	1 898	2 191	1 107	1 056
布哈河	布哈河口站	37.2	34.3	33.6	35.5	34.2	40.7	35.1	47.3	21.9
格尔木河	格尔木站	243	271	258	250	299	170	292	415	105
巴音河	德令哈站	25.7	28.3	22.3	24.1	18.4	13.5	40.9	26.9	19.4
扎曲	香达站	324	340	360	341	300	324	263	442	271

全省各地河流含沙量和输沙模数差异较大,长江源头、澜沧江,多年平均含沙量在 0.8 kg/m³ 以下,输沙模数在 100 t/km² 以下;祁连山地、内流区域,多年平均含沙量在

0.3～2.3 kg/m³,输沙模数一般低于 100 t/km²,柴达木盆地南部含沙量在 2.3～3.5 kg/m³,输沙模数 100～200 t/km²。黄河干流从上源向下含沙量逐渐增大,河源至贵德段多年平均含沙量在 0.1～1.1 kg/m³,输沙模数小于 200 t/km²,贵德下游段循化多年平均含沙量 1.8 kg/m³,历年最大含沙量 166 kg/m³,黄河支流湟水上源扎马隆含沙量 1.07 kg/m³,西宁 3.87 kg/m³,到下游段民和享堂 11.4 kg/m³,主要是湟水流经黄土分布区,水土流失严重所致。湟水支流大通河流域,植被条件好,平均含沙量 0.8 kg/m³,下游民和享堂汇入湟水处,含沙量仅 1.12 kg/m³(详见表 1-4)。

表 1-4　青海省主要河流控制水文站泥沙特征统计表

流域	水系	河名	站名	含沙量(kg/m³)		输沙量(万 t)		
				多年平均	历年最大	多年平均	历年最大	历年最小
黄河流域	黄河	黄河	黄河沿	0.122	27	8.06	38.2	0.301
			唐乃亥	0.633	35.4	1 268	4 085	354
			贵德	0.896	238	1 854	5 420	35.1
			循化	1.62	401	3 489	7 900	399
		大河坝河	上村	2.96	225	104	421	9.71
		曲什安河	大米滩	1.6	127	152	493	20
		隆务河	隆务河口	2.85	600	171	588	31.9
	湟水	湟水	西宁	3.72	572	322	1 270	63.4
			乐都	6.82	893	902	2 740	193
			民和	10.2	775	1 644	5 640	345
		北川河	桥头	0.617	167	37.5	166	5.96
		小南川	王家庄	12.9	824	56.1	187	10.5
		巴州沟	吉家堡	23.6	1 130	66	363	4.71
		大通河	尕大滩	0.404	55	69	352	19.4
			享堂	1.09	318	310	866	82.6
长江流域	金沙江石鼓以上	通天河	直门达	0.762	7.75	933	2 980	129
西南诸河	澜沧江	扎曲	香达	0.739	14.7	341	719	95.4
西北诸河	柴达木盆地	格尔木河	格尔木	3.31	204	250	1 730	61.8
		巴音河	德令哈	0.584	298	24.1	149	2.74
		香日德河	香日德	2.57	349	117	510	13.6
		诺木洪河	诺木洪	2.86	466	44.7	397	2.58
	青海湖	布哈河	布哈河口	0.457	11	35.5	162	2.31
		依克乌兰河	刚查	0.359	17.1	8.86	24.4	0.46
	河西内陆河	黑河	扎马什克	1.34	273	96.1	292	14.8

各河流含沙量和输沙量高值出现在汛期,最小含沙量和输沙量多出现在枯水期。河流泥沙的年际变化远大于流量的年际变化,一般最大年平均流量为最小年平均流量的2~8 倍,而最大年平均含沙量一般为最小年平均含沙量的 3~l5 倍,有的高达 40 倍。

1.1.3.4　径流补给类型复杂多样

1. 雨水为主补给型

以雨水(或部分融雪水)补给为主的河流,降水补给占60%以上,径流年内丰枯变化主要受降水季节支配,往往雨季与汛期同步,汛期多出现在降水集中的 6~9 月(或 7~10月),径流量占全年总径流量的 55%~85%,形成夏汛,一般历时长、流量变化激烈,使流量过程线陡涨陡落、峰高量大。

冬季为枯水期。最大月的水量为最小月的 10 余倍,甚至有的高达 40~50 倍。该类型的河流分布在省内东南部、祁连山东部、昆仑山东部降水较多地区,有通天河、澜沧江、大通河、湟水、察汗乌苏河及青海湖水系。

2. 冰雪融水为主补给型

以冰雪融水补给为主的河流,冰川和永久积雪融水补给占30%以上,地下水补给占10%~30%。每年 4~5 月随气温升高,河冰和积雪消融,河水增多,形成春汛。大约 6 月河冰和积雪消融结束,出现较短河水量低谷,甚至断流。随着气温的不断上升,较高处冰雪融化,加之一定降水,使河水迅速上涨,7~8 月出现较长时间的高峰期,集中了全年50%~80%的水量,形成夏汛。9 月以后气温骤降,河水量减少进入枯水期,冬季达到最小值,造成了径流在年内分配极不均匀性,最大月为最小月的 15~17 倍。

此种类型河流分布在祁连山西部、柴达木盆地西部干旱区,代表性河流有鱼卡河、哈尔腾河、那仁格勒河、阿达滩河等,还包括省内西南部内流区的河流。

3. 雨水与地下水混合补给型

该类型以雨水(含融雪水)与地下水混合补给为主,其补给量占年总径流量的50%~60%以上,其中地下水补给量占 30%~50%,春季冰雪消融形成春汛,因部分融水渗入地下使春汛峰量较小。夏季出现夏汛,水量占全年总水量的58%~80%,最大径流量在 7月。9 月后雨季结束,气温下降,使河水量猛减,10 月进入枯水期。径流年内分配不均匀程度介于地下水补给类型和冰雪融水补给类型之间,分配比较均匀,流量过程变幅较小,变差系数为 0.15~0.30。此种类型河流分布在青南高原、柴达木盆地东部,有巴塘河、巴音河、香日德河、哈图河等。

4. 地下水补给型

该类型河流地下水补给量占总径流量的60%以上,河水量较稳定,径流年内变化小,不均匀系数在 0.2 以下,7~9 月虽然水量较多,但峰值不高。此种类型河流主要分布在柴达木盆地东昆仑山北坡,有格尔木河、诺木洪河、大格勒河、都兰河、乌图美仁河、夏日哈河、斯巴利克河等。

1.1.3.5　径流量季节变化大

汛期分为春汛和夏汛两种。春汛大多发生在 4~5 月,多数河流春汛量不大,洪峰流量一般为枯水期的 1.5~3.0 倍。夏汛多发生在 6~8 月,洪水过程陡涨陡落,汛期一般为1~5 d,甚至更短。东部暴雨集中的山区,常有山洪暴发,形成泥石流灾害。由冰雪融水补给为主的夏汛洪水大都出现在气温最高的 7~8 月,洪水过程较长,随气温的日变化,流量呈明显的日变化。

1.1.4　土壤植被

1.1.4.1　土壤

青海省土壤发育比较年轻,以自然土壤为主。其中,高山寒漠土、高山草原土、高山草甸土分布最广,其次是黑钙土和沼泽土。土壤质地多为沙壤土,表层有机质含量在 1% 左右。

土壤类型多样,地区分异明显:

在东部黄土高原区的河谷盆地、河漫滩、阶地区,土壤主要为熟化程度较高的灌淤型栗钙土,其次是灌淤型灰钙土,还有少量的潮土、草甸土、盐土和新积土;浅山区,主要为淡栗钙土和灰钙土,有机质含量为 1% 左右,土壤肥力偏低;脑山区,主要为暗栗钙土、黑钙土,有机质含量在 1%~6%,土壤肥力较好。

黄河源区,在海拔 2 800~3 400 m 的滩地、坡地主要为栗钙土和暗栗钙土,其次有草甸土、沼泽化草甸土。在海拔 3 400~4 300 m 地带为黑钙土和高山草甸土。黄河源区总体土层薄,质地粗。

长江、澜沧江源区,土壤主要有高山草甸土、高山草原土、高山寒漠土、灰褐森林土等。其垂直分布为:雪山地区分布有高山寒漠土;山地森林线以上,广泛分布有高山草甸土;青南高原东南边缘及巴颜喀拉山东段,分布有灰褐土。

在内陆河区,主要土壤为棕钙土、灰棕土、荒漠盐土、草甸土、草甸盐土及沼泽盐土等。柴达木盆地和茶卡 – 沙珠玉区主要分布有棕钙土、风沙土、盐土、灰棕漠土、盐荒漠土;青海湖和哈拉湖区多为黑钙土、高山草甸土、草甸土、沼泽化草甸土;祁连山和黑河区以栗钙土为主,还有黑钙土和小面积的山地森林土;可可西里地区迄今仍为无人区,自然环境呈原始状态,土壤为高山寒漠土、高山草原土、高山草甸土,地下广泛分布有多年冻土。

1.1.4.2　植被

青海省植被类型多样,分布错综复杂,以草甸植被为主,其次是荒漠植被和草原植被,森林植被很少。全省林草面积(不包括荒草地)4 566.19 万 hm²,青海省植被类型情况见图 1-11。

草甸植被是青海省面积最大的植被类型,其中以高寒草甸植被为主,是我国独特的植被类型,主要分布于青南高原和祁连山地,由于各种因素影响,草场退化严重。

草原植被包括温性草原和高寒草原两种类型。温性草原主要分布于湟水和黄河流域谷地及两侧山地;高寒草原集中分布于青南高原西部和北部海拔 4 000 m 以上的山原区。

荒漠植被主要分布于柴达木盆地和茶卡盆地,在湟水和黄河下段河谷两侧山麓亦有零星分布。

森林植被类型有温性和寒温性落叶阔叶林与常绿针叶林。主要分布于东经 96° 以东地区,即青海东部山地和青南高原东南边缘。较为集中的区域有祁连林区、大通河林区、湟水林区、黄河上段及下段林区、隆务河林区、大渡河林区、澜沧江上游林区。另外,在祁连山东段以及青南分布有高寒常绿灌丛植被,在青海东部的河谷两侧低山分布有温性灌丛,也属于森林植被类型。

　　植被类型的地区分异非常明显。在东部黄土高原区,以温性中生、旱中生或旱生灌木植被为主,主要分布在河谷两侧低山,一般呈小面积块状分布。在黄河源区,以高寒草甸草地、干旱草原草地、荒漠化草原草地植被为主;在长江、澜沧江源区,植被分布错综复杂,由东南向西北水平分布规律为山地森林、高寒草甸、高寒草原和高寒荒漠依次排列。在内陆河区,柴达木盆地和茶卡-沙珠玉区植被稀少,只有少量荒漠植被分布;青海湖和哈拉湖区以高山草甸、草原植被为主;祁连山和黑河区以森林植被为主(主要是次生沙棘林),原始林次之,森林面积占全省的 58.10%,活立木蓄积量占全省的 31.5%;可可西里区为典型的高寒生态系统区,本区生物种类虽少,但多属独特的高寒草甸、荒漠植被,高寒草原是亚洲中部高寒环境中典型的自然生态系统之一。

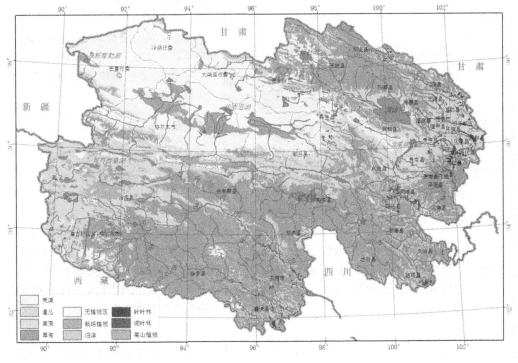

图 1-11　青海省植被类型情况

1.1.5　自然资源

1.1.5.1　土地资源

　　青海省土地面积辽阔,总土地面积 69.66 万 km^2,其中耕地 0.59 万 km^2、林地 3.54 万 km^2、草地 42.12 万 km^2。

　　1. 土地资源类型

　　全省各类自然因素(地质、地貌、气候、水文、植被和土壤等)地区差别很大,土地资源类型复杂多样。根据青海省土地科学考察队 1989 年对全省土地资源的实地考察,将青海省土地类型划分为二级,其中一级为土地类,二级为土地型,全省共分为 13 个一级类型

(土地类)75 个二级类型(土地型),详见表 1-5。

尽管土地类型复杂多样,但大多数不适宜作为农耕地或者农业利用的难度很大。根据青海省土地科学考察队 1989 年的调查结果,全省宜农耕地类面积不到总土地面积的 1%,宜牧类面积占总土地面积的 60% 以上,不宜类占近 1/3。

表 1-5　青海省土地资源分类

一级类型	分布区域	二级类型
河湖滩地及湿地	柴达木盆地、查卡盆地、青海湖盆地、共和盆地和海晏盆地的湖滩周围和河滨低地	盐湖滩地、沼泽盐土湿地、草甸沼泽盐土湿地、草甸盐土湿地、盐化沼泽草甸湿地、盐化草甸湿地、湖滨草甸沼泽湿地、杂类草草甸湿地 8 个土地类型
平地	柴达木盆地、青海湖盆地、共和盆地、门源盆地和东部的山间盆地	盐化草甸平地、荒漠草原棕钙土平地、干草原栗钙土平地、草甸草原黑钙土平地、龟裂土平地、盐漠地、雅丹及风蚀劣地 7 个土地类型
绿洲地	柴达木盆地、共和盆地少量分布	灌溉绿洲地 1 个土地类型
平缓地	湟水、黄河流域,青海湖盐地、共和盆地	荒漠草原灰钙土平缓地、荒漠草原棕钙土平缓地、干草原栗钙土平缓地、草甸草原黑钙土平缓地 4 个土地类型
台地	山前由河流下切形成平台地,表面较为平坦,河流一侧有陡坎,相对高度一般不超过 50 m,完全不受地下水影响	荒漠草原灰钙土台地、干草原栗钙土台地、草甸草原黑钙土台地、荒漠草原棕钙土台地、荒漠灰棕漠地台地、高寒草甸台地、高寒草原台地、高寒荒漠草原台地、高寒荒漠台地 9 个土地类型
河谷沟谷地	多数阶地土层较厚,水分和土壤条件良好,在热量条件较好地区可发展种植业或半农半牧	杂类草草甸河谷、荒漠草原灰钙土河谷、干草原栗钙土河谷、草甸草原黑钙土河谷、荒漠草原棕钙土河谷、干旱荒漠河谷、高寒草原河谷、高寒草甸河谷、高寒荒漠草原河谷沟谷地 9 个土地类型
沙漠	干旱和半干旱柴达木盆地、共和盆地和青海湖盐地、青南高原西部和祁连山地西部局部地区	固定沙地、半固定沙地、流动沙地 3 个土地类型
戈壁	柴达木盆地前山倾斜平原	洪积冲积砂砾质戈壁、冲积洪积砾质戈壁、剥蚀石质戈壁 3 个土地类型

续表1-5

一级类型	分布区域	二级类型
低山丘陵地	全省除青南高原、祁连山地高寒高山地外,其他地区均有分布	荒漠草原灰钙土低山、灰钙土梁峁地、小灌木草原栗钙土低山、干草原栗钙土低山、荒漠草原棕钙土低山、荒漠灰棕漠土低山丘陵地6个土地类型
中山地	分布于山体中部,3 900～4 300 m。北部上限下降至3 300 m	落叶阔叶林灰褐土地、针阔叶混交林灰褐土地、针叶林(圆柏林)碳酸盐灰褐土中山地、针叶林(云、冷杉林)淋溶灰褐土中山地、草甸草原黑钙土中山地、中生杂草(淋溶)黑钙土中山地、中生灌丛杂草淋溶黑钙土中山地、干草原栗钙土中山地、荒漠草原棕钙土中山地、荒漠灰棕荒漠土中山地10个土地类型
山原	青南高原和祁连山地高原面	高寒草甸山原、高寒草甸草原山原、高寒草原山原、高寒荒漠草原山原、高寒沼泽山原、高寒草甸山原平缓地、高寒草原山原平缓地、高寒荒漠草原山原平缓地8个土地类型
高山地	青南高原和祁连山地山体上部。祁连山地海拔3 300 m以上,青南高原4 000 m以上	高寒草甸高山地、高寒落叶阔叶灌丛高山地、高寒草甸草原高山地、高寒草原高山地、高寒荒漠草原高山地、高寒沼泽高山地6个土地类型
极高山地	高大山体的顶部,雪线为其分布的下限	垫状植被寒漠土极高山地、冰川永久积雪极高山地2个土地类型

2.土地资源评价

为更好地指导水土保持措施规划布局,借鉴农业林业等行业的土地评价方法,从指导青海省生态建设和水土保持措施规划布局角度出发,利用GIS方法,将青海省水土流失情况及其有关的各自然地理要素以地图方式表示,分别构成不同的地理要素空间数据层,而且所有的图层采用同一地理坐标系统,然后将相关图层进行叠加分析,得出青海省土地对水土保持生态建设适宜性评价等级。

1)评价指标选取与单项因子评价

土地资源评价是充分发挥土地生产潜力、合理利用土地、防止水土流失的前提。按照《水土保持综合治理规划通则》的技术要求,结合规划区的实际情况,制定了土地资源评价的指标体系,并根据各指标与水土流失的关系,对每一指标进行合理的量化(详见表 1-6)。

表 1-6　土地资源评价指标及赋分表

指标	特征值	分值	特征值	分值	特征值	分值	特征值	分值	特征值	分值	特征值	分值
海拔(m)			<3 100	5			3 100~4 000	3			>4 000	1
坡度(°)	<5	6	<5	5	5~15	4	15~25	3	25~35	2	>35	1
水力侵蚀强度	微度	6	微度	5	轻度	4	中度	3	强度	2	极强度	1
风力侵蚀强度	微度	3	微度	2	轻度	1	中度	1	强度	0	极强度	0
冻融侵蚀强度	微度	3	微度	2	轻度	1	中度	1	强度	0	极强度	0
大于 0 ℃积温(℃)	>4 000	6	4 000~3 000	5	3 000~1 800	4	1 800~1 500	3	1 500~1 000	2	<1 000	1
年平均降水量(mm)			>500	5	500~400	4	400~300	3	300~200	2	<200	1

对单项因子进行赋分,可生成单项因子分值分布图(见图 1-12~图 1-16)。

2)叠加分析

图层叠加后形成每个单元格总分值。

考虑土壤侵蚀强度可以更好地反映土壤养分、土壤层厚度等指标,故以土壤侵蚀强度代表土壤性质因素,从水土保持工作角度考虑,我们将土壤侵蚀因子的分值乘以 2;海拔在青海省境内也是自然环境分异的重要因素之一,主导地表热量(温度)的垂直分异,考虑在进行年积温数据空间差值时,并未消除海拔的影响,即根据各个气象站点的年积温数据进行空间差值,已经包含海拔的影响,只是不那么精细而已,为避免热量因子权重过大,故将海拔因子分值乘以 0.5,其他因子分值以原始分值相加(如式(1-1))。

$$V = 2V_1 + 0.5V_2 + V_3 + V_4 + V_5 \tag{1-1}$$

式中,V 代表各个因子叠加后的总分值;V_1 代表土壤侵蚀因子分值;V_2 代表海拔因子分值;V_3 代表积温因子分值;V_4 代表坡度因子分值;V_5 代表年平均降水量因子分值。

按照式(1-1)进行图层叠加分析,得出每个单元格综合评价分值,再考虑实地情况,进行等级的划分。

根据不同等级土地的自然特征,参考土地利用现状,进行土地资源等级的划分(见图 1-17)。其中,一等地总面积 5.92 万 km²,占全省国土面积的 8.50%,主要分布在青海省东部和东南部河流谷地中,地貌为河流阶地或山前冲积平原,地形平坦,水热条件较好,为宜农地,可用于基本农田建设。二等地面积 14.14 万 km²,占全省国土面积的 20.30%,主要分布在青海省东部黄土丘陵和东南部海拔较低的低山丘陵区,水热条件相对较好,但地形坡度较大,以水力侵蚀为主,而且侵蚀强度较大。该部分土地为坡耕地主要分布区,

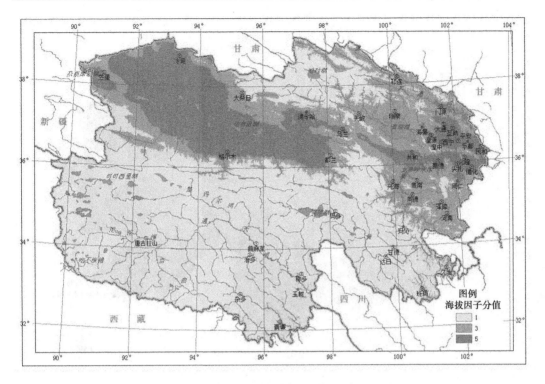

图 1-12　海拔因子分值分布图

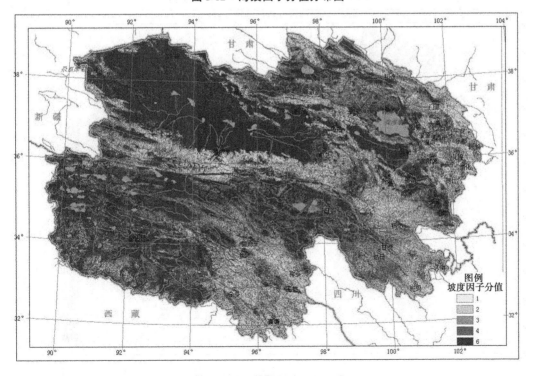

图 1-13　坡度因子分值分布图

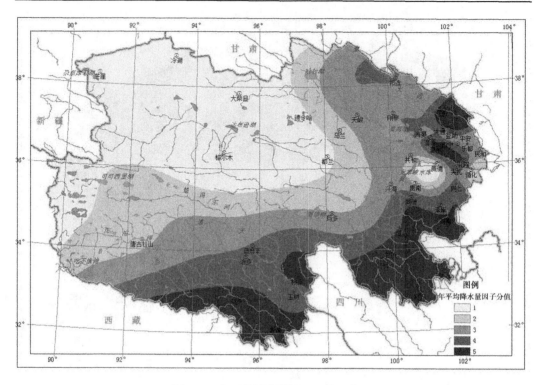

图 1-14　年平均降水量因子分值分布图

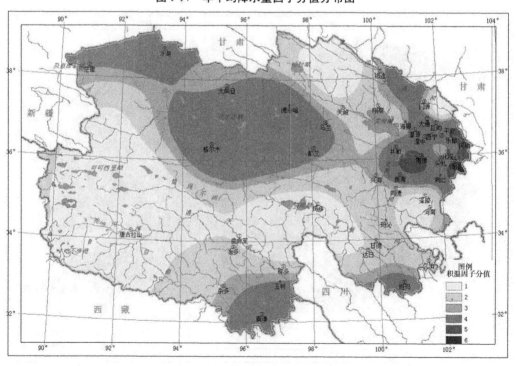

图 1-15　积温因子分值分布图

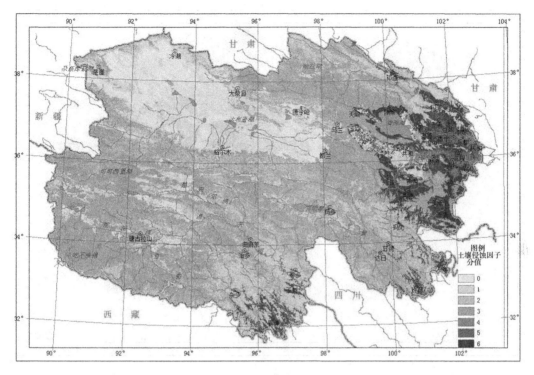

图1-16　土壤侵蚀因子分值分布图

除局部可修建梯田外,对于坡度较大的地段,宜退耕发展林牧业。该地区也为水土流失重点治理区域。其他各等级土地分布和生态建设方向见表1-7。

表1-7　青海省土地资源综合评价表

等级	综合评价分值	面积(万 km²)	占比(%)	生态建设适宜性评价
一	>27	5.92	8.50	宜农,可建设基本农田
二	20~27	14.14	20.30	宜林、牧,有条件宜农,坡耕地退耕,植树造林或种草,部分可修梯田
三	16~20	11.84	17.00	宜林、牧,退耕还林还草
四	14~16	5.85	8.40	农林不宜,牧业受限,草场保护,轮牧,部分禁牧
五	10~14	8.36	12.00	牧业受限,轮牧或者禁牧
六	<10	23.55	33.80	农林牧均不宜,封禁保护

1.1.5.2　水资源

青海省境内河流纵横,冰川广布,雪山林立,沼泽连片,大小湖泊星罗棋布,既是黄河、长江、澜沧江等外流河流的发源地,又拥有全国最大的微咸水湖泊——青海湖。

全省多年平均水资源总量629.28亿 m³,其中黄河流域208.49亿 m³,长江流域179.41亿 m³,澜沧江流域108.91亿 m³,内陆河流域132.47亿 m³。全省平均产水模数

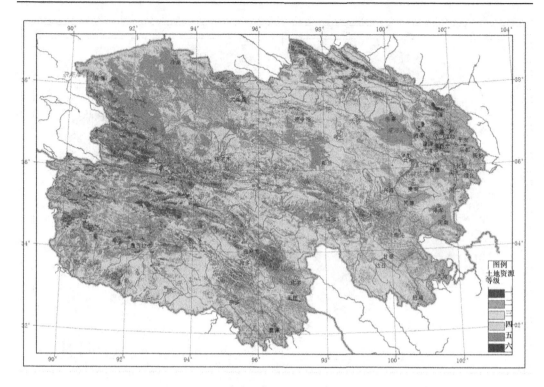

图 1-17　青海省土地资源综合评价图

8.8 万 $m^3/(km^2 \cdot a)$。黄河流域产水模数 13.7 万 $m^3/(km^2 \cdot a)$，长江流域产水模数 11.3 万 $m^3/(km^2 \cdot a)$，西南诸河产水模数 29.4 万 $m^3/(km^2 \cdot a)$，西北诸河产水模数 3.6 万 $m^3/(km^2 \cdot a)$。最大产水模数为大渡河 31.0 万 $m^3/(km^2 \cdot a)$，最小产水模数为柴达木盆地西区的 1.8 万 $m^3/(km^2 \cdot a)$。青海省按行政分区水资源量统计见表1-8，按流域分区水资源量统计见表1-9。

表 1-8　青海省各行政区水资源总量统计表　（单位：亿 m^3）

行政区划	年降水量	地表水资源量	地下水资源量	地表水资源与地下水资源不重复量	水资源总量
西宁市	39.30	11.08	7.90	1.14	12.22
海东市	57.60	16.07	7.09	0.10	16.17
海北州	145.00	47.14	24.91	2.39	49.53
黄南州	84.30	29.78	15.47		29.78
海南州	139.20	27.49	12.75	4.90	32.39
果洛州	381.00	130.37	57.60		130.37
玉树州	738.90	242.27	53.34		242.27
海西州	489.70	107.03	102.54	9.52	116.55
青海省	2 075.00	611.23	281.60	18.05	629.28

全省水资源地域分布极不平衡,从东南部向西北部递减,省内人口集中、经济发展水平高的东部地区和柴达木盆地,水资源严重短缺,制约了工农业生产发展和人民生活水平的提高;青南高原、祁连山地区水资源丰富,但自然条件差、人口稀少,开发难度大,水资源不能得到有效开发利用。

表 1-9　青海省各流域水资源总量统计表　　　　　　　(单位:亿 m³)

流域分区		年降水量	地表水资源量	地下水资源量	地表水资源与地下水资源不重复量	水资源总量
一级区	二级区					
黄河流域	龙羊峡以上	449.50	137.12	59.44	0.46	137.58
	龙羊峡至兰州	218.10	69.68	33.24	1.23	70.91
	其中:湟水	79.50	21.00	12.76	1.23	22.23
	小计	667.60	206.80	92.68	1.69	208.49
长江流域	金沙江石鼓以上	509.20	134.80	54.02		134.80
	金沙江石鼓以下	36.20	14.67	8.48		14.67
	岷/沱江	64.00	29.94	8.74		29.94
	小计	609.40	179.41	71.24	0.00	179.41
西南诸河	澜沧江	182.80	108.91	45.84		108.91
西北诸河	河西内陆河	68.30	26.32	12.88		26.32
	青海湖水系	146.50	22.22	15.55	8.06	30.28
	柴达木盆地	287.10	44.40	37.18	8.30	52.70
	姜塘高原区	113.30	23.17	6.23		23.17
	小计	615.20	116.11	71.84	16.36	132.47
青海省合计		2 075.00	611.23	281.60	18.05	629.28

1.1.5.3　植物资源

青海省植物区系复杂,有多种地理成分,以北温带成分为主,植物具有典型的北温带性质。据统计,全省有维管束植物 120 科 659 属 2 836 种,分别占我国植物科、属、种的32.0%、17.7% 和 7.7%,植物种类偏少。属于国家二级重点保护的植物有星叶草、裸果木(主要分布于祁连山地);三级重点保护的植物有胡杨、桃儿七、羽叶丁香等。其中,羽叶丁香、星叶草为孑遗种,药用植物肉苁蓉为濒危种。特别是祁连山地区分布着中国特有的植物种类,如藤本柳、虎榛子、文冠果、三蕊草、羽叶点地梅等。可可西里地区分布着具有高原特色的雪莲、大黄、冬虫夏草等名贵药材 80 多种。

1.1.5.4　矿产资源

青海省矿产资源相当丰富,累计发现矿产 134 种,已探明储量的 108 种,矿产资源潜在价值、保有储量的潜在价值、人均占有量方面均居全国第一位。主要有石油、天然气、煤、铬、铅锌、金、银、湖盐、钾、硼、锂、镁、溴、碘、锶、芒硝、石棉、石灰岩、自然硫等。

地处内陆河流域的柴达木盆地,矿产资源富集,素有"聚宝盆"之美称。目前已探明储量的矿种有 60 种,产地 281 处,探明储量的潜在经济价值占全省矿产资源价值总量的90%以上。其中,湖盐、氯化钾、氧化镁、锂、锶、芒硝、石棉、化工石灰石、硅灰岩等 9 种矿种储量居全国之首。这些矿产储量大、品位高、易开采,是发展盐化工、石油化工和其他工业的重要原料基地。但由于盐类矿产比重过高,一些矿种品位低,加之矿区自然条件差,地域广阔、交通不便,工业基础薄弱,因而对矿产资源的开发利用程度较低。

1.2　社会经济

1.2.1　人口与劳力

截至 2011 年底,全省总人口 581.85 万人,农业人口 382.9 万人,平均人口自然增长率 9‰,平均人口密度 8.35 人/km²。

受自然环境、经济条件制约,各区人口分布相差悬殊。全省人口主要集中在西宁市和海东市。其中,西宁市人口 222.79 万人,占全省的 38.29%,人口密度 292.88 人/km²;海东 6 县人口 163.15 万人,占全省的 28.04%,人口密度 125.67 人/km²;其余 6 州人口195.91 万人,占全省总人口的 33.67%,平均人口密度仅 2.73 人/km²。农业人口与劳力的地区分布同样存在较大差别,详见图 1-18 及表 1-10。青海省是一个多民族地区,除汉族外,还有藏族、回族、土族、撒拉族、蒙古族等,少数民族人口占全省总人口的 42.76%。

表 1-10　青海省人口与劳力的地区分布表

行政区	总人口（万人）	农业人口（万人）	农业劳动力（万人）	人口密度（人/km²）	农业人口密度（人/km²）	农业劳动力（人/km²）	土地总面积（km²）
西宁市	222.79	105.27	25.83	292.88	138.39	33.96	7 606.78
海东市	163.15	137.67	34.24	125.67	106.04	26.38	12 982.42
海北州	28.55	22.3	7.64	8.3	6.48	2.22	34 389.89
黄南州	25.95	20.08	8.89	14.24	11.02	4.88	18 226.46
海南州	44.59	34.47	12.51	10.26	7.93	2.88	43 453.23
果洛州	18.53	12.8	6.03	2.5	1.72	0.81	74 246.36
玉树州	38.51	33.01	15.03	1.88	1.61	0.73	204 887.14
海西州	39.78	17.3	7.57	1.32	0.58	0.25	300 854.48
总计	581.85	382.9	117.73	8.35	5.5	1.69	696 646.76

1.2.2　农村产业结构

青海省农村产业以畜牧业和种植业为主。到 2011 年底,全省农牧业总产值约

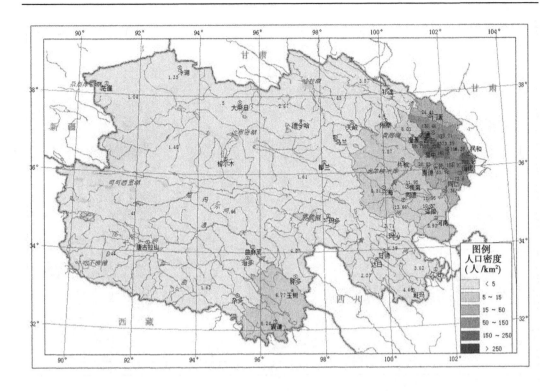

图 1-18　青海省人口密度图

230.82 亿元,其中牧业产值约 119.34 亿元,种植业产值 102.91 亿元,林业产值 4.17 亿元,副业产值 4.20 亿元;年粮食总产量约 109.69 万 t,农民年人均纯收入 4 608.5 元,详见表 1-11。

表 1-11　青海省农村产业结构与产值表

行政区	农村各产业产值(万元)						农村各产业产值结构(%)				
	农业	林业	牧业	副业	渔业	小计	农业	林业	牧业	副业	渔业
西宁市	260 829	5 176	233 799	5 126	15	504 945	51.7	1.0	46.3	1.0	0.0
海东市	421 403	10 163	212 919	10 510	438	655 433	64.3	1.6	32.5	1.6	0.1
海北州	52 421	1 912	111 007	3 871		169 211	31.0	1.1	65.6	2.3	
黄南州	43 044	956	125 322	6 271	110	175 703	24.5	0.5	71.3	3.6	0.1
海南州	95 726	7 696	194 318	5 951	809	304 500	31.4	2.5	63.8	2.0	0.3
果洛州	8 376	182	47 578	1 493		57 629	14.5	0.3	82.6	2.6	
玉树州	53 481	5 696	172 902	3 363		235 442	22.7	2.4	73.4	1.4	
海西州	93 819	9 920	95 543	5 415	627	205 324	45.7	4.8	46.5	2.6	0.3
合计	1 029 100	41 700	1 193 387	42 000	2 000	2 308 187	44.6	1.8	51.7	1.8	0.1

青海省农牧业发展地区之间差别很大(见图 1-19),种植业主要集中在东部黄土高原区,该区光热资源丰富,是青海省的主要农业区。西部柴达木盆地、海南州共和盆地和其他牧区各州县也陆续建立和发展了一些小块农业区。主要农作物品种有小麦、青稞、蚕豆、豌豆、马铃薯、油菜、胡麻以及莜麦、燕麦、荞麦、糜谷等。

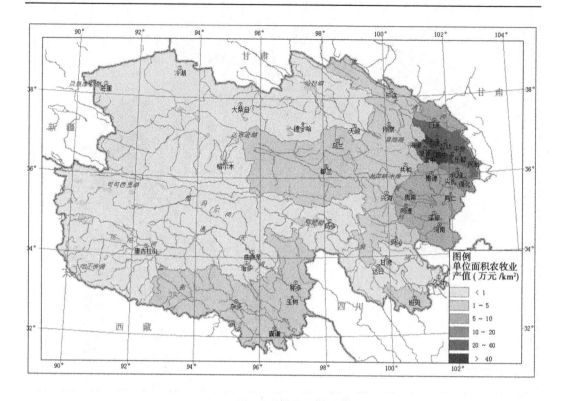

图 1-19　青海省单位国土面积农牧业产值分布图

青海省草原广袤,畜牧业历史悠久,是本省的主体经济、优势产业。目前,全省草原面积 4 212.93 万 hm²,居全国第四位。青海省培育了适应青藏高原气候环境的藏羊、牦牛等十余个独特的家畜品种,积累了丰富的畜牧业生产经验,已成为我国重要的畜牧生产基地之一。

1.2.3　土地利用结构和现状

青海省土地面积辽阔,总土地面积 69.66 万 km²,人均土地 11.97 hm²。各区土地资源分布不均衡,人均土地数量相差悬殊。东部黄土高原区人口较密,人均土地 1.16 hm²。

全省耕地总面积 58.8 万 hm²,占全省总面积的 0.84%,其中水地、河谷川台地等基本农田面积 43.78 万 hm²,占耕地总面积的 74.46%;坡耕地 15.02 万 hm²,占耕地总面积的 25.54%。全省人均耕地情况见图 1-20。

全省草地面积较大,占总土地面积的 60.47%,但林地和耕地面积小,分别占 5.09% 和 0.84%,不可利用土地面积达 30% 以上。草地、林地和作物生产受热量条件和水分条件限制,植物生长缓慢,生物量积累慢而低,生产力低下。全省沙漠化面积 15.27 万 km²,占全省总面积的 21.9%,严重的沙漠化,使省内一些地区生态环境恶化,出现了沙进人退的局面。沙漠在风力驱动下,吞噬了大片草原、农田、水面、道路甚至村庄,沙区群众深受其害。全省中度以上退化草地面积 73 337 km²,占全省草地面积的 17.41%,退化草地分为黑土滩型、沙化型和毒杂草型 3 种,尤其是黑土滩型退化草地,植被消失,地表裸露,沦为无畜牧价值的裸地。全省人均草地情况见图 1-21。

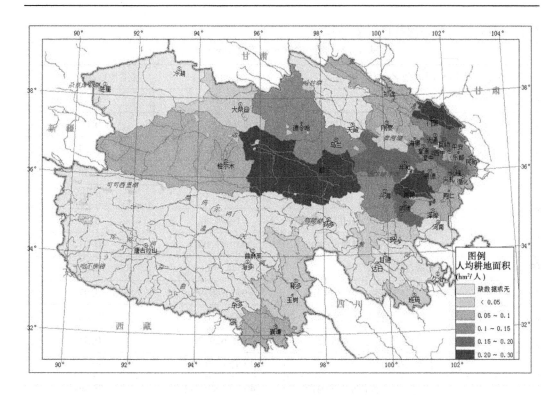

图 1-20 青海省人均耕地面积分布图

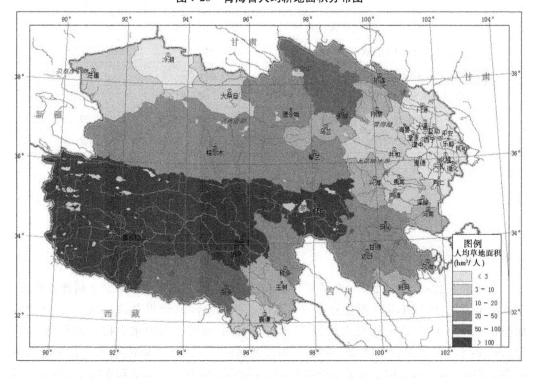

图 1-21 青海省人均草地面积分布图

全省土地利用结构和现状详见表1-12。

表1-12　青海省土地利用结构和现状

土地利用类型名称代码		面积（hm²）	占土地面积之比（%）
耕地（01）		588 018.99	0.84
其中	水田（011）	0.00	0.00
	水浇地（012）	185 763.82	0.27
	旱地（013）	402 255.17	0.58
园地（02）		6081.35	0.01
其中	果园（021）	1 994.32	0.00
	其他园地（022）	4 087.03	0.01
林地（03）		3 544 586.80	5.09
其中	有林地（031）	677 840.99	0.97
	灌木林地（032）	2 508 116.31	3.60
	其他林地（033）	358 629.50	0.51
草地（04）		42 129 276.75	60.47
其中	天然牧草地（041）	40 744 828.52	58.49
	人工牧草地（042）	98 420.76	0.14
	其他草地（043）	1 286 027.47	1.85
城镇村及工矿用地（20）		202 582.74	0.29
交通运输用地（10）		69 808.50	0.10
水域及水利设施用地（11）		2 818 064.84	4.05
其他用地（12）		20 306 256.23	29.15
总土地面积		69 664 676.20	100.00

1.3　水土流失现状

1.3.1　水土流失情况

青海省水土流失量大面广，类型复杂，区域差异明显。据全国第一次水利普查成果，全省水土流失总面积（采用普查公告的水力侵蚀和风力侵蚀面积之和，未包含冻融侵蚀面积）16.87万km²，占全省总面积的24.22%。水土流失面积中水力侵蚀面积约4.28万km²，占水土流失总面积的25.38%；风力侵蚀面积约12.59万km²，占水土流失总面积的74.62%。水土流失地区差异十分明显，水力侵蚀主要分布在东部和东南部，集中于西宁市、海东市、海北州，以及海南州的共和县、兴海县、贵德县、贵南县；风力侵蚀主要分布在西北部,集中于海西州、果洛州、玉树州和海南州部分地区。

另外,青海省冻融侵蚀面积 15.58 万 km²,主要分布在黄河、长江、澜沧江源头区、祁连山脉、昆仑山脉、巴颜喀拉山脉以及青南高原,集中于玉树州、果洛州、海北州和海西州等地。各侵蚀类型按侵蚀强度划分为剧烈、极强度、强度、中度、轻度五个等级。青海省土壤侵蚀类型及强度分布见图 1-22。

强度分级统计见表 1-13。

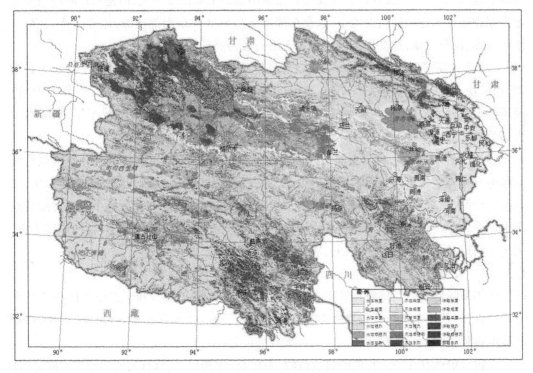

图 1-22 青海省土壤侵蚀类型与侵蚀强度分布图

表 1-13 青海省各类型侵蚀强度分级表

侵蚀类型	总面积（km²）	轻度		中度		强烈		极强烈		剧烈	
		面积（km²）	比例（%）	面积（km²）	比例（%）	面积（km²）	比例（%）	面积（km²）	比例（%）	面积（km²）	比例（%）
水蚀	42 805	26 563	62.06	10 003	23.37	3 858	9.01	2 179	5.09	202	0.47
风蚀	125 878	51 913	41.24	20 507	16.29	26 737	21.24	19 950	15.85	6 771	5.38
冻融	155 768	99 189	63.68	40 273	25.85	16 271	10.45	35	0.02	0	0.00
合计	324 451	177 665	54.76	70 783	21.82	46 866	14.44	22 164	6.83	6 973	2.15

1.3.2　水土流失成因

水土流失的成因包括自然因素和人为因素两个方面。

1.3.2.1　自然因素

（1）青海省地貌类型复杂。全省地处青藏高原东北部和黄土高原西部，西北部为柴达木盆地，东部是黄土高原区。在高原和盆地内部地形起伏度不大，但是在青藏高原向黄土高原和柴达木盆地的过渡地带，以及东部黄土高原区和东南部边缘，地势起伏大，东部地形破碎、沟壑纵横，这些地区往往是水土流失最为强烈的地区。

（2）海拔高，气温低，降水少，造成生态环境脆弱。青南高原海拔高，属于高寒生态类型，动植物生长缓慢，土壤发育年轻，高山草甸一旦被破坏，很难恢复；西部柴达木盆地以及风蚀水蚀过渡地带，如共和盆地，虽气温较高，光照条件较好，但是气候干旱，年降水量大部分地区低于 200 mm，过度放牧和过度开垦都容易造成土地沙化。

（3）土壤发育年轻，黄土土层结构松散，抗侵蚀性差。青海省东部黄土高原区地貌形态和地表物质多为第四纪后期形成的黄土，土壤属黄土和黄土状沉积物的碳酸盐风化壳，其结构松散，垂直节理发育，富含碳酸钙，颗粒较粗，抗蚀性差。三江源区土壤属青南高原山土区系，高寒生态条件不断强化，致使成土过程中的生物化学作用减弱，物理作用增强，成土时间短，区内土壤大多土层薄、质地粗、保水性差、肥力较低，易造成水土流失。

1.3.2.2　人为因素

近年来随着水土保持监督管理力度加强，农牧民的水土保持和生态环境保护的意识有所增强，但是在个别地区仍然存在陡坡耕种现象，全省依然存在相当数量坡耕地，特别是陡坡耕种，加剧水土流失。

在牧区仍然存在一定程度的过度放牧、采砂金、挖药材，使原有的天然植被度降低，加剧了草场的沙化和水土流失，对草场的使用管理依然需要加强。

生产建设项目造成的水土流失虽然随着水土保持监督力度不断加大，已经得到明显控制，大部分工程在建设期结束后，被扰动破坏的地表得到恢复和保护，但在工程施工期，仍然存在水土保持措施不到位或不及时的现象。青海省地域面积大，近年来随着经济迅速发展，生产建设项目数量增多，造成水土保持监管力量不足，特别是县市级水土保持监督管理力量较为薄弱。

1.3.3　水土流失危害

1.3.3.1　恶化生态环境，制约经济社会可持续发展

严重的水土流失，造成土壤肥力下降、农作物产量降低，人地矛盾突出。据调查，青海省坡耕地平均每年每公顷流失表土 45 t，按每吨土壤含氮 1.06 kg、磷 0.72 kg、钾 24.4 kg 计算，平均每年流失氮、磷、钾 23 万 t 以上，土壤养分的流失，不仅造成当地土壤肥力的下降，土壤退化，粮食减产，生态恶化，而且流失的化学元素造成下游水资源的面源污染。根

据互助县西山水土保持试验站多年的径流资料,坡度为 5°、10°、15°、20°、25°的坡耕地年侵蚀模数分别为 1 524 t/(km² · a)、3 971 t/(km² · a)、4 962 t/(km² · a)、6 457 t/(km² · a)和 8 749 t/(km² · a),表土(20 cm 厚)被全部冲走的时间依次为 128 年、48 年、35 年、20 年和 18 年,不少地方经侵蚀已寸草不生。

同时,严重的水土流失加剧了干旱、山洪、泥石流等自然灾害发生,导致草地退化、土地沙化。据历史资料,1954~1964 年 10 年间全省旱、洪、风、雹成灾面积 133 万 hm²;1978~1983 年全省成灾面积达 78.8 万 hm²。近 20 年,东部农业区 14 县出现春旱的频率在 55% 以上,每年受不同程度灾害的面积达 13 万 hm²以上,造成直接经济损失 1.63 亿元,减产粮食 10.2 万 t,干旱使约 58.1 万人和 96.2 万头(只)牲畜饮水十分困难。全省沙漠化面积已达 1 252 万 hm²,潜在沙漠化土地面积 98 万 hm²,主要集中在柴达木盆地、共和盆地和黄河源头地区等生态脆弱区,尽管近年来沙化速度有所遏制,但仍然不能掉以轻心。

1.3.3.2 影响江河下游其他地区生态安全

青海省三江源区地处青藏高原腹地,平均海拔 4 000 m 左右,总面积 30.15 万 km²,占全省总面积的 42.03%。区内河流密集,湖泊沼泽众多,雪山冰川广布,对全国乃至全球的大气、水循环具有重要影响,是世界上影响力最大的生态调节区,是我国和亚洲许多大江大河的上游源区,被誉为“中华水塔”,具有独一无二的生态地位。源区生态环境、水源涵养功能、河川径流、湖泊水量等直接关系到本省、下游及周边广大地区,乃至全国的生态安全,其生态环境恶化将触动整个生态系统大神经,影响全国经济社会发展。

1.3.3.3 泥沙淤塞河道和水库,并对下游地区造成危害

严重的水土流失致使坝库、渠道泥沙淤积严重,调蓄库容减少,使用年限减少,工程效益降低。全省每年因泥沙淤积损失库容 200 万~300 万 m³,大量泥沙淤积下游河道,抬高河床,降低防洪能力,危害下游两岸广大地区。全省主要河流年平均输沙量:黄河流域年均输沙量 3 489 万 t,黄河干流在青海境内的平均含沙量为 1.62 kg/m³,每年流入龙羊峡的泥沙总量达 1 268 万 t;黄河的一级支流湟水河的年均输沙量 1 644 万 t,含沙量高达 10.2 kg/m³;长江流域年均输沙量 933 万 t,干流在青海境内的平均含沙量为 0.762 kg/m³;澜沧江年均输沙量 849.4 万 t,干流在青海境内的平均含沙量为 0.78 kg/m³。

1.3.3.4 影响水资源合理有效利用,加剧缺水矛盾

水土流失导致大部分地区水源涵养功能下降,造成河川径流逐年减少,湖泊水位下降,众多小湖泊干涸、淤沙增加。缺水直接影响已建水电站的正常运行,影响水资源的合理有效利用。据调查,2003 年底黄河源区鄂陵湖出水口断流,30 多米宽的黄河河道干涸裸露。

1.4　水土保持现状

1.4.1　发展历程

　　青海省水土保持工作从 1956 年开始,经历起步阶段(1956～1980 年),随着国家政策的变化,水土流失治理工作时快时慢,年治理面积仅 85 km²,其间主要是群众性投资;零星治理阶段(1980～1984 年),其间投资 700 万元左右,以省上以工代赈资金为主;稳步推进阶段(1984～1990 年),以小流域为单元的综合治理成为水土保持的成功模式,年治理面积达到 100 km²,基本建立健全了各级水土保持机构,水土保持规划、科研等基础性工作取得较大进展,其间投资 1 000 万元左右,以省上以工代赈资金和少量中央投资为主;依法综合防治、规模治理阶段(1991 年以后),20 世纪 90 年代《中华人民共和国水土保持法》的颁布,使水土保持工作走上了依法治理的轨道,从单纯的治理型向以预防保护为主、治理开发相结合方向发展,年治理面积 150 km² 以上,其间投资 3 000 万元左右,以中央投资为主。以上工作为今后开展水土保持综合防治奠定了基础。

　　近年来,根据水利部治水新思路,坚持“防治结合,保护优先,强化治理”的工作思路,在继续完善东部地区不同类型区水土流失综合治理模式、开展以小流域为单元的综合治理的同时,对西部和南部降水适宜地区,注重和充分利用生态系统的自我修复功能,恢复植被覆盖,加大预防监督和保护力度,突出小型治沟工程建设,加快了水土流失防治步伐。截至 2015 年底,全省累计总投资 19.86 亿元,其中中央投资 13.49 亿元。全省已有 8 个州(地、市)、40 个县(市)和东部地区部分乡(镇)设立了水土保持机构和水土保持监督执法机构。

1.4.2　治理现状

　　多年来,青海省重点开展了以小流域为单元的水土保持综合治理、黄河水土保持生态工程(包括湟水河重点支流项目区、水土保持重点小流域治理工程、水土保持生态修复试点工程、黄河源区预防保护工程)、黄土高原淤地坝试点建设工程、长江源区预防保护工程、黑河源头流域生态环境建设保护工程、中央预算内水土保持综合治理、三江源生态保护和建设一期工程、青海湖流域生态环境综合治理等工程。

　　截至 2011 年,全省共开展 329 条小流域综合治理,已达标验收 291 条,建立省级科技示范园 2 个。全省共治理水土流失面积 96.87 万 hm²。其中,基本农田 36.48 万 hm²(集中分布在东部黄土高原区)、水土保持林 15.20 万 hm²、经济林 1.93 万 hm²、种草 22.86 万 hm²、封禁治理 20.40 万 hm²。累计完成淤地坝 665 座,淤地面积 72.4 hm²,其中骨干坝 174 座,中小型淤地坝 491 座;点状小型蓄水保土工程 83 889 个,线状小型水土保持工程 77.1 km。

2012～2015 年,全省水土保持投资规模不断增加,每年以 10% 的速度在增长,连续 4 年突破亿元;治理速度不断加快,2012 年水土保持治理面积达到 180.33 km²,2013～2015 年水土保持治理面积均达到 230 km² 以上,创历史新高,详见表 1-14。水土保持工作内容不断丰富,水土保持工作从过去单一的小流域治理,扩展到了坡耕地水土流失综合整治、巩固退耕还林基本口粮田建设、重要水源地保护等领域,水土保持的内涵得以延伸;水土保持执法力度不断加大,按照《中华人民共和国水土保持法》赋予的职责,全面加强了生产建设项目落实"三同时"制度的检查力度,以期最大限度遏制人为水土流失的发生和发展,实现保护生态和经济发展"双赢"。

表 1-14 2011～2015 年度水土流失综合治理完成情况

年度	治理面积(km²)	分项治理措施(hm²)						投资(万元)		
		基本农田	水保林	经济林	种草	封育治理	谷坊、沟头防护(座)	小计	中央	地方
合计	1 076.59	12 283.59	31 282.92	383.21	5 253.68	58 457.01	1 442	66 829	53 273	13 556
2011	157.16	1 795.67	2 198.60	0.00	2 008.74	9 713.02	257	13 648	11 773	1 875
2012	180.33	862.60	4 860.60	0.00	1 205.20	11 105.50	362	12 569	9 500	3 069
2013	255.52	4 210.14	7 805.89	123.81	1 133.74	12 278.40	178	13 157	10 500	2 657
2014	250.14	2 359.18	7 678.83	48.40	526.00	14 401.09	457	13 537	10 500	3 037
2015	233.44	3 056.00	8 739.00	211.00	380.00	10 959.00	188	13 918	11 000	2 918

1.4.3 成效与问题

1.4.3.1 防治成效

水土保持的成效主要体现为"三增加、三减少、三改善",即增加了基本农田、增加了粮食产量、增加了群众收入;减少了坡耕地面积、减少了水土流失量、减少了贫困人口;改善了农牧业生产条件、改善了生态环境、改善了群众生活水平,促进水土资源的可持续利用和生态环境的可持续维护,发挥了水土保持在经济社会发展中的重要基础作用。水土保持生态建设带给黄河流域诸多生态、经济和社会方面的效益,据粗略的宏观分析,仅"十一五"期间各类完建的水土保持项目共计减少土壤流失量 427.29 万 t,增加降水有效利用量 1 953 万 m³,增加林草植被面积 13.94 万 hm²,提高植被覆盖度 28%,增加粮食产量 570.78 万 kg,增加经济收入 1 770.96 万元,流域受益人口达到 36.8 万人,其中 9.95 万人实现脱贫。

第一,改善了农业生产条件,成为建设小康社会的民心工程。东部各重点治理县把小流域综合治理建设、坡耕地水土流失综合治理试点工程、巩固退耕还林成果口粮田工程与项目区农民脱贫致富、农村产业结构调整、地方特色产业发展、新农村建设结合起来,以梯田为载体,大力发展地方特色农产品,形成"梯田 + 科技 + 地膜 + 灌溉 + 农作物"浅山干旱区农业发展模式,极大地改善了农业生产条件,农业综合生产能力显著提高。正是这些小流域综合治理工程的实施,使东部干旱山区等水土流失严重、农业生产条件和生态环境恶劣、经济社会发展相对落后的地区,找到改变山区面貌的好路子,奠定了群众脱贫致富奔小康的坚实基础。

第二,改善了生态环境,成为与人居环境紧密结合的基础工程。在布局上,坚持山、水、林、草、景、田、园、路、村、镇"十位一体"的综合治理,植物措施和工程措施配套实施,使项目区水土流失得到有效控制。通过综合治理,已验收达标的小流域内,轻度以上水土流失面积减少40% ~ 70%,水土流失量减少50% ~ 60%,植被覆盖率增加15% ~ 25%。小流域建设在减轻水土流失的同时,促进了治理区生态环境的巨大变化,许多昔日的洪水沟和荒山秃岭,如今是"规范有序的水系、错落有致的梯田、玉带环绕的农路、生机盎然的林草、绿树掩映的家园",呈现出一派生机勃勃的良好生态景观。生态环境的改善,人口环境容量的增加,使群众有了生存与发展的基础条件,安居乐业有了基本的保障,有利于实现人口、资源、环境协调发展。

第三,改善了群众生活水平,树立了全省生态建设的样板工程。青海省各级水利水保部门把水土保持生态建设的切入点始终放在解决群众关心的生产、生活问题和提高农民增收上,科学、合理、集约、高效地利用水土资源,促进了经济的发展,使农民得到了更多的实惠,农牧民人均纯收入明显提高,并且相继建成了干旱浅山水土保持典范互助西山小流域、引领青海省科技水土保持的西宁市长岭沟流域、藏区水土保持典范同仁县南当山流域、措施优化配置典范湟中县毛尔茨沟流域、清洁型小流域大通县胡基沟流域,这些典型成为全省小流域综合治理建设借鉴、学习的示范样板,对促进当地农业增产、农民增收和农村经济发展发挥了重要作用。

第四,水土保持监测网络初步建立,现代化、信息化水平有所提高。在青海省水利厅的正确领导下,青海省水土保持监测网络和信息系统一期工程于2007年1月竣工,青海省水土保持监测网络和信息系统二期工程于2011年3月完成全面验收。目前,已建成1个省级监测总站、8个监测分站(西宁、海东、海南、黄南、海北、格尔木、果洛、玉树)、24个监测点构成的监测网络系统。配备了数据采集与处理、数据管理与传输等设备,初步建成了覆盖青海全省主要水土流失类型区的水土保持监测网络系统,为三江源地区科学考察和生态保护、玉树地震灾后重建、青海湖湿地的科学研究、第一次水利普查等重大项目,提供了数据采集、分析、处理和传输等技术支撑,发挥了应有的作用。

第五,水土保持监管机构与体制建设取得长足发展。青海省1984年成立了水土保持局,隶属省水利厅领导,下辖监督、监测、规划、治理和科研实验等科室,主要负责全省范围内水土保持的监督管理工作。全省各州(地级市)、县(市、区)水利局均设有水土保持监督站,形成了水利部、流域机构、省、州、市、县多级管理模式。此外,还有从事水土保持设计、施工、监测、监理的企业单位和学会等非政府组织,水土保持专管机构和社会服务体系建设不断加强。

自1991年《中华人民共和国水土保持法》颁布实施以来,青海省各级人大、政府以及水行政主管部门非常重视生产建设项目水土保持工作,全省各级水土保持监督管理部门齐抓共管,加大对违法行为的查处力度,严格水土保持方案审批制度,落实生产建设项目"三同时"制度,强化水土保持设施验收,从宣传、监督检查、督促水土保持方案编报及措施落实整改等方面,积极落实水土保持监督管理制度。积极推进监督管理能力建设,通过制定水土保持监督、执法、公示、培训等规章制度和管理办法,不断提升执法人员的业务能力。同时,加强了水土保持重点工程、水土保持监测、科技示范等重点工程的建设管理与管护制度建设,确保了各项工程的顺利实施。青海省各级人民政府制定了一系列水土保持地方性法规,部分州、县还出台了乡规民约,为全省水土保持生态建设工作提供了依据和保障。全省水土保持法规体系基本建立,监管机构与队伍、监管能力和制度化规范化建设取得了明显成效。

1.4.3.2　面临的主要问题

多年来,尽管全省水土保持工作取得了一定成绩,但也存在不少问题,主要表现在以下几个方面。

1. 水土流失面广量大,水土流失治理任务依然艰巨

青海省水土流失极其严重,全省水土流失面积占土地总面积的 24.22%。严重的水土流失,给全省经济社会发展带来了极大的危害。一是加剧了贫困程度。全省农牧区贫困人口中有 80% 以上生活在水土流失区,恶劣的生态环境是当地群众贫困的根源。二是制约着可持续发展。年复一年的水土流失,使地形破碎,土地变薄,地表沙化,地力下降,产出率不高。三是自然灾害频发。林草植被的大量破坏,水源涵养能力的减弱,进一步加剧了干旱的发展和山洪泥石流的发生,使河道湖泊淤积,给中下游防洪安全造成威胁。因此,加快水土流失治理,重建新的生态平衡,已成为青海省经济社会发展面临的一项紧迫而艰巨的战略任务。

2. 群众水土保持意识尚需进一步增强

青海省地处多民族地区,高寒缺氧的独特自然环境,造就了地广人稀、经济发展缓慢等社会经济特征,再加上少数民族地区语言、文字和生活、生产习惯不同,虽然《中华人民共和国水土保持法》等一系列法律法规已经相继颁布实施多年,但是宣传贯彻难度较大,一些部门、企事业单位和个人对水土保持的重要性和紧迫性认识有待提高,在生产建设过程中急功近利、破坏生态、人为造成水土流失的现象仍有发生。个别地方存在边治理边破坏,甚至一方治理、多方破坏的现象。

3. 投入不足,投资标准低

据统计,1984 ~ 2009 年 25 年间青海省水土保持平均年治理保存面积仅约 300 km²,低于国家每年完成 800 km² 的要求;现状治理程度很低,只有 2.42%。其原因有两方面,一是由于青海是生态大省,肩负着三江源、青海湖等重要生态区域的保护重任,经济发展较缓,地方财政基础较为薄弱,匹配资金难以落实。二是青海省水土保持工程主要是争取中央预算内投资,渠道单一,年度投资有限。多年来中央对青海省水土保持投入力度仅为 5 万 ~ 8 万元/km²,近几年才陆续提高到 20 万 ~ 30 万元/km²。虽然总体上呈增长趋势,但与艰巨的治理任务相比,投入标准偏低。另外,青海省地广人稀,适宜生态修复,但过去多年生态修复一直没有专项投入,直接导致治理进度缓慢,尤其是内陆河区,只在个别地区进行过零星地块治理,水土保持综合治理几乎为空白。

4.监测和监管能力建设仍需加强

目前青海省水土保持监测工作取得了长足进展,第一次全国水利普查水土保持专项普查结果显示,青海省已建成1个省级监测总站、8个监测分站(西宁、海东、海南、黄南、海北、格尔木、果洛、玉树)、24个监测点构成的监测网络系统。

青海省国土面积大,整体呈现地广人稀,水土保持监督力量仍显得不足,很多县市虽然有水土保持监督监测机构,但是往往是一班人马多个牌子。水土保持专管部门和相关部门间机构重叠、职能交叉,权限不清,管理协调机制不完善;县级水土保持专管部门内设机构分工简单,水土保持规划、设计、施工、管理、验收工作职责不明确,一些事业单位还存在着承担行政机构职能的情况,有待进一步划分行政职能,加强行政管理;部分地区虽有专职机构和人员,但存在人员数量不足,技术水平不高,装备简陋,执法能力不强,基层水土保持机构与队伍建设尚需加强等问题。科技支撑体系还不够健全,现代化水平不高,在信息化建设、监测手段、科技成果研发和推广等方面亟待提高。

第 2 章　青海省水土保持区划分析与研究

　　青海省水土保持区划是全国水土保持区划中青海省划分成果的延续,是青海省水土保持工作的支撑,是落实水土保持工作方针的重要举措,直接服务于水土保持布局,是编制水土保持规划的基础和重要组成部分。水土保持区划是一种水土保持类型分区,不同类型分区采取的水土保持布局、措施配置模式或措施配置比例不同。进行水土保持区划划分的目的主要在于具体落实各区域水土保持措施防治布局和防治方案的对位配置,使措施配置更有针对性,并由此形成完整的措施体系,作为青海省制定水土保持发展战略、治理方略和防治模式的基础。

2.1　青海省国家级水土保持区划成果

　　全国水土保持区划成果中,青海省共划分为 2 个一级区、3 个二级区、5 个三级区,成果详见图 2-1 和表 2-1。

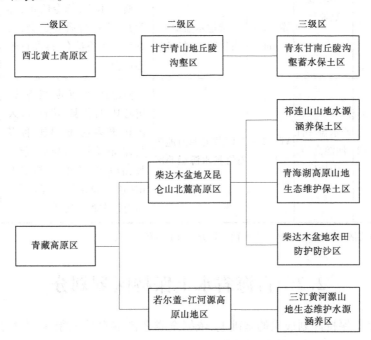

图 2-1　青海省水土保持区划划分情况框图

表 2-1 青海省国家级水土保持区划成果表

一级区代码及名称	二级区代码及名称	三级区代码及名称	行政范围	县(区)数量 46
Ⅳ 西北黄土高原区	Ⅳ-5 甘宁青山地丘陵沟壑区	Ⅳ-5-3xt 青东甘南丘陵沟壑蓄水保土区	西宁市城东区、西宁市城中区、西宁市城西区、西宁市城北区、湟中县、湟源县、大通回族土族自治县、平安县、民和回族土族自治县、乐都区、互助土族自治县、化隆回族自治县、循化撒拉族自治县、同仁县、尖扎县、贵德县、门源回族自治县	17
Ⅷ 青藏高原区	Ⅷ-1 柴达木盆地及昆仑山北麓高原区	Ⅷ-1-1ht 祁连山山地水源涵养保土区	祁连县	1
		Ⅷ-1-2wt 青海湖高原山地生态维护保土区	海晏县、刚察县、共和县、乌兰县、天峻县	6
		Ⅷ-1-3nf 柴达木盆地农田防护防沙区	格尔木市、德令哈市、都兰县、茫崖行政委员会、大柴旦行政委员会、冷湖行政委员会	5
	Ⅷ-2 若尔盖-江河源高原山地区	Ⅷ-2-2wh 三江黄河源山地生态维护水源涵养区	同德县、兴海县、贵南县、玛沁县、甘德县、达日县、久治县、玛多县、班玛县、称多县、曲麻莱县、玉树市、杂多县、治多县、囊谦县、格尔木市(唐古拉山镇)、泽库县、河南蒙古族自治县	17

注:格尔木市分为格尔木市和唐古拉山镇两个区域,分属两个国家三级区。

2.2 青海省水土保持区划划分

在全国水土保持区划成果的基础上,依据全省各区域自然地貌、生态特征、社会经济发展状况及方向、土地利用现状、水土流失类型与强度、水土保持治理经验,按照青海省特定地理和地貌单元,综合考虑流域分界和水资源分布,紧密结合当前社会经济发展的新形势,确定划分原则、工作程序和划分指标,通过定性和定量分析,将国家划分的青海省水土保持三级区进一步细化,划分出青海省水土保持区划。

2.2.1　划分原则

青海省水土保持区划划分应遵循以下原则:

(1)以全国水土保持区划方案中划定的青海省三级区为框架基础进行划分。

(2)区内相似性和区间差异性原则。在同一类型区内,自然条件、社会经济情况、地形地貌、生产发展方式(或土地利用)、水土流失特点与水土保持措施应有明显的相似性。相应不同类型区之间这些对应的指标应有明显的差异性。

(3)主导因素和综合性相结合的原则。考虑以影响水土流失、生产发展和水土保持措施配置的因素为主导因素,各分区主导因素应有所侧重。

(4)定量研究与定性分析相结合的原则。

(5)同一类型区集中连片,避免出现"飞地"或"插花地"。

(6)为便于基本资料的调查与统计、措施实施和管理的方便,原则上保持行政区界完整。

2.2.2　工作程序

青海省水土保持区划工作分为三个阶段。

第一阶段:资料的收集与整理。主要包括基础资料、已有相关区划及分区成果的收集、整理。

第二阶段:制定青海省水土保持区划草案。明确区划原则、依据,制定区划指标和方法,在定性和定量分析判定的基础上,提出青海省水土保持区划草案。

第三阶段:征求省厅相关部门的意见,确定青海省水土保持区划。

青海省水土保持区划工作程序见图 2-2。

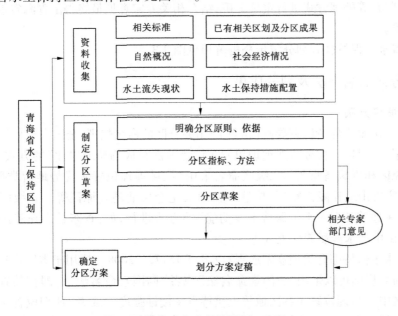

图 2-2　青海省水土保持区划工作程序

2.2.3　划分指标

2.2.3.1　主要指标

在全国水土保持区划确定的指标和成果指导下,参考现今专家文献成果,选取能直接反映青海省省内水土保持区域差异信息的若干指标,主要有水土保持敏感性、土地利用/土地覆盖、土壤侵蚀类型及强度、水土保持综合防治方案和治理措施等。

2.2.3.2　辅助指标

选取在全国水土保持区划中已采用并遵循青海省水土保持区划划分原则且能对水保规划分区起到一定作用的若干指标作为辅助指标。主要有地形地貌、气候、土壤、植被、社会经济等。以上指标依据不同的特点,在划分时侧重不同。

2.2.4　划分方法

青海省水土保持区划划分以全国水土保持区划青海省划分成果为基础,结合实地调查采用定性分析与定量计算综合分析确定。定性分析时综合考虑青海省江河流域、地貌单元、水土流失治理的主攻方向和各区域水土保持主导功能等因素,并保持与土地、农业、林业、水利、水土保持、自然保护区等行业规划和区划基本趋于一致,总体协调国家和青海省对水土保持工作的整体部署和要求。在定性分析基础上,根据所选指标,以聚类分析和经验判别为基本方法,并与地理信息系统(GIS)技术相结合,用空间叠置分析的方法和通用土壤流失方程分析计算青海省地表自然系统指标和水土流失敏感性,统计人为因素指标,建立植被覆盖度、土壤可蚀性图、地貌图、土地利用/土地覆盖图、土壤侵蚀敏感性评价结果、土壤侵蚀类型和强度分级图等基础图谱、专业图谱,考虑各指标影响因子综合应用已建立图谱以及统计信息综合数据库,采用多要素综合分级分区法分析,并采取范围调整、小区域归并等处理方式进行定量分析,结合相关专家意见最终得出青海省水土保持区划划分成果。

青海省水土保持区划划分定量分析流程见图2-3。

2.2.5　分区命名方法及划分成果

2.2.5.1　命名方法

根据《全国水土保持区划导则(试行)》相关分区的命名规则,全国水土保持区划一级区命名采用"大尺度区位或自然地理单元+优势地面组成物质或岩性"的方式命名,如西北黄土高原区和青藏高原区。二级区命名采用"区域地理位置+优势地貌类型"的方式命名,如甘宁青山地丘陵沟壑区、柴达木盆地及昆仑山北麓高原区等。三级区命名采用"地理位置+地貌类型+水土保持主导功能"的方式进行,如:青东甘南丘陵沟壑蓄水保土区、祁连山山地水源涵养保土区等。

参照《水土保持综合治理规划通则》(GB/T 15772—2008),适用于省级及省级以下层次分区的命名规则可以采用"三因素命名法"或者"四因素命名法"。即在某省或某地区的水保分区中,"地理位置+各区地貌土质特点+侵蚀强度",或者"地理位置+各区地貌土质特点+侵蚀强度+防治方案"。如北部红壤丘陵严重侵蚀坡沟兼治区、南部冲积平

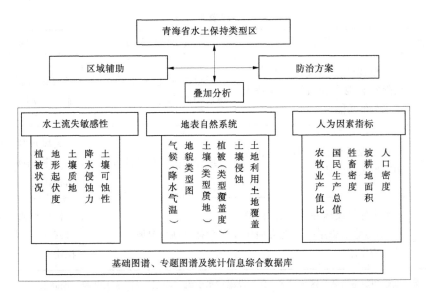

图 2-3　青海省水土保持区划划分定量分析流程图

原轻度侵蚀护岸保滩区等。

综合考虑青海省水土流失的自然条件、水土流失成因、地貌特征、水土流失特点、植被区带分布、水土资源优化配置及水土流失防治需求等,具体为海拔、积温(≥10 ℃)、多年降水量、水土流失成因、岩性、干燥度、地貌类型、土壤侵蚀类型及强度、植被类型、土壤类型、社会经济、土地利用、水土流失防治等,青海省水土保持区划的命名遵循"四因素法",即"地理位置 + 地貌 + 土壤侵蚀类型 + 水土保持主导功能"的命名方式。

青海省水土保持区划命名中所体现的水土保持主导功能,是以全国水土保持区划三级区确定的 10 项水土保持基础功能为依据,在调查分析青海省区域自然条件和社会经济条件,并结合青海省水土流失现状特点及水土保持现状的基础上,明确各区域存在的水土保持基础功能类型与重要性,最终确定青海省各水土保持分区的水土保持主导功能。青海省主要涉及 5 项水土保持基础功能,分别为水源涵养、土壤保持、蓄水保水、防风固沙、生态维护,详见表 2-2。

表 2-2　水土保持基础功能分类

基本功能	定义	重要体现区域	辅助指标
水源涵养	水土保持设施发挥或蕴藏的调节径流,保护与改善水质的功能	江河湖泊的源头、供水水库上游地区以及国家已划定的水源涵养区	林草植被覆盖率、人口密度
土壤保持	土壤保持设施发挥的保持土壤资源,维护和提高土地生产力的功能	山地丘陵综合农业生产区	耕地面积比例、大于 15°土地面积比例

续表 2-2

基本功能	定义	重要体现区域	辅助指标
蓄水保水	土地保持设施发挥的集蓄利用降水和地表径流以及保持土壤水分的功能	干旱缺水地区及季节性缺水严重地区	降水量、旱地面积比例、地面起伏度
防风固沙	水土保持设施减小风速和控制沙地风蚀的功能	绿洲防护区及风沙区	大风日数、林草植被覆盖率、中度以上风蚀面积比例
生态维护	水土保持设施在维护森林、草原、湿地等生态系统功能方面所发挥的作用	森林、草原、湿地	林草植被覆盖率、人口密度、各类保护区面积比例

注:水土保持基础功能是指某一区域内水土保持设施在水土流失防治、维护水土资源和提高土地生产力等方面所发挥或蕴藏的直接作用或效能。

2.2.5.2 划分成果

结合野外调查,通过定量和定性分析,青海省水土保持区划划分结果(详见表 2-3)为:将国家三级区——青东甘南丘陵沟壑蓄水保土区细分为 2 个青海省水土保持分区,祁连山山地水源涵养保土区仍保留为独立的青海省水土保持分区,青海湖高原山地生态维护保土区细分为 2 个青海省水土保持分区,柴达木盆地农田防护防沙区细分为 2 个青海省水土保持分区,三江黄河源山地生态维护水源涵养区细分为 4 个青海省水土保持分区。青海省水土保持区划划分情况详见表 2-4 和图 2-4。

表 2-3   青海省水土保持区划划分情况表

三级区名称及代码	青海省水土保持区名称
青东甘南丘陵沟壑蓄水保土区(Ⅳ-5-3xt)	湟水中高山河谷水蚀蓄水保土区
	黄河中山河谷水蚀土壤保持区
祁连山山地水源涵养保土区(Ⅷ-1-ht)	祁连高山宽谷水蚀水源涵养保土区
青海湖高原山地生态维护保土区(Ⅷ-1-2wt)	青海湖盆地水蚀生态维护保土区
	共和盆地风蚀水蚀防风固沙保土区
柴达木盆地农田防护防沙区(Ⅷ-1-nf)	柴达木盆地风蚀水蚀农田防护防沙区
	茫崖—冷湖湖盆残丘风蚀防沙区
三江黄河源山地生态维护水源涵养区(Ⅷ-2-2wh)	兴海—河南中山河谷水蚀蓄水保土区
	黄河源山原河谷水蚀风蚀水源涵养区
	长江—澜沧江源高山河谷水蚀风蚀水源涵养区
	可可西里丘状高原冻蚀风蚀生态维护区

表 2-4　青海省水土保持区划划分成果详表

国家三级区名称	青海省水土保持区划名称	范围		县域总面积（km²）
		州（市）	县（市、区、旗）	
青东甘南丘陵沟壑蓄水保土区（Ⅳ-5-3xt）	湟水中高山河谷水蚀蓄水保土区	西宁市	城东区	112.86
			城中区	23.53
			城西区	68.47
			城北区	138.1
			大通县	3 159.7
			湟中县	2 558.64
			湟源县	1 545.48
		海东市	平安县	734.59
			民和县	1 897.32
			乐都区	2 480.52
			互助县	3 348
		海北州	门源	6 381.65
		小计		22 448.88
	黄河中山河谷水蚀土壤保持区	海东市	化隆县	2 706.77
			循化县	1 815.21
		黄南州	同仁县	3 195
			尖扎县	1 557.85
		海南州	贵德	3 510.37
		小计		12 785.2
祁连山山地水源涵养保土区（Ⅷ-1-ht）	祁连高山宽谷水蚀水源涵养保土区	海北州	祁连县	13 919.79
青海湖高原山地生态维护保土区（Ⅷ-1-2wt）	青海湖盆地水蚀生态维护保土区	海北州	海晏县	4 443.1
			刚察县	9 645.35
		海西州	天峻县	25 612.63
		小计		39 701.08
	共和盆地风蚀水蚀防风固沙保土区	海南州	共和县	16 626.73
		海西州	乌兰县	12 249.76
		小计		28 876.49
柴达木盆地农田防护防沙区（Ⅷ-1-nf）	柴达木盆地风蚀水蚀农田防护防沙区	海西州	格尔木市（不含唐古拉山镇）	72 323.24
			德令哈	27 765.2
			都兰县	45 264.61
		小计		145 353.05
	茫崖—冷湖湖盆残丘风蚀防沙区	海西州	茫崖	32 132.15
			大柴旦	20 898.84
			冷湖	17 757.79
		小计		70 788.78

续表2-4

三级区名称	青海省水土保持区划名称	范围		县域总面积（km²）
		州(市)	县(市、区、旗)	
三江黄河源山地生态维护水源涵养区（Ⅷ-2-2wh）	兴海—河南中山河谷水蚀蓄水保土区	海南州	同德县	4 652.8
			兴海县	12 177.63
			贵南县	6 485.71
		黄南州	泽库县	6 773.37
			河南县	6 700.23
		小计		36 789.74
	黄河源山原河谷水蚀风蚀水源涵养区	果洛州	玛沁县	13 460.12
			班玛县	6 396.99
			甘德县	7 130.71
			达日县	14 485.21
			久治县	8 279.2
			玛多县	24 494.12
		玉树州	称多县	4 601.77
			曲麻莱县	15 858.28
		小计		94 706.41
	长江—澜沧江源高山河谷水蚀风蚀水源涵养区	玉树州	玉树市	15 411.54
			杂多县	35 519.14
			称多县	10 016.51
			治多县	31 438.43
			囊谦县	12 060.66
			曲麻莱县	30 777.28
		小计		135 223.56
	可可西里丘状高原冻蚀风蚀生态维护区	玉树州	治多县	49 203.52
		海西州	唐古拉山镇（属格尔木市）	46 850.26
		小计		96 053.78
合计				696 646.76

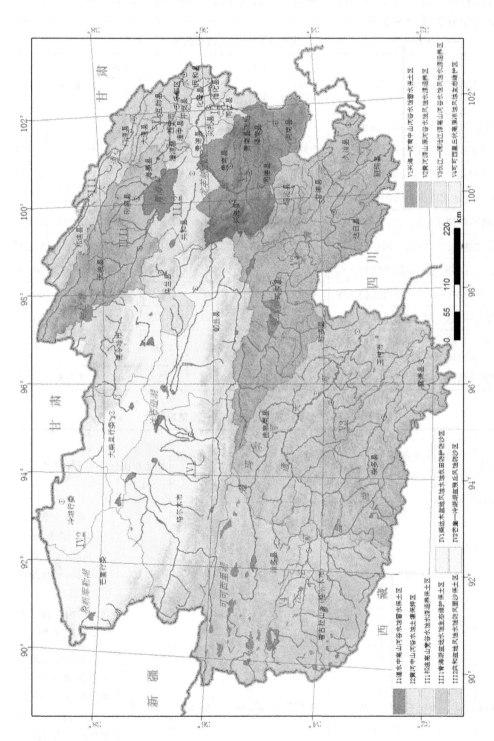

图 2-4　青海省水土保持区划划分成果图

青海省水土保持区划各分区侵蚀强度统计见表2-5,不同水土保持分区水土保持主导基础功能分类统计见表2-6。

表2-5　青海省水土保持区划水蚀风蚀侵蚀强度分布　　　（单位:km²）

青海省水土保持区划	水蚀			风蚀			合计
	轻度	中度	强烈及以上	轻度	中度	强烈及以上	
湟水中高山河谷水蚀蓄水保土区	2 423	3 124	2 399				7 946
黄河中山河谷水蚀土壤保持区	3 386	1 344	824				5 554
祁连高山宽谷水蚀水源涵养保土区	1 867	913	279				3 059
青海湖盆地水蚀生态维护保土区	3 045	1 639	579	198	4	422	5 887
共和盆地风蚀水蚀防风固沙保土区	3 205	639	288	2 668	1 838	2 279	10 917
柴达木盆地风蚀水蚀农田防护防沙区	1 421	228	221	20 123	6 591	13 261	41 845
茫崖—冷湖湖盆残丘风蚀防沙区				10 244	8 924	19 381	38 549
兴海—河南中山河谷水蚀蓄水保土区	4 143	767	591	151	34	1 048	6 734
黄河源山原河谷水蚀风蚀水源涵养区	3 205	531	450	17 778	1 426	3 318	26 708
长江—澜沧江源高山河谷水蚀风蚀水源涵养区	3 868	818	289	739	1 645	6 031	13 390
可可西里丘状高原冻蚀风蚀生态维护区				12	45	7 718	7 775

表2-6　不同水土保持主导基础功能分类情况统计

基础功能	个数（个）	土地面积（km²）	占土地总面积比（%）	水蚀面积（km²）	水蚀占土地面积比（%）	风蚀面积（km²）	风蚀占土地面积比（%）	重点区域描述
水源涵养	3	243 707.85	34.98	12 220	5.01	30 937	12.69	祁连高山宽谷水蚀水源涵养保土区、黄河源山原河谷水蚀风蚀水源涵养区、长江—澜沧江源高山河谷水蚀风蚀水源涵养区
土壤保持	3	64 142.29	9.21	17 632	27.49	6 785	10.58	湟水中高山河谷水蚀蓄水保土区、黄河中山河谷水蚀土壤保持区、共和盆地风蚀水蚀防风固沙保土区

续表 2-6

基础功能	个数（个）	土地面积（km²）	占土地总面积比（%）	水蚀面积（km²）	水蚀占土地面积比（%）	风蚀面积（km²）	风蚀占土地面积比（%）	重点区域描述
蓄水保水	1	36 801.25	5.28	5 501	14.95	1 233	3.35	兴海—河南中山河谷水蚀蓄水保土区
防风固沙	2	215 414.17	30.92	1 870	0.87	78 524	36.45	柴达木盆地风蚀水蚀农田防护防沙区、茫崖—冷湖湖盆残丘风蚀防沙区
生态维护	2	136 599.71	19.61	5 263	3.85	8 399	6.15	青海湖盆地水蚀生态维护保土区、可可西里丘状高原冻蚀风蚀生态维护区

第 3 章　水土保持现状评价与需求分析

　　水和土既是生态系统最基础的组成要素,也是人类生产、生活乃至赖以生存的重要基础性资源。水土保持作为生态建设的重要内容,是保护和合理利用水土资源的有效手段,对于维护生态系统、改善农业生产条件、推动农村发展、保障饮水安全、促进江河治理、改善人居环境均有着积极作用,是青海省建设生态文明、实现"大美青海"的重要手段。

3.1　改善生态系统与维护生态安全

3.1.1　改善生态系统与维护生态安全的重要意义

　　青海省是青藏高原的主体,在中国乃至亚洲具有显著的生态战略地位,被称为中国的"江河源""生态源",是我国及东半球气候的"启动区"和"调节区"。青海省生态环境的变化不仅关系到自身生态安全,而且将直接影响到我国乃至亚洲的生态安全。

3.1.1.1　青海对我国乃至全球气候系统的稳定有着深刻的影响

　　青藏高原是我国气候变化的启动区,也是全球气候变化的敏感区。近 600 年来在我国出现的 3 次冷期和 3 次暖期都是青藏高原变化最早,气温变化比全国提前 5 ~ 6 年,证明青藏高原主体是我国气候变化的"启动区"。青藏高原幅员辽阔、海拔高、地表干旱,长波辐射在地表辐射平衡中有重要作用,并对"温室气体"作用的响应比其他地域灵敏。高原处于季风边缘区,对全球气候变化十分敏感,且对全球气候变化具有放大作用。

3.1.1.2　青海在维护区域生态平衡方面举足轻重

　　青海是"中华水塔""亚洲水塔"。青海境内河流密集,湖泊沼泽众多,雪山冰川广布,有我国海拔最高的天然湿地区,是全球高海拔区生物多样性最集中、影响力最大的生态调节区,被誉为"中华水塔""亚洲水塔""地球之肾",在维护区域生态平衡方面起着举足轻重的作用。三江源地区水源涵养对青藏高原、我国东南部地区、东南亚乃至全球都具有至关重要的影响。

3.1.1.3　青海生态屏障作用显著

　　(1)阻挡西伯利亚寒流。青藏高原的隆起,阻挡了我国西部地区南北冷暖气流的交流。每年冬季,青藏高原阻挡了西伯利亚寒流的大举南下,使位于高原东南和南部的地区比北半球同纬度地区的气温高,且全年温差较小。从这个角度看,青藏高原为我国西南地区、珠三角地区以及东南亚地区建立了天然御寒屏障,为这些地区的经济社会发展创造了有利条件。

　　(2)外流河区阻挡沙尘暴。青藏高原的隆起,阻挡了中亚地区以及我国新疆地区形成的沙尘向南方和东南地区的推进,转而由青藏高原北缘吹向华北,客观上营造了我国秀美的江南地区。

（3）阻挡和减缓沙漠向东部和东南的扩展。青藏高原的隆起，形成了一道天然屏障，阻挡和减缓了流动沙丘向东部和东南的移动，从而有效保护了我国西北、中部和西南地区的生态环境。

3.1.2　增加林草植被改善生态系统，维护生态安全

青海省生态地位极其重要，生态环境形势严峻，严峻的生态问题已成为制约青海省经济社会可持续发展的重要障碍之一。青海省森林植被少，目前森林覆盖率仅 5%，人均森林面积仅占全国平均水平的 25%；草地覆盖率较高，达到土地面积的 59% 以上，但草地植被结构简单，承载能力低，草原生态功能明显弱化，平均承载率超过 30%。随着青海省人口总量持续增长，城镇化、工业化水平不断提高，资源环境承载压力日益增大，生态系统更加脆弱。

生态保护与建设的核心是林草植被建设。植被一方面控制水土流失，减缓土壤与水分流失趋势，为水土资源再生循环创造稳定的环境条件；另一方面，通过增加地表植被覆盖度，促进土壤的团粒结构形成，为提高土壤再生能力、改善土壤质量创造了基础条件。同时，土壤结构的改善和植被覆盖度的增加可提高土壤水分入渗，增强水源涵养能力，对于区域水分微循环中降水的时空分布的均匀性有一定的改善作用，可促进区域洪水期河川径流量减少，枯水期径流量明显增加，水分循环向良性转换。

水土保持通过坡改梯及配套水系工程建设，修建淤地坝及小型拦蓄引水设施等措施，促进传统粗放的农业生产方式向高效集约化经营转变，提高了农业综合生产能力，进而为大面积退耕还林还草、恢复植被、改善生态创造了条件。同时，通过封山育林育草、轮封轮牧和人工造林种草，可保护和改善大面积的草原草地、森林生态系统，控制土地沙化退化扩大的趋势；随着林草措施效益的持续发挥，生物多样性得到不断提高，区域生态系统日趋稳定并实现良性循环。水土保持以小流域为单元，因地制宜，因害设防，建立水土流失综合防治体系。经过治理，东部地区除有效控制水土流失外，还将降水资源最大限度地拦截，有效补充当地的生态用水；西部地区通过控制水土流失，可使良好的光、热、水资源与宝贵的土地资源实现优化配置。

因此，进一步加强水土流失防治，充分发挥水土保持对生态改善和生态安全维护的作用刻不容缓。

3.1.3　提升生态功能和维护生态安全的重点区域

水土保持改善生态和维护生态安全的作用集中体现为水源涵养、生态维护和防风固沙等基础功能，根据全国水土保持区划和青海省水土保持区划确定的水土保持分区主导功能，结合青海省主体功能区划分成果，重点区域分析如下。

3.1.3.1　水源涵养功能区域

根据功能评价，综合分析青海省各水土保持分区主导基础功能及林草植被状况，具有水源涵养功能的区域主要有祁连高山宽谷水蚀水源涵养保土区、兴海—河南中山河谷水蚀蓄水保土区、黄河源山原河谷水蚀风蚀水源涵养区以及长江—澜沧江源高山河谷水蚀风蚀水源涵养区，包括 18 个县级行政区，土地面积 28.06 万 km^2，水土流失面积 5.02 万

km^2,占全省水土流失面积的 29.77% ,其中水蚀面积 1.80 万 km^2,占全省水蚀面积的 42.14% 。按青海省水土保持分区统计的水源涵养功能分布区域相关情况见表 3-1。可知,青海省具有水源涵养功能的区域主要分布在植被覆盖率高且水蚀率低的江河源头(长江、黄河、澜沧江、黑河)。三江源地区地处青藏高原腹地,是长江、黄河、澜沧江的发源地,是我国淡水资源的重要补给地,对这些重点区域应严格保护具有水源涵养功能的自然植被,建设水土保持和水源涵养林(草),禁止过度放牧、毁林开荒、开垦草原,加强围栏封育,治理水土流失,维护或重建森林、草原、湿地等生态系统。

表 3-1　水源涵养功能分布区域有关情况

青海省水土保持区划	县级行政区数量(个)	土地面积(km^2)	风蚀面积(km^2)	水蚀面积(km^2)	水土流失面积(km^2)	水蚀率(%)	水蚀比重(%)	水土流失比重(%)
祁连高山宽谷水蚀水源涵养保土区	1	13 919.79	0	3 059	3 059	21.98	16.96	6.09
兴海—河南中山河谷水蚀水源蓄水保土区	5	36 789.74	1 233	5 501	6 734	14.95	30.49	13.41
黄河源山原河谷水蚀风蚀水源涵养区	8	94 706.41	22 522	4 186	26 708	4.42	23.20	53.19
长江—澜沧江源高山河谷水蚀风蚀水源涵养区	6	135 223.56	8 415	5 294	13 709	3.91	29.35	27.31
合计	18	280 639.50	32 170	18 040	50 210	6.43	100.00	100.00

3.1.3.2　生态维护功能区域

根据功能评价,综合分析各青海省水土保持分区主导基础功能及林草植被状况,发挥生态维护功能的区域主要有青海湖盆地水蚀生态维护保土区、可可西里丘状高原冻蚀风蚀生态维护区,包括 5 个县级行政区,土地面积共 13.58 万 km^2,水土流失面积约 1.37 万 km^2,占全省水土流失面积的 8.10% ,有关情况见表 3-2。

表 3-2　生态维护功能分布区域有关情况

青海省水土保持区划	县级行政区数量(个)	土地面积(km^2)	风蚀面积(km^2)	水蚀面积(km^2)	水土流失面积(km^2)	水蚀率(%)	水蚀比重(%)	水土流失比重(%)
青海湖盆地水蚀生态维护保土区	3	39 701.08	624	5 263	5 887	13.26	100.00	43.09
可可西里丘状高原冻蚀风蚀生态维护区	2	96 053.78	7 775	0	7 775	0.00	0.00	56.91
合计	5	135 754.86	8 399	5 263	13 662	3.88	100.00	100.00

青海湖是我国面积最大的内陆咸水湖泊。青海湖巨大的水体和流域内的天然草场、有林地共同构成了阻挡中亚荒漠风沙东侵南移的生态屏障。可可西里是目前我国建成的面积最大、海拔最高、野生动物资源最为丰富的自然保护区之一,是维护高原生态系统物种多样性的重要区域。对上述重点区域应加强预防保护,实行封山禁牧,划定生态红线,加强对区域内生产建设项目的监管,最大限度地减少人为因素造成新的水土流失,因地制宜实施生态修复和局部水土流失综合治理,恢复退化植被。

3.1.3.3   防风固沙功能区域

根据功能评价,综合分析青海省各水土保持分区主导基础功能及林草植被状况,发挥防风固沙功能的区域主要分布在柴达木盆地风蚀水蚀农田防护防沙区。柴达木盆地是青海省最大的绿洲农业基地,目前有耕地面积 410.57 km^2,防护林 324.97 km^2,渠系配套 1 880.72 km。青海省实施治沙工程十多年来,柴达木盆地相继建成了香日德、诺木洪、宗加、巴隆、格尔木、德令哈、察汗乌苏等数十个沙区绿洲。农业资源综合开发成效显著,粮食生产能力不断增强,农林牧副渔全面发展,山水林田路得到综合治理,并产生了一批有一定规模的粮油肉蛋奶生产基地。在保证农业开发有较高经济效益的同时,还建立起绿洲农业更高级的生态平衡体系,为国家建设战略重点向西部转移奠定了良好的农业基础。

随着国民经济的发展和国家投资政策向中西部地区的转移,柴达木盆地资源的开发已成为地区经济快速发展的必然选择和振兴青海的必然要求。这种必然趋势和内在要求,一方面是盆地经济得到迅速发展的巨大动力,另一方面也必将给本来就十分脆弱的生态带来更大的压力。因此,对于该区域应加强荒漠植被和沙化土地的封禁保护,加强生产建设项目的监督管理,实施轮封轮牧,推行舍饲圈养,严格控制载畜量,加大退耕还林还草力度,建设农田牧场防护林,保护沙区湿地。

总体而言,水土保持具有良好的生态效益,对生态改善和生态安全维护具有重要意义。近些年来,青海省实施了天然林草资源保护、退耕还林、退牧还草等一系列生态保护与建设工程(例如,黑河流域生态环境建设保护应急工程、青海三江源生态保护和建设一期工程、冰沟流域水土保持综合治理工程、香日德四期农业综合开发工程),加强了自然保护区的保护力度,工程建设区呈现生态改善的良好势头,但目前生态整体恶化态势尚未得到根本遏制。水土保持应坚持"生态优先,预防为主"的理念,以水源涵养、生态维护和防风固沙功能分布区域为重点,加大林草植被保护与建设力度,配合必要的水土流失区综合治理,提升和维护青海省生态安全。

3.2   改善农牧业生产条件和推动农牧区发展

农牧业是青海省国民经济的基础,事关青海省粮食和经济安全。以改善农牧业基础条件为切入点,在发展农牧业生产、促进粮食增产的基础上,增加农牧民收入,推动农村社会经济持续发展,是水土保持的根本任务之一。水土保持改善农牧业生产条件和推动农牧区发展主要表现为对坡耕地、侵蚀沟和水土流失严重区域开展水土保持综合治理。

3.2.1　改善农牧业生产条件

3.2.1.1　重点防治对象

1. 坡耕地

坡耕地是青海省耕地资源的重要组成部分,直接关系到青海省粮食安全、生态安全和防洪安全。据统计,青海省现有耕地 58.82 万 hm^2,其中坡耕地 22.33 万 hm^2,坡耕地分布范围涉及 7 个青海省水土保持分区,25 个县(区)(见表 3-3)。共涉及县级行政区总人口486.6 万人,总土地面积 11.24 万 km^2,人口密度 43.3 人/km^2。坡耕地分布区域以水力侵蚀为主,水土流失面积(水蚀 + 风蚀)30 472 km^2,占土地总面积的 27.14%,其中水蚀面积 26 637 km^2,占水土流失面积的 87.41%,风蚀面积 3 835 km^2,占水土流失面积的12.59%。中度及以上水蚀面积 11 849 km^2,占水蚀面积的 44.48%;中度及以上风蚀面积3 132 km^2,占风蚀面积的 81.67%。

按照青海省水土保持区划对青海省坡耕地坡度分布情况统计结果见表 3-4。

从表 3-3 和表 3-4 可以看出,青海省耕地坡度较大,6°~15°坡耕地占总耕地面积的46.93%。占全省坡耕地面积 87.91%的湟水中高山河谷水蚀蓄水保土区和黄河中山河谷水蚀土壤保持区,区内 50%以上的坡耕地坡度在 6°~15°;分布于青海湖盆地水蚀生态维护保土区和共和盆地风蚀水蚀防风固沙保土区的坡耕地坡度较缓,80%的坡耕地坡度小于 6°,但其大部分分布在青海湖四周,受风蚀侵蚀严重;分布于长江—澜沧江源高山河谷水蚀风蚀水源涵养区的 70%的坡耕地,坡度也小于 6°,但其分布零散。由此可见,坡耕地集中区域多为浅山干旱区,耕地破碎化问题突出,区内耕垦率高,人均耕地仅有 1.81亩,其中坡耕地 0.69 亩,人均耕地相对较少,粮食产量低,人口密度较大,人地矛盾突出,水土流失严重。

表 3-3　青海省坡耕地分布情况表

青海省水土保持区划	行政区	坡耕地面积（hm^2）			人口（万人）	土地面积（km^2）	人口密度（人/km^2）	水土流失面积（km^2）		
		合计	2°~25°	>25°				合计	水蚀	风蚀
湟水中高山河谷水蚀蓄水保土区	西宁市	1 396.9	1 376.1	20.8	121.2	343.0	3 533.4	114	114	0
	大通县	3 770.3	3 553.9	216.4	43.8	3 159.7	138.5	1 040	1 040	0
	湟中县	481.3	477.8	3.5	44.1	2 558.6	172.3	844	844	0
	湟源县	1 095.8	809.8	286.0	13.8	1 545.5	89.1	474	474	0
	平安县	2 554.2	2 189.9	364.2	12.4	734.6	168.8	315	315	0
	民和县	20 577.3	19 786.9	790.5	42.1	1 897.3	222.0	674	674	0
	乐都区	22 359.5	21 701.8	657.7	28.9	2 480.5	116.6	1 221	1 221	0
	互助县	54 892.3	54 267.9	624.4	38.7	3 348.0	115.7	1 211	1 211	0
	门源县	23 021.1	22 909.0	112.1	15.6	6 381.7	24.4	2 053	2 053	0
	小计	130 148.6	127 073.0	3 075.6	360.6	22 448.9	160.6	7 946	7 946	0

续表 3-3

青海省水土保持区划	行政区	坡耕地面积 (hm²)			人口 (万人)	土地面积 (km²)	人口密度 (人/km²)	水土流失面积 (km²)		
		合计	2°~25°	>25°				合计	水蚀	风蚀
黄河中山河谷水蚀土壤保持区	化隆县	42 857.4	42 428.9	428.6	27.6	2 706.8	102.0	1 185	1 185	0
	循化县	7 040.2	6 979.2	60.9	13.4	1 815.2	73.6	638	638	0
	同仁县	4 215.8	4 215.8		9.4	3 195.0	29.4	1 075	1 075	0
	尖扎县	2 666.0	2 652.6	13.4	5.6	1 557.9	35.7	910	910	0
	贵德县	9 406.2	9 406.2		10.1	3 510.4	28.8	1 746	1 746	0
	小计	66 185.6	65 682.7	502.9	66.0	12 785.2	51.6	5 554	5 554	0
祁连高山宽谷水蚀水源涵养保土区	祁连县	1 501.8	1 441.3	60.5	5.0	13 919.8	3.6	3 059	3 059	0
青海湖盆地水蚀生态维护保土区	海晏县	2 532.4	2 531.0	1.4	3.6	4 443.1	8.0	1 628	1 206	422
共和盆地风蚀水蚀防风固沙保土区	共和县	3 822.0	3 822.0		12.6	16 626.7	7.6	5 673	3 493	2 180
兴海—河南中山河谷水蚀蓄水保土区	泽库县	390.1	390.1		7.0	6 773.4	10.4	1 222	1 128	94
	同德县	5 075.9	5 075.9		6.5	4 652.8	13.9	546	546	0
	兴海县	581.5	581.5		7.7	12 177.6	6.3	1 705	1 582	123
	贵南县	6 303.9	6 303.9		7.8	6 485.7	11.9	2 125	1 109	1 016
	小计	12 351.4	12 351.4	0.0	28.9	30 089.5	9.6	5 598	4 365	1 233
长江—澜沧江源高山河谷水蚀风蚀水源涵养区	囊谦县	6 798.2	6 798.2		9.9	12 060.7	8.2	1 014	1 014	0
合计		223 340.0	219 699.6	3 640.4	486.6	112 373.9	43.3	30 472	26 637	38 35

表 3-4 青海省水土保持区划坡耕地坡度分布情况

青海省水土保持区划	坡耕地面积	不同分级坡耕地面积和比例			
		2°~6°	6°~15°	15°~25°	>25°
湟水中高山河谷水蚀蓄水保土区(hm²)	130 148.61	30 965.51	65 875.37	30 232.13	3 075.60
坡度分级比例(%)		23.79	50.62	23.23	2.36
黄河中山河谷水蚀土壤保持区(hm²)	66 185.56	21 129.46	33 577.95	10 975.28	502.87
坡度分级比例(%)		31.92	50.73	16.58	0.76
祁连高山宽谷水蚀水源涵养保土区(hm²)	1 501.84	661.23	668.22	111.87	60.52
坡度分级比例(%)		44.03	44.49	7.45	4.03
青海湖盆地水蚀生态维护保土区(hm²)	2 532.44	1 780.47	694.62	55.94	1.41
坡度分级比例(%)		70.31	27.43	2.21	0.06

续表 3-4

青海省水土保持区划	坡耕地面积	不同分级坡耕地面积和比例			
		2°~6°	6°~15°	15°~25°	>25°
共和盆地风蚀水蚀防风固沙保土区(hm²)	3 821.98	3 459.33	343.68	18.97	0.00
坡度分级比例(%)		90.51	8.99	0.50	0.00
兴海—河南中山河谷水蚀水源蓄水保土区(hm²)	12 351.37	10 355.93	1 806.23	189.21	0.00
坡度分级比例(%)		83.84	14.62	1.53	0.00
长江—澜沧江源高山河谷水蚀风蚀水源涵养区(hm²)	6 798.16	4 752.50	1 857.30	188.36	0.00
坡度分级比例(%)		69.91	39.08	10.14	0.00
合计	223 339.96	73 104.43	104 823.37	41 771.76	3 640.40
坡度分级比例(%)		32.73	46.93	18.70	1.63

水土保持通过实施坡改梯、配套小型蓄排引水设施和耕作道路,对坡耕地开展综合治理,一方面能够有效阻缓坡面径流,减轻水土流失;另一方面,实施坡耕地综合治理改善了农业生产条件,提高了耕地的综合生产能力,为发展特色产业、农业现代化创造条件,增加了群众收入。

而且,实施坡耕地综合治理,进一步促进不宜耕种的坡耕地退耕还林还草。促进农村产业结构调整,为发展经济创造了条件,减少了毁林种粮的可能性,为大面积植被恢复创造条件,成为巩固退耕还林(草)成果的重要举措。

青海省第十二次党代会提出青海省实施国家循环经济建设示范区、生态文明先行区和民族团结进步示范区的"三区"战略,以及建设新青海和创造新生活的"两新"目标,坡耕地综合治理旨在改善山丘区生态环境,控制水土流失,提高群众生产生活水平,促进民族地区团结进步、发展稳定,是实现青海省"三区"战略和"两新"目标的重要途径。

2. 侵蚀沟道

根据第一次全国水利普查青海省水土保持情况普查成果,普查的侵蚀沟道共6.47万条,沟道面积约3万km²(侵蚀沟道情况详见表3-5),其中湟水中高山河谷水蚀蓄水保土区2.94万条,黄河中山河谷水蚀土壤保持区1.83万条,祁连高山宽谷水蚀水源涵养保土区0.78万条,共和盆地风蚀水蚀防风固沙保土区0.92万条。

青海省侵蚀沟道分布共涉及青海省5地市(州),其中海东市、海南藏族自治州、西宁市侵蚀沟道数量位居前三,占侵蚀沟道总数量的68.95%。

表 3-5　侵蚀沟道分布情况

青海省水土保持区划	州(市)	县(区)	数量(条)	长度(km)	面积(hm²)	沟道密度(km/km²)	占区域比例(%)	占侵蚀沟道总数比例(%)
湟水中高山河谷水蚀蓄水保土区	海东市	平安县	1 088	1 049.728	44 589	1.4	3.69	1.68
		民和县	2 882	2 487.782	100 744	1.398	9.79	4.45
		互助县	3 958	3 926.726	192 387	1.182	13.44	6.11
		乐都区	3 694	3 306.417	139 489	1.084	12.54	5.71
	海北州	门源县	5 212	5 325.541	340 103	0.772	17.7	8.05
	西宁市	湟中县	3 278	3 125.093	134 751	1.157	11.13	5.06
		湟源县	1 768	1 742.106	82 015	1.154	6	2.73
		大通县	3 297	3 391.583	172 137	1.098	11.2	5.09
		西宁市郊区	412	349.015	11 338	0.98	1.4	0.64
	海南州	贵德县	3 858	4 091.721	165 978	1.168	13.1	5.96
	区域小计		29 447				100	45.48
黄河中山河谷水蚀土壤保持区	海东市	化隆县	3 664	3 421.105	140 595	1.956	20.03	5.66
		循化县	2 819	2 314.61	94 064	0.845	15.41	4.35
	黄南州	同仁县	5 219	4 422.52	181 562	0.609	28.54	8.06
		尖扎县	1 904	1 990.908	88 425	0.916	10.41	2.94
	海南州	贵南县	4 682	4 484.472	173 767	0.674	25.6	7.23
	区域小计		18 288				100	28.25
祁连高山宽谷水蚀水源涵养保土区	海北州	祁连县	7 770	9 174.754	573 863	0.625	100	12
	区域小计		7 770					12
共和盆地风蚀水蚀防风固沙保土区	海南州	共和县	9 241	8 272.443	361 201	0.481	100	14.27
	区域小计		9 241					14.27
合计			64 746					100

　　侵蚀沟道治理是水土保持生态建设的重要治理工程,实施沟道综合治理,可以控制水土流失、拦蓄十分有限的雨洪资源,缓解青海省蓄水、饮水、灌溉工程的不足,为农民脱贫致富打下基础,促进退耕还林还草和封禁保护并巩固其成果,加快生态自我修复,实现生态环境的良性循环,改善生产生活条件,为实施青海省西部大开发战略创造良好的环境。长江、黄河、澜沧江和黑河源头均位于青海省,治理侵蚀沟道可抬高沟道侵蚀基准面,稳定沟床,有效遏制沟底下切和沟岸扩张,减轻沟道侵蚀,控制水土流失,有效减少向下游输送泥沙,对解决下游河道的淤积,实现黄河等重要河流的长治久安起到非常重要的作用,进一步突出青海省在全国生态文明建设中的战略地位。

　　沟道侵蚀的发生往往引发泥石流、滑坡、崩塌等自然灾害。侵蚀沟道治理需要实施大量的工程措施并配合一定植物措施进行综合治理,势必需要较高的单位面积投资。第一次全国水利普查数据显示,青海省侵蚀沟道 6.47 万条,面积约 3 万 km²。截至 2011 年,青海省共实施淤地坝 665 座,小型蓄水保土工程 83 889 个,沟岸防护线性工程 77.1 km,相当于每百平方千米侵蚀沟道仅建设 2.2 座淤地坝,每平方千米侵蚀沟道建设小型蓄水保土工程 2.80 座。因此,侵蚀沟道仍然没有得到根本的治理,故开展侵蚀沟道治理非常必要。

3.2.1.2 重点区域

依据青海省水土保持区划,水土保持改善农牧业生产生活条件集中体现为土壤保持、农田防护和蓄水保水等功能,根据全国水土保持区划和青海省水土保持区划确定的水土保持基础功能,重点区域分析如下。

1. 土壤保持功能区域

根据青海省水土保持区划功能评价,具有土壤保持功能的青海省水土保持分区包括 28 个县级行政区,土地面积 15.45 万 km²,水土流失面积 4.01 万 km²,占青海省水土流失面积的 23.77%,其中水蚀 3.15 万 km²,占青海省水蚀面积的 73.48%。按青海省水土保持区划统计的土壤保持功能评价区域有关情况见表 3-6。

表 3-6 土壤保持功能分布区域有关情况

青海省水土保持区划	县级行政区数量(个)	土地面积(km²)	风蚀面积(km²)	水蚀面积(km²)	水土流失面积(km²)	水蚀率(%)	水蚀比重(%)	水土流失比重(%)
湟水中高山河谷水蚀蓄水保土区	12	22 448.88	0	7 946	7 946	35.40	25.26	19.82
黄河中山河谷水蚀土壤保持区	5	12 785.20	0	5 554	5 554	43.44	17.66	13.85
祁连高山宽谷水蚀水源涵养保土区	1	13 919.79	0	3 059	3 059	21.98	9.72	7.63
青海湖盆地水蚀生态维护保土区	3	39 701.08	624	5 263	5 887	13.26	16.73	14.68
共和盆地风蚀水蚀防风固沙保土区	2	28 876.49	6 785	4 132	10 917	14.31	13.14	27.23
兴海—河南中山河谷水蚀水源蓄水保土区	5	36 789.74	1 233	5 501	6 734	14.95	17.49	16.79
合计	28	154 521.18	8 642	31 455	40 097	20.36	100.00	100.00

土壤保持功能区域主要位于水蚀地区,在 11 个青海省水土保持分区中有 6 个区域均有分布。受水蚀影响最突出的区域是湟水中高山河谷水蚀蓄水保土区和黄河中山河谷水蚀土壤保持区,这两个区域位于青海省东部黄土高原区,是青海省人口主要集中地和工农业产区,耕地占全省耕地面积的 58.27%,人口占全省人口的 74.11%,地形破碎、沟壑纵横、土质疏松、植被缺乏、暴雨集中,水力侵蚀和重力侵蚀十分严重,是青海省水蚀最严重的地区。青海湖盆地水蚀生态维护保土区、共和盆地风蚀水蚀防风固沙保土区为青海省的内陆河区,区内气候干旱,风力强劲,沙漠、戈壁、荒漠和风蚀残丘广泛分布,风力侵蚀面积大;土壤保持功能主要体现在区内分布的哇玉香农场、切结新哲农场、沙珠玉、青海湖农场等农业土地资源。该区域其他水土保持区农业土地资源仅仅分布在河谷地。

为保护青海省有限的农业土地资源,需通过综合实施水土保持工程措施和林草措施,充分发挥保持土壤资源,维护和提高土地生产力的功能,增加粮食、林牧业生产能力,减少入河入库泥沙。

2.农田防护功能区域

根据功能评价,青海省水土保持分区中具有农田防护功能的为柴达木盆地风蚀水蚀农田防护防沙区,其包括 3 个县级行政区,土地面积 14.54 万 km²,水土流失面积 4.18 万 km²,占全省水土流失面积的 24.81%,其中风蚀面积约 4.00 万 km²。农田防护功能评价区域有关情况见表 3-7。从水土流失防治角度而言,农田防护功能重点位于风蚀地区,主要集中体现在柴达木盆地的绿洲农业区和农牧业交错地区。

表 3-7　农田防护功能分布区域有关情况

青海省水土保持区划	县级行政区数量(个)	土地面积(km²)	风蚀面积(km²)	水蚀面积(km²)	水土流失面积(km²)	风蚀率(%)	水蚀率(%)
柴达木盆地风蚀水蚀农田防护防沙区	3	145 353.05	39 975.00	1 870.00	41 845.00	27.50	1.29
合计	3	145 353.05	39 975.00	1 870.00	41 845.00	27.50	1.29

近 50 年来,柴达木盆地的沙漠化土地一直呈线性增长趋势。1959 ~ 2004 年增加 550.6 万 hm²,增长 94.9%,沙漠化年增长率为 2.11%。由于地表受风蚀、风沙蔓延和沙丘前移埋压,可利用耕地面积在逐渐缩小。在柴达木盆地的都兰、德令哈等风沙地区,春季是沙区的大风季节,正值春灌、播种、幼苗生长期,风吹蚀表层沃土,吹露籽种、沙割、沙埋和吹蚀幼苗,轻者减产,重者颗粒无收,农作物几乎每年受到风沙的危害。比如柴达木盆地的德令哈地区,1977 年 5 月 25 日和 6 月 1 日,两次大风持续都在 8 h 以上,作物受灾面积 1 300 hm²;乌兰县 20 世纪 50 年代后期在草场上开垦的 6 667 hm² 耕地,进入 60 年代逐步沙化,已基本弃耕。据统计分析,青海因风沙危害年均损失粮食约 237.8 万 kg,折合

人民币230多万元。

因此,对于该区域应围绕重要城镇香日德、德令哈、诺木洪、格尔木等沙漠绿洲农业区,通过建立绿洲防风固沙体系,加强沙生植被保护、牧区草场管理;加强水利建设,包括水库、塘坝、排水工程系统,合理利用水资源;搞好土地建设,建设稳产高产农田;加强水蚀风蚀交错地带的水土流失综合防治以及生产建设项目的监督管理,减轻沙尘和风灾危害,保护绿洲农牧业,优化配置水土资源,改善局地气候,保护农牧业生产。

3. 蓄水保水功能区域

根据功能评价,青海省水土保持分区中具有蓄水保水功能的有湟水中高山河谷水蚀蓄水保土区和兴海—河南中山河谷水蚀水源蓄水保土区2个区域,其包括17个县级行政区,土地面积5.92万 km²,水土流失面积1.47万 km²,占青海省水土流失面积的8.70%,其中水蚀面积1.34万 km²,占青海省水蚀面积的31.41%。按青海省水土保持区划统计的蓄水保土功能评价区域有关情况见表3-8。结合水土资源条件和水力侵蚀的比重分析,这两个区域既是干旱季节性缺水地区,也是水土流失严重地区,水土保持设施要充分发挥集蓄利用降水和地表径流以及保持土壤水分的功能。

表3-8　蓄水保水功能分布区域有关情况

青海省水土保持区划	县级行政区数量(个)	土地面积(km²)	风蚀面积(km²)	水蚀面积(km²)	水土流失面积(km²)	水蚀率(%)	水蚀比重(%)	水土流失比重(%)
湟水中高山河谷水蚀蓄水保土区	12	22 448.88	0.00	7 946.00	7 946.00	35.40	59.09	54.13
兴海—河南中山河谷水蚀蓄水保土区	5	36 789.74	1 233.00	5 501.00	6 734.00	14.95	40.91	45.87
合计	17	59 238.62	1 233	13 447	14 680	24.80	100.00	100.00

因此,在该区域一方面应加强林草植被建设和封育保护,发挥土壤的缓冲和净化作用,保障饮用水安全;另一方面,通过修建小型蓄水工程,改善农业生产条件配套设施,有助于提高土地生产力,提高粮食生产能力。

综合以上情况,结合经济社会发展需求和水土资源条件,可得出以下分析结论:

(1)从改善农村生产生活条件角度,水土保持工作的重点是开展坡耕地和侵蚀沟道治理。鉴于青海省坡耕地和侵蚀沟道面广量大,水土保持应在全面实施小流域综合治理的基础上,选择重点区域进行必要的集中专项整治。

(2)湟水中高山河谷水蚀蓄水保土区、黄河中山河谷水蚀土壤保持区和兴海—河南中山河谷水蚀蓄水保土区是水土保持发挥土壤保持功能、对耕作土壤资源进行抢救性保护的重点区域。

（3）从水土流失治理角度，水土保持发挥农田防护功能的重点区域在风蚀地区。青海省畜牧业所占比重大，农业仅集中分布在水热资源条件较好的河谷地区，水土保持应重点针对西部柴达木盆地的绿洲农业区。

（4）充分发挥水土保持蓄水保水功能需因地制宜、因势利导。湟水中高山河谷水蚀蓄水保土区位于青海省东部，属黄土高原，为青海省主要工农业发展区域，该区域虽是水利建设基础最好的地区，但是资源性缺水严重，是全省供水矛盾最为突出的区域之一。水土保持设施建设应紧密结合现有和规划的水源工程、灌区工程和农业水利配套工程等水利工程。兴海—河南中山河谷水蚀蓄水保土区水资源相对湟水中高山河谷水蚀蓄水保土区丰富，但基础设施薄弱，径流调节能力差，坡面径流极易流失或入渗，需在保持水土的同时，加强地表径流的利用，建设小型蓄引水设施。

3.2.2　促进农牧业发展，开展精准扶贫

生态文明建设和精准扶贫都是关涉到国计民生的大事。保护生态环境就是保护生产力、改善生态环境就是发展生产力，青海省有 15 个国家贫困县（将近占全省行政县的40%），1 303 个贫困村。青海省贫困县分布的区域对自然资源的依存度很高，因此要从根本上减轻生态环境的压力，保护好绿水青山，必须抓好精准扶贫，减少贫困人口。

水土保持是生态文明建设的重要组成部分，水土保持建设解决人与自然之间矛盾冲突的问题，而精准扶贫解决的是社会中处于贫困状态的人群、贫困地区的发展问题，把水土保持生态建设与精准扶贫有机结合，充分依托贫困地区的生态资源优势，发展水土保持产业，是助推和消除贫困、实现可持续发展的必然之路。

同时，大力推进规模化、设施化和市场化，提高生产集约程度和效益，通过不断提高设施化水平，加强农畜产品质量和品牌，从而提高农牧民的收入，帮助贫困人口脱贫。

因此，青海省农牧业发展首先要肩负起维护国家生态安全的责任，加大农业结构调整中生态因素的比值，发挥农业对生态的修复功能，充分利用不同产业之间的联系，建立高效、优化的生态农业发展模式，达到生态、经济两个系统的良性循环及生态、经济、社会效益的共赢。

3.3　保障饮用水源地安全与改善人居环境

水土流失不仅向江河湖库输送大量的泥沙，而且径流与泥沙作为载体将大量面源污染物送入水体，造成水体富营养化，尤其影响城市饮用水集中供水水源地安全。同时，城市周边水土流失引发的面源污染及山洪灾害等对人居环境产生很大的负面影响。在城市饮用水源地及城郊开展清洁小流域建设，针对山洪泥石流易发沟道实施综合整治，对保障城市饮用水安全及改善人居环境具有积极作用。

3.3.1 调节径流和减轻面源污染

水土保持一方面增强了土壤和植被对降水的拦截、入渗、涵蓄能力,调节径流,延缓地表产流过程,节约冲沙水量,提高水资源利用效率,增强供水能力;另一方面,调节了地表径流与地下径流转换,发挥土壤的缓冲和净化作用,净化水质,与农药、化肥等控制使用措施相配套,进一步减少了氮磷和农药污染的流失,改善了水源地水质。

因此,对于青海省的重要饮用水源地,应加强对区域内生产建设项目的监管,最大限度地减少人为因素造成新的水土流失;因地制宜实施生态修复和局部水土流失综合治理,恢复退化植被。

水土保持对于饮用水安全的保障作用,除了江河源头区外,集中体现在具有水质维护功能区域。根据青海省《关于公布青海省重要及一般饮用水水源地名录(第一批)的通知》(青水资〔2014〕353号),全省所有建制市和县级政府所在城镇的集中式饮用水水源地,以及供水人口大于1万人的农村人饮水源地,共计104个,分为全国重要、青海重要和青海一般三个级别。全国重要的水源地3个,分别为西宁市北川塔尔水水源地、西宁市北川石家庄水源地、西宁市北川黑泉水库水源地,为国家重要水源地;青海重要的水源地26个,分别为格尔木河冲洪积扇水源地、西纳川丹麻寺水源地、西宁市多巴水源地、南川杜家庄水源地、南川新安庄(备用)水源地、南川徐家寨水源地、大通县桥头镇园林路水源地、大通县桥头镇东部新城水源地、大通县四十三村人饮水源地、湟中县县城供水水源地、湟中县上五庄、拦隆口、多巴三镇人饮水源地、湟源县大华水源地、乐都区碾伯镇王家庄水源地、民和县西沟林场水源地、民和县七星泉水源地、民和县峡门水库水源地、海晏县麻皮寺水源地、同仁县江龙沟水源地、同仁县曲麻补充水源地、共和县恰让水库水源地、共和县沟后水库水源地、共和县新源水源地、贵德县山坪二十五村人饮水源地、贵德县三河供水水源地、玛沁县野马滩水源地、玉树市扎西科河郭青村水源地和德令哈市东山城市供水水源地;青海一般的水源地74个。其中地下水水源地46个,地表水水源地58个,且大部分以潜水为主,受地表径流影响较为明显。

青海省饮用水水源地水土保持重点工作区域主要位于各个城镇水库周边,此类区域,水土保持应以保护水质为核心,减少水土流失,控制入库泥沙和面源污染。通过植物、工程、管理等综合措施,充分发挥水土保持的水质维护功能。

3.3.2 维护和改善人居环境

良好的生产生活环境,是人类身体健康、生活幸福的基础和前提。党的十八大提出建设生态文明,着力推进绿色发展、循环发展、低碳发展,为人民创造良好生产生活环境等一系列要求。随着人民生活水平、生活质量的提高,人民群众对生态环境问题日益关注,对良好宜居生态环境的需求日益强烈。

青海省以山地为主,占全省面积的51%,其次为盆地,约占全省面积的30%,河谷占

4.8%,戈壁荒漠占 4.2%。除柴达木盆地外,人口多分布在河谷、川台地。由于超载放牧、人为破坏、干旱缺水等方面的原因,加速流动沙丘迁移,经常掩埋居民房屋,造成牲畜死亡。特殊的地形地貌,严重的水土流失,使得一遇暴雨就形成山洪,威胁人畜的安全。据介绍,1997 年 8 月 5 日龙羊峡、贵德、兴海等地突降暴雨,在 50 min 内降雨量分别达 48 mm、42 mm、39 mm,洪水汹涌而至并引发泥石流灾害,致使房屋、农田、公路和输电线路遭毁坏,龙羊峡电厂水轮发电机组遭破坏。

因此,对于人口密集、开发强度高、资源环境负荷过重的城镇周边,开展水土流失综合治理,"山水田林路"统一规划,植树种草,有利于改善农村生活环境和人畜饮水条件。同时,应加强生产建设项目的监管,建设良好宜居环境。

3.4 经济社会发展对水土保持的需求

3.4.1 经济社会发展态势分析

党的十八大提出全面建成小康社会,今后一段时间是加快推进社会主义现代化的重要阶段,也将面临一系列社会发展转型过程中的经济与社会问题。分析经济社会发展态势,对于分析判断今后一段时期水土保持总体任务和要求具有重要意义。综合青海省经济和社会发展有关成果和资料,预期青海省经济社会发展总体上呈现以下态势:

(1)人口增长趋缓,老龄人口比例渐增。2011 年青海省总人口 581.85 万人。根据青海省"十二五"经济社会发展主要指标、青海省国民经济和社会发展第十三个五年规划数据,2010 年,人口自然增长率为 8.6‰,到 2015 年,人口自然增长率为 8.55‰,小于 9.8‰;预期 2030 年全省总人口达到 650 万人左右,年均增长率 8.5‰左右,同时,人口年龄结构变化,老龄人口比例渐增,年轻劳动力比例呈下降趋势,依靠国家补助和农民投劳的水土保持方式将会改变。

(2)农业人口锐减,城镇化率逐渐提高。根据青海省"十二五"经济社会发展主要指标、青海省国民经济和社会发展第十三个五年规划数据,青海省正处于城镇化加快发展阶段,城镇化率由 2010 年的 44.7%增加到 2015 年的 50.5%,提高了 5.8 个百分点;预期到 2020 年将达到 60%,农业人口锐减,农村劳动力成本渐趋增加,水土保持对农民积极主动参与的吸引力逐步降低。

(3)资源开发强度不减,资源供需矛盾突出。青海省幅员辽阔,水资源、能源、矿产资源丰富。随着经济社会的快速发展,水、土地、能源和矿产资源的大规模开发利用以及城市化进程的加快都对资源的可持续利用提出了严峻挑战,资源环境对经济发展的约束增强,资源供需矛盾突出。资源开发的水土流失仍将是水土保持监管的重点。

(4)基础设施日趋完善,基建规模依然较大。完善的基础设施对加速社会经济活动起着巨大的推动作用,现代社会中经济越发展,对基础设施的要求越高。当前,青海省能源、交通、通信、水利、环保等基础设施尚处于继续发展完善的阶段,今后一段时期基本建设项目仍将维持相当规模。能源、交通、水利等工程建设引发的人为水土流失问题依然突出。

（5）人民生活质量日臻改善,生态意识日益增强。2011 年青海省人均 GDP 达到 2.95 万元,预期 2030 年青海省人均 GDP 将突破 8 万元,经济社会发展水平和生活质量得以大幅提高,建设大美青海、提高环境质量成为广大人民群众的共同心愿,全社会的生态意识日益增强,人民对水土保持生态建设有更高期盼。

3.4.2　水土保持发展需求

水土保持是生态建设的主体,关系到社会与经济可持续发展战略的实施,关系到青海省生态安全、粮食安全和饮水安全。分析青海省社会经济发展的态势,总结经验,立足新起点,直面经济社会发展需求,展望未来,加快水土保持防治步伐,改善生态环境,协调好人与自然的关系,促进经济社会的可持续发展,成为青海省面临的一项重大而紧迫的战略任务。

3.4.2.1　水土保持发展机遇

1. 生态文明建设及生态文明先行区为水土保持提供了良好的政策导向

党的十八大首次将生态文明建设纳入中国特色社会主义事业"五位一体"总布局,并将荒漠化、水土流失综合治理作为建设生态文明的重要内容。青海省第十二次党代会提出"建设生态先行区,大力实施生态立省战略",建设好三江源国家生态保护综合试验区,继续做好青海湖草原湿地生态带、祁连山和柴达木水源涵养地生态建设,大力实施好退耕还林、退牧还草、天然林保护、野生动植物保护工程,实现全省生态环境保护和建设新跨越。这些都为水土保持明确了发展方向和要求。因此,水土保持必须坚持"天人合一,人与自然和谐相处"的理念,尊重自然,充分发挥生态的自然修复作用,生态与经济并重,促进农业发展和农民增收,改善生态,维护资源与经济社会的可持续发展。

2. 全省主体功能区规划为水土保持构建了健康持续的发展框架

青海省主体功能区规划从全面建成小康社会和可持续发展的要求出发,构建了以"一屏两带"为主体的生态安全战略格局,即构建以三江源草原草甸湿地生态功能区为屏障,以祁连山冰川与水源涵养生态带、青海湖草原湿地生态带为骨架,结合禁止开发区域组成的生态安全战略格局。这一构建加大了水土保持的建设力度,增强了生态功能区活力,激发了人们的生态保护理念,着力推动了重点区集约开发和资源循环利用,促进了人口、经济和资源的协调性,间接提高了基本公共服务能力,缩小了生活水平的差距,形成了空间有序、生产高效、生活富裕、生态良好、社会和谐的美好新青海。

3. 新农村建设和城乡统筹发展为水土保持提供了广阔空间

推动城乡统筹发展,建设社会主义新农村,是青海省经济社会发展面临的重大战略任务。这不仅事关农牧区经济的发展,而且事关全面建成小康社会和现代化建设的全局。

水土保持是山区经济发展的生命线,在新农村建设和城乡统筹发展中有着不可替代的作用。水土保持可以通过水土资源的有效治理与保护,提高农业综合生产能力,夯实农业生产发展基础,保障山丘区粮食安全;可以通过水土资源的合理开发利用,提高土地生产力,促进农村经济发展、农民增收;可以结合小流域综合治理,改善农村地区村容村貌,改善人居环境;可以通过治理水土流失,控制面源污染,为农村饮水安全提供保障。因此,建设社会主义新农村和推动城乡发展一体化的重大战略部署也为水土保持提供了广阔的发展空间。

3.4.2.2　水土保持面临挑战

(1)水土保持依然任重道远。全面落实党的十八大对生态文明建设的新要求,水土流失治理的任务依然十分艰巨。目前青海省治理难度小、工程见效快的水土流失地区已基本得到治理,后续治理难度加大;同时,经济社会发展对水土保持的需求日益增长,除传统的综合治理外,能源替代、面源污染控制等新任务不断涌现;东部黄土高原地区水土流失依然严重,土地资源保护抢救任务迫切;基础设施建设、工业化、城镇化和资源开发导致的土地资源占压、地表植被的扰动破坏和人为水土流失不容忽视;监测系统不健全,缺乏专项资金和专业人员;行业自身能力建设不能满足新形势下水土保持发展的要求,规划管理的能力有待提高,队伍的建设有待进一步加强,水土保持依然任重道远。

(2)社会发展带来的新课题。随着城镇化的推进,大量农村劳动力进入城市,农村劳动力人口呈减少趋势,劳动力成本呈增加趋势;与此同时,现代农业朝着构建集约化、专业化、组织化、社会化相结合的新型农业生产经营体系发展,农民收入渠道增加,水土保持对于促进农民增收的边际效应呈递减趋势;土地所有权、使用权和经营方式不协调,由于水土保持收益周期长、经济效益相对较低等原因,土地经营者重经济效益、轻生态保护,重眼前利用、轻持续发展,土地经营者参与治理的积极性不高,随着农村土地流转制度的实施,水土保持建设和管理难度进一步加大。以财政投入为主、群众承诺投劳的水土保持投入机制和建设体制已经不能完全适应青海省经济社会特别是农村发展形势的需要,水土保持投入机制和建设体制亟待完善。

(3)新"四化"建设提出的新要求。十八大报告指出:要坚持走中国特色新型工业化、信息化、城镇化、农业现代化道路,促进工业化、信息化、城镇化、农业现代化同步发展。新"四化"同步发展对水土保持信息化提出了新的要求。目前,虽然青海省水土保持监测网络和信息系统一期、二期工程已经完成,但水土流失监控体系尚不完备;水土保持监督管理和人为水土流失监控手段传统,被动暴露的问题多、主动发现的问题少;水土保持生态建设进度、成效和成果保存等信息数据还停留在地方申报、上级部门抽查的方式,信息化技术在水土保持业务领域的应用和支撑力度不足。加强信息化建设,提高综合监管能力,可以为水土保持行业管理和社会公众服务创造较大的提升空间。

综合上述需求分析,水土保持作为建设社会主义新农村、全面建成小康社会的基础工程之一,是实现人与自然和谐的重要手段,是中华民族走向生态文明、确保生存发展的长远大计。水为命脉,土是基础,面对青海省经济社会发展态势,水土保持必须直面困难与挑战,着眼于水土资源的可持续维护和经济社会可持续发展,满足经济社会日益发展和人民生活水平不断提高而提出的新要求,使水土保持在经济社会发展中发挥应有作用。

第4章　水土保持目标、任务与布局分析

4.1　青海省水土保持工作应遵循的指导思想和原则

4.1.1　指导思想

全面深入贯彻党的十八大、十九大和习近平总书记系列重要讲话精神,认真落实党中央、国务院关于生态文明建设的决策部署,牢固树立创新、协调、绿色、开放、共享的发展理念。按照国家主体功能区规划、全国水土保持规划,以生态保护优先理念协调推进经济社会发展与生态文明建设。依据《中华人民共和国水土保持法》,以"预防为主、保护优先、全面规划、综合治理、因地制宜、突出重点、科学管理、注重效益"为基本方针,树立尊重自然、顺应自然、保护自然的理念,以合理开发、利用和保护水土资源为主线,充分发挥水土保持在改善生态和促进经济社会发展中的基础作用,协调与水利、国土、林业、农牧业、环保及其他有关行业的关系,全面总结水土保持的成功经验,深入分析水土保持发展面临的新形势和新要求,制定与青海省自然条件相适应、与经济社会可持续发展相协调的水土流失防治方略和布局,系统全面地开展水土保持工作。注重自然恢复,突出综合治理,强化监督管理,完善监测网络体系,创新体制机制,为保护和改善生态环境、加快生态文明建设、推动经济社会持续健康发展提供重要支撑。

4.1.2　基本原则

(1)坚持以人为本,人与自然和谐相处。水土保持是以人为本、发展民生水利的重要措施,是保护水土资源、实现人与自然和谐共生的重要举措。水土保持工作必须遵循以人为本的原则,着力改善农村生产生活条件和人居环境,体现人与自然和谐共生的理念,重视自然修复,尊重自然、顺应自然、保护自然。

(2)坚持统筹兼顾,全面规划。水土保持工作覆盖全省,涉及多行业多部门,内容涵盖预防、治理、监测、监督、科技、宣传、教育等诸多方面,必须统筹兼顾农村与城市、建设与保护、重点区域与一般区域、水土保持与相关行业,全面规划,广泛征求地方和相关部门的意见,形成以规划为依据、政府引导、部门协作、全社会共同治理水土流失的新局面。

(3)坚持因地制宜,分区防治。青海省各地自然条件、水土流失、社会经济条件差异明显,水土保持工作要在青海省水土保持区划的基础上,与区域经济社会发展需求紧密结合,坚持预防为主、保护优先、因地制宜、综合防治的方针,分区制定科学合理的水土流失

防治任务、布局和水土流失防治措施配置模式。

（4）坚持突出重点，项目带动。在充分发挥自然修复能力的同时，水土保持工作应突出重点，强化项目带动，在青海省水土流失重点预防区和重点治理区复核划定的基础上，确定重点项目布局，结合青海省财政和国家近几年对青海省安排的治理水土流失任务量，合理确定项目进度，分期分步实施，整体推进水土保持工作。

（5）坚持依法行政，综合监管。充分考虑当前经济社会发展水平以及国家和青海省重大经济战略布局，加快青海省水土保持法制体系建设，加强监督执法；研究分析水土流失对水土资源的影响，合理界定不同区域水土保持主导功能，制定相应的水土保持监管准则，完善水土保持综合监督管理体系。

（6）坚持科技支撑，注重效率。科技创新是水土保持发展的动力，青海省水土保持工作应在水土保持科学技术发展前沿及趋势分析的基础上，充分吸纳近年来水土保持形成的新理念、新技术，围绕水土保持现代化，研究提出基础理论和关键技术发展规划，推动水土保持不断创新发展，提高水土流失综合防治效率。

4.2　目标和任务

4.2.1　目标

在水土保持发展需求分析的基础上，以青海省水土保持三级区为基础，根据不同区域水土流失特点、水土保持现状以及存在的问题等，结合各区社会经济发展和产业结构调整，以及区域资源开发利用对水土保持的要求，将水土保持与农村经济发展、水土保持与产业结构调整、水土保持与水源保护、水土保持与资源开发保护结合起来，充分考虑整体与局部、开发与保护、近期与远期的关系，利用青海省近期相关规划成果，协调、吸纳其他如生态保护工程建设、退耕还林、土地整治、草原草场保护、农村基础设施建设等规划中涉及水土保持的内容，从战略高度和全局高度，拟定青海省水土保持工作现阶段的近远期目标。水土保持目标包括治理水土流失、改善农村生产条件和生活环境、维护水土保持功能等方面的定量、定性目标。

定量指标：水土流失新增治理率、水蚀新增治理率、林草覆盖率、新增年均减少土壤流失量等。

定性指标：水土保持监督管理、水土保持监测、水土保持设施运行维护、科技支撑等。

4.2.1.1　近期目标

到 2020 年，初步建成与全省经济社会发展相适应的水土流失综合防治体系，重点防治地区生态进一步趋向好转，水土保持生态文明建设取得明显成效。水土流失专项治理任务取得突破性进展，重点区域水土流失得到有效治理，农牧民生产生活条件得到改善，促进水土流失地区农牧业发展;江河源头区涵养能力得以有效提高,重要饮用水水源地水质得到有效维护,城镇人居环境得到有效改善;建成一批重要水土保持监测点,形成布局合理的水土保持监测网络,信息化程度有所提高;各项综合监管机制、制度、能力、体系基本健全;水土保持监督执法能力稳步提升,人为水土流失得以有效控制。水土流失新增治理率提高3%以上,水蚀新增治理率达到10%以上,中度及以上侵蚀面积稳步下降;林草植被基本得到保护与恢复,林草覆盖率达到34%以上;新增年均减少土壤流失量1 411.5万t。

4.2.1.2　远期目标

到2030年,基本建成与青海省经济社会发展相适应的水土流失综合防治体系,重点防治地区生态环境步入良性循环轨道。以水力侵蚀为主的重点区域水土流失状况得到根本改观;重点地区侵蚀沟道得到有效控制;适宜改造的坡耕地得到全面整治;实现草原草场的可持续利用,绿洲农区防护体系得以健全,风蚀面积得到有效控制;建设完善的水土流失监测网络和信息系统,信息化程度大幅提高;各项综合监管机制、制度、能力、体系基本完善;健全水土保持法规体系和综合监管体系,生产建设项目"三同时"制度得到全面落实,生产建设活动导致的人为水土流失得到全面控制。水土流失新增治理率提高12%以上,水蚀新增治理率达到35%以上,中度及以上侵蚀面积明显减少;林草植被基本得到保护与恢复,林草覆盖率达到37%以上;新增年均减少土壤流失量1 799.4万t。水土保持主要指标及分区指标详见表4-1和表4-2。

表4-1　水土保持主要指标

序号	指标	基准值(2015年)	近期目标(2020年)	远期目标(2030年)	备注
1	水土流失新增治理率(%)	—	3.41	12.78	预期性目标
2	水蚀新增治理率(%)	—	10.75	35.24	预期性目标
3	林草覆盖率(%)	33.92	34.04	37.19	预期性目标
4	新增年均减少土壤流失量(万t)	—	1 411.5	1 799.4	预期性目标

注:水土流失新增治理率=新增水土流失治理面积/基准年水土流失总面积;
　　水蚀新增治理率=新增水力侵蚀治理面积/基准年青海省水力侵蚀总面积;
　　新增年均减少土壤流失量=实施的水土保持措施可减少的土壤流失量/实施年限;
　　林草覆盖率=(有林地+灌木林地+草地)/青海省国土总面积,草地含达到一定覆盖度(>40%)封禁草地。

表 4-2　水土保持分区指标

国家水土保持三级区	分区特征目标指标	近期目标值	远期目标值
青东甘南丘陵沟壑蓄水保土区	梯田化率(%)	12.02	14.42
祁连山山地水源涵养保土区	水源涵养功能维护率(%)	0.47	1.73
青海湖高原山地生态维护保土区	封育保护率(%)	2.11	7.91
柴达木盆地农田防护沙区	封育保护率(%)	3.96	14.84
三江黄河源山地生态维护水源涵养区	水源涵养功能维护率(%)	2.56	9.97

注:1. 封育保护率指实施封育保护的面积占区域基准年退化林草地总面积的比例;
　　2. 水源涵养功能维护率指实施的水土保持措施面积占区域以水源涵养为主导功能的青海省水土保持区面积
　　　 比例;
　　3. 梯田化率指修筑的梯田面积占25°以下坡耕地总面积的比例。

4.2.2　任务与规模

4.2.2.1　任务

水土保持总的任务是防治水土流失,保护和建设林草植被,保护耕地资源,改善农村生产生活条件,提高水源涵养能力,改善生态环境,减少进入江河湖库泥沙,维护饮用水安全,减轻风沙灾害,促进农村经济社会发展。具体而言,就是动员各方力量加强预防保护,保护林草植被和治理成果,制定生产建设活动的限制或禁止条件,以国家级水土流失重点预防区为重点,采取封育保护、生态修复等措施,扩大林草覆盖;在水土流失地区,统筹各行各业及社会力量,开展水土流失治理,以水土流失重点治理区为重点,以小流域为单元,采取工程、植物等措施实施综合治理;完善水土保持监测网络和信息系统;创新体制机制,强化科技支撑,提升监管能力,建立健全综合监管体系。

根据青海省水土保持分区,明确各分区水土保持任务和规模;依法对水土流失重点预防和治理区进行复核和划定;明确预防、治理和综合监管重点项目布局;完成水土保持监测网络、水土保持科技支撑能力建设;提出近期重点建设项目安排和实施保障措施。

4.2.2.2　规模

根据青海省水土保持目标和任务,结合青海省《青海三江源生态保护和建设二期工程规划》《祁连山生态环境保护和综合治理规划》《青海湖流域生态环境保护与综合治理规划》《青海省主体功能区规划》《全国水土保持规划(2015—2030 年)》等现有国家级规划和《青海省水土保持规划(2016—2030 年)》,统筹考虑农牧、林业、国土等各相关行业发展规划,研究提出青海省水土流失总体防治预期规模为:到 2030 年对存在水土流失潜在危险的区域基本实施全面预防保护,综合防治水土流失面积 34 530 km²(包括其他行业治理面积 7 700 km²);其中到 2020 年国家级重点预防区全面实施预防保护,完成水土流失综合防治面积 13 450 km²(包括其他行业治理面积 12 980 km²)。同时兼顾省内各行业重点工程实施,特别是针对全省 1 303 个贫困村,可重点安排小流域综合治理项目;结合农村饮水安全巩固提升工程,在全省重要饮用水源地和水源涵养区规划预防保护措施,为提高供水保障、保证水质安全奠定坚实的基础。既满足全省水土保持建设任务,又体现贯彻落实省委省政府精准脱贫精神,并为实现农村饮水安全巩固提升创造有利条件。

分区任务和综合防治预期规模见表 4-3。

表 4-3　分区任务和综合防治预期规模

水土保持三级分区	任务	综合防治规模（km²）	
		远期(至 2030 年)	近期(至 2020 年)
青东甘南丘陵沟壑蓄水保土区	治理水土流失,保护和恢复植被,减少入黄泥沙,促进农村经济发展,改善能源重化工基地的生态环境	5 513	2 277
祁连山山地水源涵养保土区	维护高原生态屏障和江河源头水源涵养能力,保护草地资源,促进牧业生产,合理利用水土资源,促进河谷农业发展	384	149
青海湖高原山地生态维护保土区	保护青海湖流域生态环境,促进青海湖植被生态系统恢复,加快环青海湖水源涵养林、小型水保工程等重点生态工程建设,合理利用水土资源,保证入湖水的质量	1 345	526
柴达木盆地农田防护防沙区	建立绿洲防风固沙体系、保护绿洲农牧业、优化配置水土资源;加强沙生植被保护、牧区草场管理以及水蚀风蚀交错地带的水土流失综合防治;加强生产建设项目的监督管理	2 223	854
三江黄河源山地生态维护水源涵养区	维护高原生态屏障和江河源头水源涵养能力;保护草地资源,促进牧业生产;合理利用水土资源,加强滑坡泥石流预警预报和防灾减灾工程建设	25 065	9 644
合计		34 530	13 450

4.3　总体布局分析研究

　　根据水土保持需求分析,按照青海省生态保护和建设的总体要求,以"生态保护第一"为指导,拟定青海省国家水土保持三级区水土流失防治方略;根据各青海省水土保持区划分区的自然环境、社会经济特征及水土流失与水土保持现状,与相关部门和行业相协调,充分考虑各区侧重的水源涵养、蓄水保土、生态维护、农田防护和防沙等水土保持主导功能定位,结合各区典型治理模式调研成果,提出青海省水土保持区划分区布局。

4.3.1　水土保持措施布局基本思路

　　根据全省经济社会发展总体规划,结合现有相关成果,以及农、林、牧、水等行业发展方向,综合考虑青海省主体功能区中的重点开发区域、限制开发区域和禁止开发区域相关成果(见图4-1),按照自然条件、水土流失特点区域差异,进行水土保持措施总体布局。

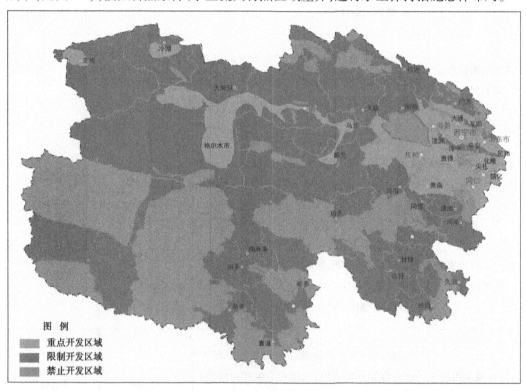

图 4-1　青海省主体功能区划分图

　　水土保持总体布局紧紧围绕各青海省水土保持区划分区的主体功能定位,既突出江河源区及内陆河区生态修复和预防保护,又突出东部黄土高原区、西部绿洲农业区水土保持综合治理。以流域为骨架,以小流域为单元,以县域为基本单位,因地制宜,因害设防,综合治理,合理配置基本农田、水土保持防护林、经果林、人工种草、沟道工程、预防保护与封禁治理等项措施,构成带、片、网、点综合防护体系,有效保持水土,控制风蚀荒漠化,改善生态环境,提高水源涵养功能,促进区域经济社会可持续发展。

各类主要措施的布局思路是:

(1)坡改梯布设:主要安排在青海东部黄土高原地区。以小流域为单元,选择距村庄较近、坡度 <15°、中度至轻度侵蚀、土地等级为 1~2 级、位于山梁或山坡的平缓坡耕地进行机修梯田。为使梯田发挥最大效益,配套修建渠系工程和田间道路。

(2)水土保持防护林布设:选择荒山、荒沟、荒坡,通过水平沟或鱼鳞坑整地,进行水土保持工程造林。水土保持林以带状分布为主;小流域上游以灌木林为主,适当布设乔灌混交林;小流域中游或其他条件较好处布设乔木林。

(3)经果林布设:各地可根据实际情况选择适宜的名优特品种,如黄果、花椒、杏、软梨、枣树、沙棘等。经果林一般应选择距村庄近、便于管护、背风向阳、土层深厚、有灌溉(如布设灌溉水窖)条件的地块进行建设。经果林以块状分布为主;退耕地上以条田配合丰产沟进行建设。

(4)人工种草布设:人工种草主要布设于陡坡退耕地及荒坡,各地可根据实际情况选择适宜的优良牧草。人工种草以片块分布为主,荒坡种草应进行反坡条田整地。

(5)工程措施布设:以水系、侵蚀沟道为单元,布设各类工程措施。骨干坝主要布设于较大沟道,集中拦蓄主沟洪水泥沙;拦砂坝、中小型淤地坝和谷坊主要布设于支毛沟,以拦泥、淤地、造田为主;沟道根据需要修建截排水工程,沟头布设沟头防护措施;护岸工程主要布设在距离城镇、村庄较近有防洪需要的沟道或两侧山体侵蚀严重的沟道。

(6)封禁治理:东部湟水流域和黄河干流的边远山区、水库集水区以及恢复植被比较困难的地区以全年封禁为主;水热条件较好、原有林草植被破坏较轻、植被恢复较快地区实行季节封禁;封禁面积较大、植被恢复较快的地区实施轮封轮牧。

(7)封育保护:江河源区和内陆河流域以封育保护为主,因地制宜,开展植被建设,防止草地退化和沙化。充分发挥大自然的自我修复能力,进行植被恢复。加强水土保持预防监督,有效遏制人为水土流失。

4.3.2　青海省水土保持区划分区布局

4.3.2.1　青东甘南丘陵沟壑蓄水保土区

青东甘南丘陵沟壑蓄水保土区是青海省的粮食基地,是青海省人口主要集中地和工农业产区,人口、耕地分别占全省的 75.5%、72.9%。但该区山高坡陡,沟壑纵横,地形破碎,气候干旱,植被稀疏,水土流失严重;人口稠密,土地利用结构不合理,广种薄收问题突出,坡耕地产量低而不稳,群众生活水平不高;水资源匮乏且利用率低。

1.青东甘南丘陵沟壑蓄水保土区水土保持方略

建设以坡改梯和沟道治理工程为核心的拦沙减沙体系,减少入黄泥沙;实施小流域综合治理,发展农业特色产业,促进农村经济发展;巩固退耕还林还草成果,保护和建设林草植被。合理调整载畜量,科学放牧,做到草畜平衡,严防过牧引起草场退化;加强草场封禁保护,充分发挥大自然自我修复能力,改善生态环境。该区包括湟水中高山河谷水蚀蓄水保土区和黄河中山河谷水蚀土壤保持区两个青海省水土保持区划分区。

2.青东甘南丘陵沟壑蓄水保土区水土保持区域布局

在湟水中高山河谷水蚀蓄水保土区重点实施湟水河中下游小型蓄水工程建设和坡耕地改造,河谷阶地地带兴修蓄、引、提工程,发展节水节灌农业,加强大通河流域和湟水河源头退耕还林还草、森林保护和草场管理;加强黑泉水库等引用水水源地保护。

在黄河中山河谷水蚀土壤保持区,以沟壑和退化草地防治为主,按照石质山岭—土石山坡—黄土梁峁—洪积沟谷四位一体进行分项措施布置,构成坡面整地—水土保持林草—人工封育—沟道工程四道防线体系。进行小块农地改造、小块地造林。大力开展退耕还林还草,加强围栏封禁,进行生态修复。

区域布局详见表4-4。

表4-4　青东甘南丘陵沟壑蓄水保土区水土保持区域布局

青海省水土保持区划	基本情况	区域布局
湟水中高山河谷水蚀蓄水保土区	包括门源、互助、乐都、民和、平安、大通、湟中、湟源、西宁4城区等县(区),面积2.24万 km^2。区内自然植被多为针叶林和草原植被,中高山地区植被较好,有连片农业区;地形起伏度大,年均气温4~7 ℃,无霜期140 d左右,年降水量350~550 mm。该区人口密度在青海省最高,达161人/ km^2;农牧业产值比大于1.0,耕地面积3 566.16 km^2,其中坡耕地面积1 301.49 km^2,目前水土保持部门开展水土流失治理面积3 245.98 km^2,土壤侵蚀以中度－强烈水蚀为主	以坡耕地和沟壑防治方案为主,坚持"沟坡兼治"的原则,在人口稠密的地区,围绕城镇和农业用地,积极开展小流域综合治理工程,以坡改梯为重点,提高耕作技术,改善田间管理,在小流域内构筑沟头防护工程、小型治沟工程、淤地坝等工程,在荒山荒坡适地适树(草)地营造水土保持林草,进行全面治理,构成梯田—水土保持林草—沟道工程三道防线体系。加强草场管理,严防过度放牧引起草场退化,加强围栏封禁保护力度,充分发挥大自然自我修复能力,改善生态环境,做好黑泉水库等水源地保护

续表 4-4

青海省水土保持区划	基本情况	区域布局
黄河中山河谷水蚀土壤保持区	包括贵德、化隆、尖扎、循化、同仁 5 县，面积 1.28 万 km²。地处黄土高原与青藏高原的过渡地带，以中山河谷和沟壑为主要地表特征，植被覆盖度不高；属高原大陆性气候，年均气温 2.5 ~ 8 ℃，年降水量 250 ~ 400 mm。区内多为草地，有部分林地和耕地。该区人口密度 51.6 人/km²，坡耕地面积 66.18 km²，目前水土保持部门开展水土流失治理面积 671.37 km²。土壤侵蚀以轻中度水蚀为主	以沟壑及退化草地防治措施为主。在城镇周边人口密集地区和水土流失重点区域开展小流域综合治理工程、城乡供水工程和防洪治理工程。加快水土流失综合防治工程建设和山洪灾害易发区水土保持生态建设。对应草地要加强草原保护，开展草场改良、封育、网围栏建设，恢复生态植被。在人为活动有影响的草原退化区域，实行围栏封禁，轮封轮牧，进行生态修复。同时在光热条件较好的地方加大青饲料复种比例，在发展农区圈养畜牧业的同时，为牧区提供饲草资源

4.3.2.2　祁连山山地水源涵养保土区

青海省境内祁连山是黑河流域的水源地，是河西走廊绿洲的主要水源。

祁连山区的气候变化会直接影响其周围植被的好坏。但该区气候干旱、高寒，地表起伏不平，人类活动频繁，耕植垦荒、超载过牧、滥伐森林、淘沙采金影响严重。

受自然和人为双重因素影响，草场退化严重，严重威胁草地畜牧业生产发展。

1. 祁连山山地水源涵养保土区水土保持方略

维护高原生态系统，加强草场预防保护，提高水源涵养能力，治理退化草场，合理利用草地资源，构筑水源涵养生态维护预防带；加强水土流失治理，促进河谷农业发展。

该区仅包括祁连高山宽谷水蚀水源涵养保土区一个青海省水土保持区划分区。

2. 祁连山山地水源涵养保土区水土保持区域布局

预防为主，保护优先；保护天然林草地，充分发挥大自然自我修复能力；加强水源涵养林保护，进行疏林地补植，恢复该流域生态植被；开展沙化草地综合治理，进行草场改良、人工种草、封山育草、围栏建设；在城镇周边开展沟道小流域综合治理。

区域布局详见表 4-5。

表 4-5　祁连山山地水源涵养保土区水土保持区域布局

青海省水土保持区划	基本情况	区域布局
祁连高山宽谷水蚀水源涵养保土区	仅包括祁连县,面积 1.39 万 km^2。区内多为针叶林和高寒草甸,植被覆盖度较高;属大陆性高寒山区气候,年均气温 1.0 ℃左右,年降水量 400 mm 左右。该区人口密度 3.6 人/km^2,耕地面积 32.66 km^2,坡耕地面积 15.0 km^2,目前水土保持部门开展水土流失治理面积 340.34 km^2。土壤侵蚀以轻中度冻融侵蚀和轻度水蚀为主	区内以水源涵养为主导功能的区域加强保护天然乔灌林、天然草地,充分发挥冻融侵蚀区域大自然的自我修复能力。进行疏林地补植,开展草场改良、人工种草、封山育草、网围栏建设,恢复生态植被。以土壤保持为主导功能的城镇周边人口密集地区开展沟道小流域综合治理,以沟垫及部分荒地防治措施为主。在易发生泻溜、崩塌、滑坡或泥石流的沟道,以改坡、固沟为主导,坚持工程、植物措施并重,开展综合治理

4.3.2.3　青海湖高原山地生态维护保土区

　　青海湖是世界著名的湿地自然保护区,是青藏高原生物多样性的宝库,是维系青藏高原东北部生态安全的重要水体,加上流域内的林草植被和高耸的山脉,成为阻挡西部荒漠化向东蔓延的天然屏障;而且青海湖是高原高寒干旱地区重要的水汽源,是青海湖周边及更广大地区的气候调节器;青海湖流域及周边地区是畜牧业现代化建设的示范基地,是少数民族聚居区经济发展的依托。但青海湖流域生态环境呈恶化的趋势,土地沙漠化面积不断扩展,草地退化日趋严重,草地鼠虫灾害频繁,直接威胁到青海省乃至西北地区的环境安全。

　　1. 青海湖高原山地生态维护保土区水土保持方略

　　维护独特的高原生态系统,保护湿地资源和水禽鸟类资源,加强草场的预防保护,加快退化沙化草场的治理;加强入湖主要河流侵蚀严重河段的治理,保证入湖水水质;突出生态环境建设与旅游观光、生态休闲等相结合的特色,支撑生态畜牧业和特色旅游业发展。该区包括青海湖盆地水蚀生态维护保土区和共和盆地风蚀水蚀防风固沙保土区两个青海省水土保持区划分区。

　　2. 青海湖高原山地生态维护保土区水土保持区域布局

　　在青海湖盆地水蚀生态维护保土区内,结合退牧还草,在人口稠密、牲畜集中、交通便利、有水源保证的地区,进行人工围栏封育;加快环青海湖防风固沙林、水源涵养林、小型水土保持工程等重点生态工程建设;开展主要入湖河流所在流域综合治理,在侵蚀严重的河段建设护岸工程。

　　在共和盆地风蚀水蚀防风固沙保土区内,围绕切吉、哇玉香卡、沙珠玉、塘格木、龙羊峡库区、塔拉滩等沙漠绿洲农业区,大力造林种草,搞好防风固沙林工程建设;保护沙生植被,严禁采挖沙生植被,防治荒漠化扩展;在人口集中、交通便利的城镇周边,开展小流域综合治理试点。

区域布局详见表 4-6。

4.3.2.4 柴达木盆地农田防护防沙区

柴达木盆地是我国矿产资源富集区,被誉为"聚宝盆",钾盐、钠盐、镁盐(砂)、芒硝储量位居全国之首,溴和硼位居全国第二,矿产资源潜在经济价值占全省总量的 90.78%。

该区生态以山地、滩地、湖泊、草原为主,高寒干旱,处于大陆气候与东部季风气候接触的边缘。因典型的高原型、荒漠化生态特点和人类活动而导致水土流失、土地沙化、草地退化,加上水土光热资源匹配不好,生态环境十分脆弱。

1. 柴达木盆地农田防护防沙区水土保持方略

重点实施好柴达木地区沙漠化土地综合治理、柴达木绿洲农业生态环境综合治理、柴达木盆地水资源平衡和合理利用(那棱格勒河调水、巴音河蓄集峡水库、都兰哇沿水库、夏日哈水库、格尔木河三岔河水库、鱼卡水库)、污染处理等生态环境保护和建设。加强沙生植被和地表结皮保护,加强生产建设项目的监督管理。

该区包括柴达木盆地风蚀水蚀农田防护防沙区和茫崖—冷湖湖盆残丘风蚀防沙区共两个青海省水土保持区划分区。

表 4-6 青海湖高原山地生态维护保土区水土保持区域布局

青海省水土保持区划	基本情况	区域布局
青海湖盆地水蚀生态维护保土区	包括天峻、刚察、海晏 3 县,面积 3.97 万 km²。区内多为针叶林、高寒草甸和草原区,土地覆盖类型主要有草甸草原、湖泊和农田,植被覆盖度较高。属高原寒带和亚寒带气候,年均气温 0 ℃左右,年降水量 300～400 mm。该区人口密度 2.6 人/ km²,当前沙化土地面积 0.04 万 km²,水土保持部门开展水土流失治理面积 648.74 km²。土壤侵蚀以轻度冻融侵蚀和轻度水蚀为主	以生态维护为主导的区域,保护湿地资源和水禽鸟类资源,加强预防保护和生态修复,开展封沙育草,加快退化沙化草场的治理,结合退耕还林、退牧还草,营造水源涵养林、水土保持林草地,加快环青海湖小型水土保持工程等重点生态工程建设。以土壤保持为主导的区域,重点开展入湖的布哈河、泉吉河、沙柳河、吉尔门、哈尔盖河、甘子河等流域的综合治理,在人口稠密、交通便利、有水源保证的地区,以沟壑治理为主,配套草原建设;在农田及城镇周边区域,实施营造防风固沙林带(网)措施,防风固沙林(草);在河流侵蚀严重的河段,布设护岸及拦蓄工程

续表 4-6

青海省水土保持区划	基本情况	区域布局
共和盆地风蚀水蚀防风固沙保土区	包括共和县和乌兰县,面积 2.89 万 km²。区内以半灌木、灌木、荒漠区为主,土地利用多为荒漠及荒漠草原,有部分耕地;从东南到西北植被覆盖度由高到低逐渐变化。年均气温 3.5~4.5 ℃,年降水量 170~350 mm。该区人口密度 5.6 人/km²,耕地面积 268.84 km²,当前沙化土地面积 0.25 万 km²,水土保持部门开展水土流失治理面积 460.35 km²。土壤侵蚀以风蚀为主,间有轻度水蚀	针对该区防风固沙、土壤保持的水土保持功能,在农田及城镇周边区域,实施营造防风固沙林带、农田防护林网;在大面积沙化草场和荒漠区控制草场放牧压力,保护现有植被,并在沙化严重的区域严格实施封禁,注重植被自然恢复。该区内以土壤保持为主导功能的区域,对重点小流域进行从沟头到沟口、从支沟到干沟的全面治理

2. 柴达木盆地农田防护防沙区水土保持区域布局

柴达木盆地风蚀水蚀区农田防护防沙区重点是保护绿洲,围绕香日德、诺木洪、格尔木等沙漠绿洲,建立绿洲防风固沙体系,推进农田防护林建设,保护绿洲农牧业;在城镇周边,开展小流域综合治理;在风沙区加强草场管理,加强沙生植被和地表结皮保护,防止土地沙化;加强水资源统一管理,实现水资源优化配置和合理利用;加强生产建设项目监督管理。

茫崖—冷湖湖盆残丘风蚀防沙区生态建设以生态修复为主,加强草场管理,防治土地沙化;加大预防监督管理力度,建立监测网络;加强水资源统一管理,提高水资源利用率。

区域布局详见表 4-7。

4.3.2.5　三江黄河源山地生态维护水源涵养区

三江黄河源山地生态维护水源涵养区内河流密集,湖泊沼泽众多,雪山冰川广布,有我国海拔最高的天然湿地区,是全球高海拔区生物多样性最集中、影响力最大的生态调节区,被誉为"中华水塔""亚洲水塔""地球之肾",在维护区域生态平衡方面有着举足轻重的作用。

三江源地区水源涵养对青藏高原、我国东南部地区、东南亚乃至全球都有至关重要的影响。但由于过牧、挖药、樵柴等人为影响,目前生态环境退化严重。

表 4-7　柴达木盆地农田防护防沙区水土保持区域布局

青海省水土保持区划	基本情况	区域布局
柴达木盆地风蚀水蚀农田防护防沙区	包括格尔木市(不含唐古拉山镇)、德令哈市和都兰县 3 市(县),面积 14.53 万 km²。该区地形独特,既有平坦的盆地,又有高山地貌。区内多为半灌木、灌木、盐荒漠区,除了少部分带状绿洲区域外,大部分荒漠或盐生草甸地带植被覆盖度低;年均气温 3~5.8 ℃,年降水量 20~200 mm。该区人口密度小于 2.0 人/km²,农牧业产值比大于 1.0,适宜开展绿洲农业。当前水土保持部门开展水土流失治理面积 837.69 km²。土壤侵蚀以风蚀为主,间有轻度冻融侵蚀	该区水土保持功能是农田防护和防风固沙。围绕重要城镇香日德、诺木洪以及格尔木市、都兰县、德令哈市城镇周边的沙漠绿洲农业区,开展农田防护工程建设,造林种草,搞好防风固沙林工程建设,发展高效节水农业;在城镇周边人为活动频繁、水土流失灾害严重的沟道,开展以小流域为单元的综合治理;在风沙区尝试实行草原划管,以草定畜,轮封轮牧,以恢复天然植被为主,大力营造防风固沙林,保护沙生植被和地表结皮植被,防治荒漠化扩展。加强生产建设项目管理,加大预防监督管理力度
茫崖—冷湖湖盆残丘风蚀防沙区	包括冷湖、茫崖、大柴旦 3 个行政委,面积 7.08 万 km²。该区地形以戈壁滩、沙丘和山地为主,区内多为半灌木、灌木、盐荒漠区;植被覆盖度低;年均气温 2.5 ℃左右,年降水量 15~90 mm。该区比较荒芜,人口密度较低,不到 1.0 人/km²,沙化土地面积 2.13 万 km²,水土保持部门开展水土流失治理面积 24.33 km²。土壤侵蚀以中强度风蚀为主,间有轻度冻融侵蚀	该区水土保持主导功能是防风固沙,在大面积的戈壁、荒漠地区,以预防保护为重点,减少人为扰动,保护沙生植被、沙壳、结皮、地衣等,实施封育为主的生态自我修复,防治荒漠化扩展;围绕重要城镇布设农田防护工程和小型治沙工程,搞好防风固沙建设,提升植被覆盖,改善生态环境;落实生产建设项目水土保持监督管理制度,控制人为水土流失

1. 三江黄河源山地生态维护水源涵养区水土保持方略

以维护青藏高原独特的生态系统为主要目标,加强草场和湿地的预防保护,提高江河源头水源涵养能力,治理退化草场,合理利用草地资源,构筑青藏高原水源涵养生态维护预防带;加强水土流失治理,促进河谷农业发展。该区包括兴海—河南中山河谷水蚀蓄水保土区、黄河源山原河谷水蚀风蚀水源涵养区、长江—澜沧江源高山河谷水蚀风蚀水源涵养和可可西里丘状高原冻蚀风蚀生态维护区 4 个青海省水土保持区划分区。

2. 三江黄河源山地生态维护水源涵养区水土保持区域布局

以预防保护为重点,加强封育保护,保障江河源头水源涵养功能;加强高原河谷水蚀风蚀防治,减少入河泥沙;加快退化草场治理,促进牧业生产;加强滑坡泥石流预警预报和防灾减灾工程建设。

在兴海—河南中山河谷水蚀水源蓄水保土区建设水源涵养林和防风林,保护龙羊峡周边的生态及耕地资源;保护天然草场,建设人工草地;在城镇周边和河谷农区,实施小流域综合治理,保护农田和村庄安全。

在黄河源山原河谷水蚀风蚀水源涵养保土区加强保护黄河源头湿地,为高原鸟类、水禽提供良好的栖息、生存空间;保护和恢复天然林草地,禁止乱砍滥伐;实行封育保护,休牧育草,进行人工种草、草场围栏建设,发展舍饲养畜,实现草场、畜牧业、地区经济社会可持续发展。

在长江—澜沧江源高山河谷水蚀风蚀水源涵养区内,加大江河湖库及周边地区水源保护,保护江河水质;加强大面积湿地保护;加强水源涵养林、天然林草保护;加大预防监督管理力度,建立监测网络,监测水土流失动态和水土保持治理效果。开展河谷农业综合治理。

在可可西里丘状高原冻蚀风蚀生态维护区内,保护自然生态系统,建立自然生态、野生动物保护区;建立自然保护体系和网络。

区域布局详见表4-8。

表4-8　三江黄河源山地生态维护水源涵养区水土保持区域布局

青海省水土保持区划	基本情况	区域布局
兴海—河南中山河谷水蚀蓄水保土区	包括兴海、贵南、同德、泽库、河南 5 县,面积3.68万 km²。植被覆盖主要为高寒草原植被和高寒草甸植被,总体植被覆盖度较好;年均气温 −3.0 ~2.0 ℃,年降水量350 ~640 mm。该区人口密度8.9人/ km²,农牧业产值比为0.28,草地面积3.07 万 km²,坡耕地面积123.5 km²,沙化面积493 km²,水土保持部门开展水土流失治理面积1 341.28 km²。土壤侵蚀以轻度水蚀为主,间有轻度冻融侵蚀	该区水土保持功能是蓄水保土。在大面积的草甸草原地区,以预防保护为主,加大管理力度,加大退化草场改良防治力度和封禁保护力度;在水热条件适宜的河谷地区营造水土保持林、水源涵养林;在城镇居民点和重点支流开展小流域综合治理,控制过度放牧,防治水土流失;对局部坡耕地进行整治并配套小型蓄水工程

续表 4-8

青海省水土保持区划	基本情况	区域布局
黄河源山原河谷水蚀风蚀水源涵养区	包括称多、曲麻莱、玛多、玛沁、甘德、达日、久治、班玛等 8 县,面积 9.47 万 km²。该区植被为高寒灌丛草甸,植被覆盖度优;地形起伏度大;年均气温多在 −3.0~4.0 ℃,年降水量 350~750 mm。该区人口密度较低,以牧业为主,区内分布有三江源自然保护区中的约古宗列保护分区、扎陵湖-鄂陵湖保护分区、星星海保护分区等。土壤侵蚀以轻度冻融侵蚀和轻度风蚀为主,间有少量轻度水蚀	该区水土保持主导功能是水源涵养。重点是加强草场、湿地保护和管理,提高生态系统水源涵养能力。大面积草原和湿地以自然生态系统的自我修复为主,对过牧、退化、沙化天然草场进行封育和更新改造;加强城镇边缘冲积洪积山麓地带综合治理和山洪灾害防治,保护江河水质
长江—澜沧江源高山河谷水蚀风蚀水源涵养区	包括曲麻莱、治多、杂多、称多部分地区以及玉树和囊谦等 6 县,面积 13.5 万 km²。该区地形以高山宽谷为主,植被类型主要为高寒灌丛草甸;植被覆盖度高,但局部地区覆盖度较差;地形起伏明显;年均气温 −2.0~4.0 ℃,年降水量 400~600 mm。该区人口密度低,区内分布有三江源自然保护区中的索加-曲麻河保护分区、当曲保护分区、果宗木茶保护分区等。土壤侵蚀以轻中度冻融侵蚀为主,间有轻度水蚀	该区水土保持主导功能是水源涵养。该区布局重点是全面推行封育保护和退耕退牧还林还草,加强现有天然林草的保护,加强湿地保护和草场管理,治理沙化退化草场,发展围栏养畜,轮封轮牧,加强监督管理,严禁乱采滥挖,维护该区森林、草场、湿地等生态系统,提高生态系统水源涵养能力;加强城镇边缘冲积洪积山麓地带综合治理和山洪灾害防治,保护江河水质;囊谦县局部农耕区开展水土流失综合治理
可可西里丘状高原冻蚀风蚀生态维护区	包括治多、格尔木市(唐古拉山镇)等部分区域,面积 9.6 万 km²。主要植被类型是高寒草原和高寒草甸,高山冰缘植被也有较大面积的分布;植被覆盖度大体从东南向西北依次降低;年均气温 −1.5 ℃,年降水量 400 mm。该区多高寒荒漠无人区,人口稀少,区内分布有可可西里自然保护区以及三江源国家级自然保护区的格拉丹东保护分区。土壤侵蚀以轻中度冻融侵蚀为主	该区水土保持主导功能是生态维护,以恢复自然生态、保护生物多样性为主要目标。在大面积的高寒冻土荒漠无人区,以预防保护为主,禁止人为干扰破坏,使该地区在自然的选择中发展;在有人口活动的局部地区加强天然植被和湿地保护,加强监督管理,促进其生态和生物多样性的恢复

4.3.3 防治重点

根据青海省经济社会发展对水土保持的要求,紧紧围绕青海省水土流失防治布局,青海省水土保持重点是:保护与恢复江河源区林草植被,提高水源涵养能力,维护重要饮用水水源地水质,增强水蚀风蚀交错区水土保持功能,保障绿洲农区工农业生产;全省适宜治理的坡耕地水土流失得到防治,生产力明显提高,急需治理的侵蚀沟得到治理,存在水土流失且影响农业生产的小流域基本得到治理,改善农村生产生活条件,促进农牧民增收。

在划分的水土流失重点防治区的基础上,与现有水土保持重点项目和已批复规划安排相协调,结合今后一段时期水土保持需求,拟定防治重点范围与规模。

4.3.3.1 青海省国家级水土流失重点防治区复核划分成果

根据目前全国水土保持"两区"划分成果,青海省共划定 2 个国家级水土流失重点预防区,即祁连山 – 黑河国家级水土流失重点预防区和三江源国家级水土流失重点预防区,共涉及 21 个县级行政单位,面积 39.97 万 km^2;1 个国家级水土流失重点治理区,即甘青宁黄土丘陵国家级水土流失重点治理区,涉及 15 个县级行政单位,县域面积 2.57 万 km^2。

青海省国家级水土流失重点防治区划分成果见表 4-9 和图 4-2。

表 4-9 青海省国家级水土流失重点防治区划分成果

防治区名称	县级单位	涉及县级行政单位数(个)
祁连山 – 黑河国家级水土流失重点预防区	门源回族自治县、祁连县	2
三江源国家级水土流失重点预防区	共和县、贵南县、兴海县、同德县、泽库县、河南蒙古族自治县、玛沁县、甘德县、久治县、班玛县、达日县、玛多县、称多县、玉树市、囊谦县、杂多县、治多县、曲麻莱县以及格尔木市部分	19
甘青宁黄土丘陵国家级水土流失重点治理区	大通回族土族自治县、湟源县、湟中县、西宁市城东区、西宁市城中区、西宁市城西区、西宁市城北区、互助土族自治县、平安县、乐都区、民和回族土族自治县、化隆回族自治县、贵德县、尖扎县、循化撒拉族自治县	15
合计		36

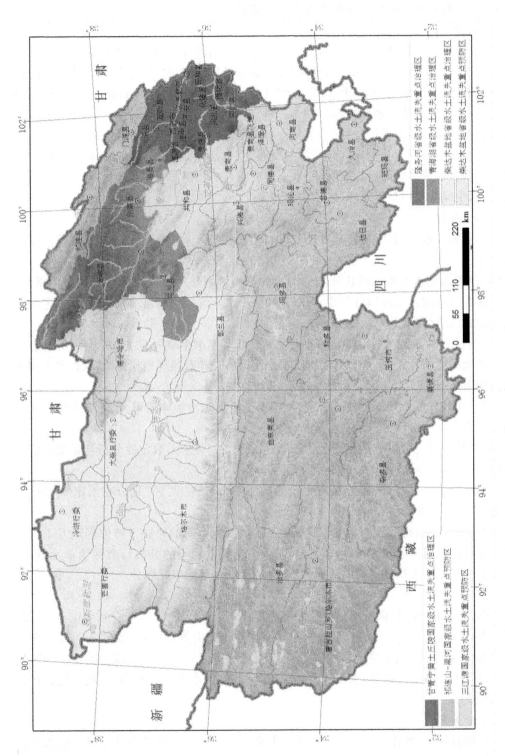

图 4-2　青海省水土流失重点防治区划分图

4.3.3.2　青海省省级水土流失重点防治区复核划分

1. 工作思路

根据《全国水土保持规划国家级水土流失重点防治区复核划分技术导则(试行)》,以国家级水土流失重点防治区划分成果为基础,参考借鉴原省级"重点治理区、重点预防区和重点监督区"划分成果,充分利用第一次全国水利普查成果,结合青海省主体功能区划分成果、各业发展总体规划和各地区发展规划,在保障生态安全、保护水土资源的前提下,统筹考虑水土保持预防保护、治理需求与社会经济发展、改善民生的需要,在省级水土流失重点防治区划分时充分考虑社会经济发展需要,包括城镇建设、基础设施条件改善、矿产资源开发需求等诸多因素,避免省级水土流失重点防治区划分成果制约社会经济发展需求,使水土保持工作与各业协调发展、相互促进。

2. 划分原则

青海省省级水土流失重点预防区和重点治理区(简称"两区")划分主要遵循以下原则:

(1)统筹考虑水土流失现状和防治需求的原则。划分工作以水土流失调查为基础,立足于技术经济的合理性和可行性,与国家和区域水土流失防治需求相协调,统筹考虑水土流失潜在危险性、严重性。

(2)与已有成果和规划相协调的原则。充分借鉴原水土流失重点防治区划分和青海省主体功能区规划等成果,与已批复实施水土保持综合和专项规划相协调,保持水土流失重点防治工作的延续性。

(3)集中连片的原则。为便于管理,发挥水土流失防治整体效果,水土流失重点防治区划分应集中连片,具有一定规模。

(4)定性分析与定量分析相结合的原则。"两区"划分应采取定性分析与定量分析相结合的方法,以定性分析为主,以定量分析为辅。

(5)国家级与省级两区划分地域不重叠的原则。省级"两区"划分在国家级"两区"之外划分,地域不重叠。

(6)主要以县级行政区为单元,部分地区以乡镇为单元的原则。考虑到地方工作的特殊性及行政管辖权限的区域性,青海省"两区"主要以完整的县级行政区为单元划分,考虑到个别地区经济社会发展的特殊性,部分地区以乡镇为单元划分。

3. 划分标准

根据以上划分原则,借鉴历史经验并考虑当前水土保持工作实际,分别确定青海省水土流失重点预防区和重点治理区划分标准。其中水土流失重点预防区划分标准主要由土壤侵蚀强度、森林覆盖率(草地覆盖率)、人口密度等指标构成。水土流失重点治理区划分标准主要由土壤侵蚀强度、水土流失面积比、中度以上水土流失面积比、坡耕地面积比等指标构成。

4. 划分成果

经复核划分,青海省共划定1个省级水土流失重点预防区,即柴达木盆地省级水土流失重点预防区,涉及3个县级行政单位,面积7.08万 km^2;3个省级水土流失重点治理区,分别为青海湖省级水土流失重点治理区、柴达木盆地省级水土流失重点治理区和隆务河省级水土流失重点治理区,涉及 8 个县级行政单位,面积 20.05 万 km²。

省级水土流失重点预防区和重点治理区详见表 4-10 和图 4-2。

表 4-10　青海省省级水土流失重点防治区划分成果

防治区类型	防治区名称	面积(万 km²)	涉及县级行政单位(个)	县(市、区、行委)名称
重点治理区	青海湖省级水土流失重点治理区	5.20	4	刚察县、海晏县、乌兰县、天峻县
	柴达木盆地省级水土流失重点治理区	14.53	3	格尔木市(不含唐古拉山镇)、德令哈市、都兰县
	隆务河省级水土流失重点治理区	0.32	1	同仁县
重点预防区	柴达木盆地省级水土流失重点预防区	7.08	3	冷湖行政委员会、大柴旦行政委员会、茫崖行政委员会
合计		27.13	11	

4.3.4　重点水土流失预防与治理规模

根据目标、任务和总体布局,遵循"以国家级水土流失重点防治区为主,兼顾省级水土流失重点防治区水土流失防治需求"的原则,研究确定水土保持行业重点预防和治理预期规模如下:

(1)到 2030 年,水土流失综合防治规模约 2.16 万 km²,其中近期综合防治规模 0.58 万 km²。

(2)到 2030 年,水土流失重点预防规模约 1.60 万 km²,其中近期水土流失重点预防规模约 0.40 万 km²。

(3)到 2030 年,水土流失重点治理规模约 0.56 万 km²,其中近期水土流失重点治理规模约 0.18 万 km²。

分区和分县水土流失重点预防和治理预期规模如表 4-11、表 4-12 所示。

表 4-11　分区水土流失重点预防和治理预期规模一览表　　　　　(单位:km²)

青海省水土保持区	远期防治任务(至 2030 年)			近期防治任务(至 2020 年)		
	综合防治	预防保护	综合治理	综合防治	预防保护	综合治理
湟水中高山河谷水蚀蓄水保土区	2 827.28	32.75	2 794.53	757.58	8.19	749.39
黄河中山河谷水蚀土壤保持区	1 325.17	5.21	1 319.97	299.32	1.30	298.02
祁连高山宽谷水蚀水源涵养保土区	246.87	124.48	122.39	68.84	31.12	37.72
青海湖盆地水蚀生态维护保土区	444.03	176.29	267.74	119.56	44.07	75.49
共和盆地风蚀水蚀防风固沙保土区	421.46	148.71	272.75	108.31	37.18	71.13
柴达木盆地风蚀水蚀农田防护防沙区	488.65	200.83	291.42	130.71	50.21	84.10
茫崖—冷湖湖盆残丘风蚀防沙区	752.37	746.59	5.78	192.43	186.65	5.78

续表 4-11

青海省水土保持区	远期防治任务（至 2030）			近期防治任务（至 2020）		
	综合防治	预防保护	综合治理	综合防治	预防保护	综合治理
兴海—河南中山河谷水蚀蓄水保土区	2 453	2 216.46	236.54	752.37	554.12	198.25
黄河源山原河谷水蚀风蚀水源涵养区	5 118.86	4 978.32	140.54	1 350.37	1 209.83	140.54
长江—澜沧江源高山河谷水蚀风蚀水源涵养区	6 819.54	6 728.77	90.77	1 436.39	1 346.81	89.58
可可西里丘状高原冻蚀风蚀生态维护区	652.79	641.62	7.57	534.15	530.55	0
总计	21 550.02	16 000.03	5 550	5 750	4 000	1 750

表 4-12　分行政区水土流失重点预防和治理预期规模一览表　　　（单位：km²）

行政区划		远期防治任务（至 2030 年）			近期防治任务（至 2020 年）		
		综合防治	综合治理	预防保护	综合防治	综合治理	预防保护
西宁市							3.07
	大通县	351.79	344.79	6.99	90.56	88.81	1.75
	湟中县	318.63	318.63	0	90.58	90.58	0.00
	湟源县	334.9	334.9	0	101.82	101.82	0.00
	小计	1 306.13	1 286.88	19.25	353.63	348.82	4.81
海东市	平安县	274.32	269.44	4.88	65.30	64.10	1.20
	民和县	346.05	346.05	0	96.01	96.01	0.00
	乐都区	314.2	305.61	8.59	90.15	88.00	2.15
	互助县	359.21	359.21	0	94.13	94.13	0.00
	化隆县	274.29	274.29	0	75.00	75.00	0.00
	循化县	235	235	0	49.58	49.58	0.00
	小计	1 803.08	1 789.61	13.47	470.17	466.82	3.35
海北州	门源县	223.01	223.01	0	54.00	54.00	0.00
	祁连县	246.87	122.39	124.48	68.84	37.72	31.12
	海晏县	227.36	153.77	73.59	73.19	54.79	18.40
	刚察县	119.9	67.77	52.12	28.33	15.30	13.03
	小计	817.13	566.94	250.19	224.36	161.81	62.55

续表 4-12

行政区划		远期防治任务(至 2030 年)			近期防治任务(至 2020 年)		
		综合防治	综合治理	预防保护	综合防治	综合治理	预防保护
黄南州	同仁县	305.05	299.84	5.21	67.96	66.66	1.30
	尖扎县	284.4	284.4	0	69.90	69.90	0.00
	泽库县	349.69	36.8	312.89	115.02	36.80	78.22
	河南县	466.93	61.45	405.48	162.82	61.45	101.37
	小计	1 406.09	682.5	723.59	415.71	234.81	180.90
海南州	共和县	285.92	190.26	95.67	73.37	49.45	23.92
	同德县	378.53	36.05	342.48	120.62	35.00	85.62
	贵德县	226.42	226.42	0	36.88	36.88	0.00
	兴海县	778.43	32	746.43	218.61	32.00	186.61
	贵南县	479.4	70.24	409.16	135.29	33.00	102.29
	小计	2 148.71	554.97	1 593.74	584.77	186.33	398.44
果洛州	玛沁县	722.74	20	702.74	195.69	20.00	175.69
	班玛县	564.36	19.37	544.99	155.62	19.37	136.25
	甘德县	485.09	12.3	472.79	130.50	12.30	118.20
	达日县	791.55	35	756.55	224.14	35.00	189.14
	久治县	485.55	17.2	468.35	134.29	17.20	117.09
	玛多县	793.44	26	767.44	217.86	26.00	191.86
	小计	3 842.72	129.87	3 712.85	1 058.09	129.87	928.22
玉树州	玉树市	668.54	4.13	664.41	170.23	4.13	166.10
	杂多县	1 264.59	14.4	1 250.19	326.95	14.40	312.55
	称多县	1 296.19	25	1 271.19	342.80	25.00	317.80
	治多县	3 247.66	12.2	3 235.46	821.07	12.20	808.87
	囊谦县	789.75	35.04	754.71	222.53	33.85	188.68
	曲麻莱县	1 326.81	15	1 311.81	342.95	15.00	327.95
	小计	8 593.54	105.77	8 487.77	2 226.53	104.58	2 121.95

续表 4-12

行政区划		远期防治任务(至 2030 年)			近期防治任务(至 2020 年)		
		综合防治	综合治理	预防保护	综合防治	综合治理	预防保护
海西州	格尔木市	364.65	124.58	240.07	100.12	40.10	60.02
	德令哈	144.17	90.52	53.65	33.41	20.00	13.41
	乌兰县	135.54	82.5	53.04	34.94	21.68	13.26
	都兰县	139.1	83.91	55.19	37.80	24.00	13.80
	天峻县	96.79	46.2	50.59	18.05	5.40	12.65
	茫崖行委	222.37	0.08	222.29	55.65	0.08	55.57
	大柴旦行委	263.25	5.7	257.55	70.09	5.70	64.39
	冷湖行委	266.75	0	266.75	66.69	0.00	66.69
	小计	1 632.62	433.48	1 199.14	416.75	116.96	299.79
总计		21 550	5 550	16 000	5 750	1 750	4 000

第 5 章 预防体系与配置分析

根据《中华人民共和国水土保持法》,水土保持从事后治理向事前保护转变、从以治理为主向治理和自然修复相结合转变。坚持"预防为主,保护优先"。从源头上有效控制水土流失和水土资源保护与合理利用。对自然因素和人为活动可能造成的水土流失进行全面预防,制定生产建设活动的限制或禁止条件,促进水土资源"在保护中开发,在开发中保护",以青海省国家级和省级水土流失重点预防区为重点,加强封育保护和局部治理,保护地表植被和风沙区地表结皮,扩大林草覆盖,提高水源涵养能力,改善生态环境,减轻风沙灾害,将潜在水土流失危害消除在萌芽状态,加强监督、严格执法,从源头上有效控制水土流失。

5.1 预防范围与对象

5.1.1 预防范围

在全省地域范围内,涉及丘坡垦殖、林木采伐、农林开发、引水、挖草皮、取土、采石、挖沙等的生产建设活动和生产建设项目,都有可能造成水土流失,因此都应当采取综合监管措施,实行全面预防。主要预防范围包括:国家级和省级水土保持重点预防区范围内的主要江河源头区,青海省水土保持区划中以水源涵养、生态维护、防风固沙等为主导功能的区域;水土流失严重,生态脆弱的地区;侵蚀沟道的沟坡和沟岸,江河河流的两岸以及大中型湖泊和水库周边;青海省重要饮用水水源地保护区;青海省水土流失性地质灾害易发区;其他重要生态功能区、生态敏感区等需要预防的区域。

5.1.1.1 重要江河源区

重要江河源头指大江大河干流和重要支流且对青海省生态安全和水资源安全具有极为重要作用的源头,以《全国重要江河湖泊水功能区划(2011—2030)》划定的重要江河源区为主,重点是以水源涵养为主导功能的人口相对较少、林草覆盖率较高的长江、黄河、澜沧江、黑河、湟水河源头和其他生态敏感区。

5.1.1.2 重要饮用水水源地

重要饮用水水源地指供水达到一定规模的影响较大的水源地,以《关于公布全国重要饮用水水源地名录的通知》(水资源函〔2011〕109 号)公布的湖库型饮用水水源地为主,青海省主要为大通县黑泉水库,另结合青海省水库典型调查、调研,选取对区域供水和生态有较重要作用的水库。重点选取水库周边具有水源涵养、水质维护、防风固沙、生态维护等水土保持功能的区域。

5.1.1.3　青海湖流域及周边地区

青海湖是世界著名的湿地保护区,是青藏高原生物多样性的宝库,是维系青藏高原东北部生态安全的重要水体,是阻挡西部荒漠化向东蔓延的天然屏障,具有重要的生态意义。流域及周边地区的生态环境质量直接影响着该区域经济社会的可持续发展。预防范围主要包括青海湖周边自然保护区、风景名胜区,水蚀风蚀交错的农牧交错地区,以及风沙活动日趋加剧的青海湖盆地东北部和共和盆地塔拉滩向整个环湖区扩展的区域。

5.1.1.4　青海省风沙区

预防范围为青海省水土保持生态建设分区中涉及防风固沙的重要区域,主要包括:柴达木盆地沙漠绿洲农业区和城镇周边的风蚀丘陵、戈壁、沙漠、湖沼分布区域;工矿企业较多,具有一定规模的矿产资源集中开发区和经济开发区;生产建设项目集中的区域。

5.1.1.5　青海省水土流失性地质灾害易发区

崩塌、滑坡和泥石流等地质灾害一旦发生,便造成非常严重的水土流失,故上述地质灾害也可称为水土流失性地质灾害。对水土流失性地质灾害易发区,应采取预防措施,严禁在崩塌、滑坡危险区和泥石流易发区从事取土、挖砂、采石、破坏地表现状等可能造成水土流失的活动。崩塌、滑坡危险区和泥石流易发区的范围应以国土资源部门公告为准。

符合上述条件的青海省区域都要开展水土流失预防工作,切实将区域内新增水土流失限制在最低程度。

5.1.2　预防对象

在预防范围内,对具有水土保持功能的所有植被、地貌、地表覆盖物、人工水土保持设施等进行预防。

主要包括以下几个方面:

(1)天然林、植被覆盖率较高的人工林、草原、草场和草地;

(2)植被或地貌人为破坏后,难以恢复和治理的地带;

(3)水土流失严重、生态脆弱地区的植被、沙壳、结皮、地衣等地面覆盖物;

(4)侵蚀沟的沟坡和沟岸,河流沿岸及湖泊水库周边的植物保护带;

(5)规划所确定的容易发生水土流失地区的生产建设项目;

(6)水土流失严重、生态脆弱的区域可能造成水土流失的生产建设活动;

(7)其他水土流失综合防治措施和设施。

在预防范围内,林草植被覆盖度较低且存在水土流失的区域,应通过综合治理提高林草植被覆盖度,促进农业生产发展和增加农牧民收入,保障预防措施的实施,促进预防对象的保护。

5.2   措施与配置

5.2.1   措施体系

预防措施体系由管理措施和技术措施构成。技术措施又包括封育、能源替代等。

（1）管理措施包括管理机构及职责、相关规章制度建设和管理能力建设等。主要为以下几个方面：

①崩塌、滑坡危险区和泥石流易发区水土流失预防管理措施；

②水土流失严重、生态脆弱地区水土流失预防管理措施；

③坡地开垦和种植、开发相关预防要求；

④林木采伐及抚育更新活动的水土流失预防措施要求；

⑤生产活动和生产建设项目水土保持管理准则、制度；

⑥其他水土保持限制性区域的预防管理要求、方案、制度等。

（2）技术措施包括：封育保护、抚育更新、草库仑建设、植被恢复与建设、生态移民；以小水电代燃料、以电代薪、新能源代燃料为内容的能源代替工程；局部区域的其他水土流失治理措施。

5.2.2   措施配置

以青海省水土保持区划划分成果为框架，在预防范围确定的基础上，根据预防对象发挥的水土保持主导功能，进行措施配置。通过有针对性的措施配置，保护和强化区域水土保持功能，进而保护和改善区域生态环境。

5.2.2.1   湟水中高山河谷水蚀蓄水保土区

该区水土保持主导功能为土壤保持和蓄水保水，水土流失以轻 - 中度水蚀为主，属国家级水土流失重点治理区。多为沟壑地貌，局部侵蚀剧烈，区域内人口相对稠密，人均耕地少，坡耕地比例高。

措施配置：以土壤保持为主导功能的农耕区和丘陵区，主要治理现状水土流失，在非流失区域和已治理区域实施封禁、抚育更新、管理配套等，在"四荒"地建设林草植被，在区内实施舍饲圈养、清洁工程等预防保护措施，通过预防保护巩固功能效益。以蓄水保水为主导功能的大通河流域源头、湟水河源头和黑泉水库等饮用水水源地退耕还林还草，对区域内的森林和草场进行封禁治理，严禁破坏森林植被和过度放牧引起植被退化。

5.2.2.2   黄河中山河谷水蚀土壤保持区

该区水土保持主导功能为土壤保持，水土流失以轻 - 中度水蚀为主，属国家级水土流失重点治理区。多沟壑地貌，局部侵蚀剧烈，区域内人口相对稠密，人均耕地较少，坡耕地面积大比例高。

措施配置:在受人为活动影响的草原退化区域,开展草场改良,实施封育保护措施。

5.2.2.3 祁连高山宽谷水蚀水源涵养保土区

该区水土保持主导功能为水源涵养,区域内人口相对较少,林草覆盖率较高。由于抚育失调、过度放牧、坡地开荒等不合理开发利用,区域生态功能降低,草原退化,水源涵养能力削弱。土壤侵蚀以轻-中度冻融侵蚀和轻度水蚀为主,局部水土流失严重。该区属国家级水土流失重点预防区,需要"大预防,小治理"。

措施配置:对于远山、边山人口稀少地区的林草植被采取封育措施;对浅山疏林地采取抚育更新措施,荒山荒地营造水源涵养林;对牧区采取轮封轮牧、网围栏、人工种草和草库仑建设、舍饲圈养;根据区域条件配置相应的能源代替措施;城镇周边及其他存在洪水威胁的沟道修建护岸工程;其他水土流失发生、发展区域实行封育保护措施。

5.2.2.4 青海湖盆地水蚀生态维护保土区

区内分布有大面积的天然草原,林草覆盖率较高,但由于长期以来采、育、用、养失调,森林草原植被遭到不同程度的破坏,局部甚至沙化,生态系统稳定性降低。区内局部地区土壤耕作条件好,是典型的农牧交错区,保土需求高。区内土壤侵蚀以轻度冻融侵蚀和轻度水蚀为主。

措施配置:对草原植被破坏严重的地区采取封山育林、封山育草、改造次生林、退耕还林还草、营造水土保持林;对沙化、退化严重的草场实行生态修复;在半农半牧区开展林草建设,增加保土功能;区内绝大部分范围内要积极开展轮封轮牧、休牧还草、改良更新、推行舍饲圈养和草库仑建设措施。

5.2.2.5 共和盆地风蚀水蚀防风固沙保土区

该区水土保持主导功能为防风固沙,共和县部分地区主导功能为土壤保持。该区共和县属国家级水土流失重点预防区,是国家重点牧区和特殊生态区;乌兰县属青海省省级水土流失重点治理区。区域为农牧交错区,水蚀风蚀交错,生态脆弱,由于长期超载放牧、垦草种粮及自然气候原因,土地沙化严重。

措施配置:根据草场情况修建网围栏,推行舍饲圈养;对固定沙丘、流动沙丘采取治沙措施,推广节水设施,营造防风林带,保护结皮;在保土区禁止取土挖沙、破坏植被,实施代燃料工程。

5.2.2.6 柴达木盆地风蚀水蚀农田防护防沙区

该区水土保持主导功能为农田防护,土壤侵蚀以风蚀为主,兼有水蚀,属青海省省级水土流失重点治理区。主要涉及香日德、诺木洪、格尔木、德令哈等沙漠绿洲农业区。区内光热资源丰富,土地沙化严重,干旱缺水,土壤资源流失严重。区内水土流失问题主要由长期超载放牧、垦草种粮及自然气候原因造成。

措施配置:区内推广节水设施,采取网围栏,发展舍饲圈养、设施农业;对固定沙丘、流动沙丘采取治沙措施,营造防风林带,严格保护结皮,严禁无序扰动。

5.2.2.7　茫崖—冷湖湖盆残丘风蚀防沙区

该区水土保持主导功能为防风固沙,土壤侵蚀以中强度风蚀为主,间有轻度冻融侵蚀,属青海省省级水土流失重点预防区。

措施配置:实施封育保护为主,严格保护沙生植被、沙壳、结皮、地衣等;对固定沙丘、流动沙丘采取治沙措施;城镇周边积极营造防风林带。

5.2.2.8　兴海—河南中山河谷水蚀蓄水保土区

该区水土保持主导功能为土壤保持和蓄水保水,土壤侵蚀以轻度水蚀为主,间有轻度冻融侵蚀,属国家级水土流失重点预防区。多沟壑地貌,局部侵蚀剧烈,人均耕地少,同德、贵南有一定坡耕地存在。

措施配置:以土壤保持为主导功能的农耕区和丘陵区,主要治理现状水土流失,在非流失区域和已治理区域实施封禁、抚育更新、管理配套等,在"四荒"地建设林草植被,在区内实施舍饲养畜、清洁工程等预防保护措施,通过预防保护巩固功能效益。以蓄水保水为主导功能的区域实行退耕还林还草,对区内森林和草场进行封禁治理,严禁破坏森林植被和过度放牧引起植被退化。

5.2.2.9　黄河源山原河谷水蚀风蚀水源涵养区

该区水土保持主导功能为水源涵养,土壤侵蚀以轻度冻融侵蚀和轻度风蚀为主,间有少量轻度水蚀,属国家级水土流失重点预防区。绝大部分区域为草原和湿地。

措施配置:在人口稀少、人迹罕至地区实施封育保护措施;在畜牧发展区采取轮封轮牧、网围栏、人工种草和草库仑建设、舍饲圈养等措施;根据区域条件配置相应的能源代替措施;城镇周边及其他有条件的地区开展林草建设;其他水土流失发生发展的区域实行生态修复措施。

5.2.2.10　长江—澜沧江源高山河谷水蚀风蚀水源涵养区

该区水土保持主导功能为水源涵养,土壤侵蚀以轻中度冻融侵蚀为主,间有轻度水蚀,属国家级水土流失重点预防区。绝大部分区域为高寒草甸和湿地,现状生态环境较好。

措施配置:在人口稀少、人迹罕至地区实施封育保护措施;在畜牧发展区采取轮封轮牧、网围栏、人工种草和草库仑建设、舍饲圈养等措施;根据区域条件配置相应的能源代替措施;城镇周边及其他有条件的地区开展林草建设;其他水土流失发生发展的区域实行生态修复措施。

5.2.2.11　可可西里丘状高原冻蚀风蚀生态维护区

该区水土保持主导功能为生态维护,土壤侵蚀以轻中度冻融侵蚀为主,属国家级水土流失重点预防区。绝大部分区域为高寒冻土荒漠无人区,以预防保护为主,该区东部边缘存在一定人为扰动的退化草场,局部水热、土壤条件较好的,可采用种草的方式进行更新改造。

5.3　重点预防项目

根据确定的预防范围,研究提出重要江河源区、重要饮用水水源地、环青海湖生态维护和风沙区水土保持共 4 个重点预防项目,本着预防区域预防为主的方针和"大预防、小治理"(各预防区域内的治理措施在综合治理章节统一考虑,本章重点项目仅考虑预防措施)的指导思想,对重点项目所涉及的州(市)的预防对象和局部存在的水土流失状况进行综合分析,充分考虑预防保护的迫切性、集中连片,以及属于重点预防区的县级行政区为主并兼顾其他的原则,确定各重点预防项目的范围、任务和预期规模。

5.3.1　重要江河源区水土保持

5.3.1.1　范围及基本情况

在遵循重点预防项目总体安排的基础上,重要江河源区水土保持范围的选择还应遵循以下原则:

(1)流域面积大于 1 000 km^2 的重要江河的源头;

(2)对下游水资源和饮用水安全具有重要作用的江河源头。

经综合分析确定,项目范围共涉及 2 个国家水土保持三级区、5 个青海省水土保持区划分区的 19 个市(县)(见表 5-1 和表 5-2)。涉及县级行政区总人口 94.89 万人,土地总面积 37.67 万 km^2。水土流失面积 57 666 km^2,其中水蚀面积 17 721 km^2,占水土流失面积的 30.73%,风蚀面积 39 945 km^2,占水土流失面积的 69.27%。轻度水蚀面积 13 083 km^2,占水蚀面积的 73.83%;轻度风蚀面积 18 680 km^2,占风蚀面积的 46.76%。江河源区位于高山、丘陵区,人口相对稀少,水土流失轻微,林草覆盖率较高。地表多为草原草地,分布有较多的湿地、湖泊、高原高寒和寒旱动物保护区,沿河谷两侧人口相对集中,突出问题是超载过牧和山地灾害。

5.3.1.2　任务、规模和近期建设内容

江河源区水土保持的主要任务:以大面积封育保护为主,辅以综合治理,以治理促保护,以治理保安全,着力创造条件,实现生态自然修复,建立可行的水土保持生态补偿制度,以达到提高水源涵养功能、控制水土流失、保障区域社会经济可持续发展的目的。

根据青海省水土保持区划调研,经综合分析研究提出青海省预防近远期预期规模。到 2020 年,累计预防保护面积 3 672.43 km^2;到 2030 年,累计预防保护面积 14 689.65 km^2,详见表 5-1 和表 5-2。

根据预防的迫切性、先易后难和投资的可能性,研究确定三江源(包括黄河、长江、澜沧江源头)区、黑河源区 2 个江河源区的水土保持防护工程可作为近期重点工程,建设内容主要包括封育保护、能源替代工程、农村清洁工程。重要江河源区水土保持防护工程近期重点工程范围见表 5-3。

表 5-1 重要江河源区水土保持范围及预期规模（按水土保持分区统计）

（单位：km²）

青海省水土保持区划	远期规模（2016～2030 年）	近期规模（2016～2020 年）	
祁连高山宽谷水蚀水源涵养保土区	124.48	祁连县	31.12
兴海—河南中山河谷水蚀蓄水保土区	2 216.46	泽库县、河南县、同德县、兴海县、贵南县	554.12
黄河源山原河谷水蚀风蚀水源涵养保土区	4 978.33	玛沁县、班玛县、甘德县、达日县、久治县、玛多县、称多县、曲麻莱县	1 209.84
长江—澜沧江源高山河谷水蚀风蚀水源涵养保土区	6 728.77	玉树市、杂多县、称多县、治多县、囊谦县、曲麻莱县	1 346.81
可可西里丘状高原冻蚀风蚀生态维护区	641.61	治多县、唐古拉山镇	530.54
合计	14 689.65	3 672.43	

表 5-2 重要江河源区水土保持范围及预期规模（按行政区统计）   （单位：km²）

行政区	远期规模（2016～2030 年）	近期规模（2016～2020 年）	
海北州	124.48	祁连县	31.12
黄南州	718.37	泽库县	78.22
		河南县	101.37
海南州	1 498.09	同德县	85.62
		兴海县	186.61
		贵南县	102.29
果洛州	3 712.86	玛沁县	175.69
		班玛县	136.25
		甘德县	118.20
		达日县	189.14
		久治县	117.09
		玛多县	191.86
玉树州	8 487.76	玉树市	166.10
		杂多县	312.55
		称多县	317.80
		治多县	808.87
		囊谦县	188.68
		曲麻莱县	327.95
海西州	148.09	格尔木市	37.02
合计	14 689.65	3 672.43	

表 5-3　重要江河源区水土保持近期重点工程建设范围

近期重点工程	行政区	
黑河源区水土保持防护工程	海北州	祁连县
三江源区水土保持防护工程	黄南州	泽库县
		河南县
	海南州	同德县
		兴海县
		贵南县
	果洛州	玛沁县
		班玛县
		甘德县
		达日县
		久治县
		玛多县
	玉树州	玉树市
		杂多县
		称多县
		治多县
		囊谦县
		曲麻莱县
	海西州	格尔木市

5.3.2　环青海湖生态维护

5.3.2.1　范围及基本情况

经综合分析确定,环青海湖生态维护项目涉及 1 个国家水土保持三级区、2 个青海省水土保持区划分区的 5 个县(见表 5-4 和表 5-5)。涉及县级行政区总人口 26.4 万人,土地总面积 6.86 万 km²。水土流失面积为 16 804 km²,其中水蚀面积 9 395 km²,占水土流失面积的 55.91%,风蚀面积 7 409 km²,占水土流失面积的 44.09%。轻度水蚀面积 6 250 km²,占水蚀面积的 66.52%;中度及以上风蚀面积 4 543 km²,占风蚀面积的 61.32%。从现状治理力度和生态恢复情况来看,青海湖及周边生态环境还十分脆弱,土地沙漠化和草地退化依然存在,草地鼠虫灾害频繁。

5.3.2.2 任务、规模和近期建设内容

环青海湖生态维护的主要任务是:以大面积封育保护为主,辅以综合治理,加快环青海湖防风固沙林、水源涵养林的建设,恢复流域生态植被,合理利用水资源,实现生态自然修复,建立可行的水土保持生态补偿制度,以达到提高水源涵养功能、实现环湖旅游业的持续发展的目的。

根据青海省水土保持区划调研,经综合分析研究提出近远期预期规模:到 2020 年,累计预防保护面积 62.20 km²;到 2030 年,累计防治保护面积 248.81 km²,详见表 5-4 和表 5-5。

表 5-4 环青海湖生态维护水土保持范围及预期规模(按水土保持分区统计)

(单位:km²)

青海省水土保持区	远期规模 (至 2030 年)	涉及行政区	近期规模 (至 2020 年)
青海湖盆地水蚀生态维护保土区	141.04	海晏县、刚察县、天峻县	35.26
共和盆地风蚀水蚀防风固沙保土区	107.77	共和县、乌兰县	26.94
合计	248.81		62.20

表 5-5 环青海湖生态维护水土保持范围及预期规模(按行政区统计)

(单位:km²)

行政区	远期规模(至 2030 年)	近期规模(至 2020 年)	
海北州	38.32	海晏县	9.58
	52.12	刚察县	13.03
海南州	54.73	共和县	13.68
海西州	53.04	乌兰县	13.26
	50.60	天峻县	12.65
合计	248.81		62.20

根据预防的迫切性、先易后难和投资的可能性,研究确定青海湖盆地生态环境保护和共和盆地生态环境保护 2 个工程可作为近期重点工程,工程建设范围见表 5-6。

重点建设内容主要包括封育保护、能源替代工程、农村清洁工程。

表 5-6　环青海湖生态维护水土保持工程近期建设范围

近期重点工程	行政区	
青海湖盆地生态维护水土保持工程	海北州	海晏县
		刚察县
	海西州	天峻县
共和盆地生态维护水土保持工程	海南州	共和县
	海西州	乌兰县

5.3.3　重要饮用水水源地水土保持

5.3.3.1　范围及基本情况

经综合分析确定,重要饮用水源地水土保持项目涉及 3 个国家水土保持三级区、5 个青海省水土保持区划分区的 11 个县(市、区)(见表 5-7 和表 5-8)。涉及县级行政区总人口 244.29 万人,土地总面积 10.33 万 km²。水土流失面积为 36 287 km²,其中水蚀面积 8 464 km²,占水土流失面积的 23.33%,风蚀面积 27 823 km²,占水土流失面积的 76.67%。轻度水蚀面积 4 900 km²,占水蚀面积的 57.89%;中度及以上风蚀面积 15 533 km²,占风蚀面积的 55.83%。饮用水水源地大部分为水库型水源地,水土流失多发生在村镇及周边垦殖区,水源地因水土流失引发的面源污染问题较为突出。

5.3.3.2　任务、规模和近期建设内容

饮用水水源地水土保持的主要任务是:建立可行的水土保持生态补偿制度,保护和建设以水源涵养林为主的森林植被;远山边山开展生态自然修复,中低山丘陵实施以林草植被建设为主的小流域综合治理,近库(河)及村镇周边建设植物保护带,控制入库(河)的泥沙及面源污染物,维护水质安全。

根据青海省水土保持区划调研,经综合分析研究提出近远期预期规模:到 2020 年,累计预防保护面积 40.01 km²;到 2030 年,累计预防保护面积 160.12 km²,详见表 5-7 和表 5-8。

表 5-7　重要饮用水水源地水土保持范围及预期规模(按水土保持分区统计)

(单位:km²)

青海省水土保持区划	远期规模 (至 2030 年)	涉及行政区	近期规模 (至 2020 年)
湟水中高山河谷水蚀蓄水保土区	32.73	西宁市、大通县、平安县、乐都区	8.17
黄河中山河谷水蚀土壤保持区	5.21	同仁县	1.30
青海湖盆地水蚀生态维护保土区	35.25	海晏县	8.81
共和盆地风蚀水蚀防风固沙保土区	40.94	共和县	10.23
柴达木盆地风蚀水蚀农田防护防沙区	45.99	格尔木市	11.50
合计	160.12		40.01

表 5-8 重要饮用水水源地水土保持范围及预期规模(按行政区统计) (单位:km²)

行政区	远期规模(至 2030 年)	近期规模(至 2020 年)	
西宁市	12.27	四城区	3.07
	6.99	大通县	1.75
海东市	4.88	平安县	1.20
	8.59	乐都区	2.15
海北州	35.25	海晏县	8.81
黄南州	5.21	同仁县	1.30
海南州	40.94	共和县	10.23
海西州	45.99	格尔木市	11.50
合计	160.12		40.01

根据预防的迫切性、先易后难和投资的可能性,参考青海省饮用水水源地名录,研究确定湟水流域重要水源地水土保持、黄河干流重要水源地水土保持、青海湖盆地重要水源地水土保持、共和盆地重要水源地水土保持和柴达木盆地重要水源地水土保持 5 个工程可作为近期重点工程,工程建设范围见表 5-9,重点建设内容主要包括封育保护、能源替代工程、农村清洁工程。

表 5-9 重要饮用水水源地水土保持工程近期建设范围

近期重点工程	行政区	
湟水流域重要水源地水土保持工程	西宁市	四城区
		大通县
	海东市	平安县
		乐都区
	海北州	海晏县
黄河干流重要水源地水土保持工程	黄南州	同仁县
青海湖盆地重要水源地水土保持工程	海南州	共和县
共和盆地重要水源地水土保持工程	海西州	格尔木市

5.3.4 风沙区水土保持

5.3.4.1 范围及基本情况

项目范围共涉及 1 个国家水土保持三级区、2 个青海省水土保持区划分区的 6 个县(市、行委)(见表 5-10 和表 5-11)。涉及县级行政区总人口 39.78 万人,土地总面积 25.4 万 km²。水土流失面积为 80 394 km²,其中水蚀面积 1 870 km²,占水土流失面积的 2.33%,风蚀面积 78 524 km²,占水土流失面积的 97.67%。轻度水蚀面积 1 421 km²,占水蚀面积的 75.99%;中度及以上风蚀面积 48 157 km²,占风蚀面积的 61.33%。区域内降水少且不均匀,暴雨集中,风大沙多,土质疏松,加之垦殖与大规模能源资源开发影响,植被破坏严重,地表组成物质多为细砂和粉砂土,地表覆盖物一旦破坏极易引起风蚀。

5.3.4.2　任务、规模和近期建设内容

风沙区预防保护区水土保持的主要任务是:按照"大封禁、小治理"的原则,加大生态修复力度,实施封禁管护,保护现有植被和草场,增强防风固沙功能,治理局部水土流失严重的侵蚀沟道、沙化土地等,达到减少风沙危害、控制水土流失、保障区域农牧业生产的目的。

根据青海省水土保持区划调研,经综合分析研究提出近远期预期规模:到 2020 年,累计预防保护面积 225.36 km²;到 2030 年,累计预防保护面积 901.43 km²,详见表 5-10 和表 5-11。

表 5-10　风沙区水土保持范围及预期规模(按水土保持分区统计)

(单位:km²)

青海省水土保持区划	远期规模(至 2030 年)	涉及行政区	近期规模(至 2020 年)
柴达木盆地风蚀水蚀农田防护防沙区	154.84	格尔木市、德令哈市、都兰县	38.71
茫崖—冷湖湖盆残丘风蚀防沙区	746.59	茫崖、大柴旦、冷湖	186.66
合计	901.43		225.36

表 5-11　风沙区水土保持范围及预期规模(按行政区统计)

(单位:km²)

行政区	远期规模(至 2030 年)		近期规模(至 2020 年)
海西州	45.99	格尔木市	11.50
	53.66	德令哈市	13.41
	55.19	都兰县	13.80
	222.29	茫崖行委	55.57
	257.55	大柴旦行委	64.39
	266.75	冷湖行委	66.69
合计	901.43		225.36

根据预防的迫切性、先易后难和投资的可能性,参考青海省饮用水水源地名录,研究确定柴达木盆地风沙区水土保持和茫崖—冷湖风沙区水土保持 2 个工程可作为近期重点工程,工程建设范围见表 5-12,重点建设内容主要包括封育保护、能源替代工程、农村清洁工程。

表 5-12 风沙区水土保持工程近期建设范围

近期重点工程	行政区		封育保护 （km²）	能源替代 工程(套)	农村清洁 工程(处)
柴达木盆地 风沙区水土 保持工程	海西州	格尔木市	11.50	193	22
		德令哈市	13.41	175	23
		都兰县	13.80	143	13
茫崖—冷湖 风沙区水土 保持工程		茫崖行委	55.57	115	15
		大柴旦行委	64.39	134	17
		冷湖行委	66.69	142	17
合计			225.36	902	107

第6章　综合治理体系与配置分析

根据《中华人民共和国水土保持法》，"综合治理、因地制宜、突出重点、注重效益"是水土保持治理工作的基本方针，因此必须根据各地的自然和社会经济条件，分区分类合理配置治理措施，坚持生态优先，强化林草植被建设，工程措施和林草措施相结合，加大坡耕地和侵蚀沟的治理力度，以小流域为单元实施山水田林路村综合治理，形成综合防护体系，维护水土资源可持续利用。

6.1　治理范围与对象

6.1.1　治理范围

根据水土保持总体布局的要求，以全国水土保持区划三级区和青海省水土保持区划确定的各区域水土保持主导功能为基础，结合划定的国家级水土流失重点治理区，充分考虑治理需求迫切、集中连片、预期治理成效明显、现状水土流失治理程度较低的区域。研究确定青海省治理范围如下：

（1）青东甘南丘陵沟壑蓄水保土区的覆沙黄土区以及广泛分布坡耕地和侵蚀沟的区域；

（2）祁连山山地水源涵养保土区的人口密集区以及城镇周边；

（3）青海湖高原山地生态维护保土区的侵蚀沟发育较严重地区、风蚀区和风蚀水蚀交错地区土地沙化严重的区域；

（4）柴达木盆地农田防护防沙区的城镇周边绿洲农业区和其他风蚀严重区域；

（5）三江黄河源山地生态维护水源涵养区内分布坡耕地和侵蚀沟的区域，以及城镇周边存在洪水危害的区域。

6.1.2　治理对象

治理对象是指在治理范围内需采取综合治理措施的侵蚀劣地和退化土地，主要包括：

（1）坡耕地、"四荒"地、水蚀坡林（草）地、侵蚀沟道；

（2）输沙量较大的沟道、重力侵蚀坡面；

（3）风蚀区和风蚀水蚀交错区的沙化土地、退化草（灌草）地等；

（4）山洪沟道、砂砾化土地等；

（5）其他水土流失严重地块。

6.2　措施与配置

水土流失的治理往往不是单一措施所能奏效的，水土保持措施只有相互结合、相互依托,才能有效地发挥作用。在水土流失强度较大的区域或仅仅依靠自然修复难以奏效的地区,应针对其生态特点及其规律,因地制宜,因害设防,科学配置各项水土保持治理措施,实行工程措施、植物措施与耕作措施相结合,山水田林路统一规划,进行以小流域为单元的综合治理,逐步建成完整的水土流失治理体系。

6.2.1　措施体系

6.2.1.1　坡耕地治理措施

坡耕地治理措施,主要是进行梯田改造和推行保土耕作措施,25°以上的坡耕地实行退耕还林还草,严重干旱、灌溉条件差的不适宜耕作的 15°~25°以上的坡耕地也实行退耕还林还草。

1.坡改梯工程

坡改梯就是采取工程技术措施,把坡耕地改造为梯田、梯地,其目的是变"跑水、跑肥、跑土"的"三跑田"为"保水、保肥、保土"的"三保田",实现坡耕地的持续利用和生态恢复。坡改梯既是减缓坡势、缩短坡长、增强水土保持功能的重要措施,也是建设旱涝保收高产稳产基本农田,解决粮食供需平衡的重要途径,又是林草措施实施的有力保证。坡改梯措施规划的重点是 6°~25°的坡耕地。

2.保水保土耕作

在坡耕地上,结合农事活动,采取各类措施改变微地形,或增加地面植被覆盖,或增加土壤入渗,提高土壤抗蚀性能,以保水保土,减少土壤侵蚀,提高作物产量。保水保土耕作措施主要有两类:一是改变微地形的保水保土耕作法,主要有等高耕作,大力推广"三改"种植技术,即改顺坡开行种植为横坡开行种植,改满坡耕种为分带轮作,改顺挖土为倒挖土;二是增加土壤入渗、提高土壤抗蚀性能的保水保土耕作法,主要有深耕、深松、增施有机肥等,保土耕作主要为 6°~15°的坡耕地。

6.2.1.2　人工林(草)措施

开展人工林草种植,增加林草覆盖率,是防止水土流失的重要手段和措施。人工林草措施主要利用≥25°的坡耕地、15°~25°的不宜耕坡地,以及荒山、荒坡、荒沟和可利用而尚未利用的土地,开展人工造林和人工种草,人工造林分为水土保持林(灌木林、乔木林)和水土保持经果林。≥25°坡耕地和 15°~25°的不宜耕坡地,实行退耕还林,并且以营造生态林为主,适当发展经果林。

草地建设主要包括荒山荒坡种草和退化荒草地改良。按照草种的经济价值、营养成分、适口性和抗逆性等特点,选择草种。主要草种有苜蓿、芨芨草、芒麦草、星星草、早熟禾、碱茅、披碱草等优良牧草。

水土保持林(草)措施的规划,本着因地制宜、适地适树(草)的原则,带网片相结合,人工营造与原有植被相结合,治理与开发相结合,经济效益、生态效益和社会效益兼顾。

6.2.1.3　小型水利水保工程措施

小型水利水保工程是坡耕地治理和人工林草措施的配套措施,通过兴建谷坊、拦砂坝、排水工程、沟头防护、护岸工程以及小型蓄水工程等小型水利水保工程,做到拦沙、保土、蓄水,提高防御能力,减轻水土流失。在坡耕地和荒山荒沟治理中,将坡面蓄排水工程与坡改梯、保水保土耕作有机结合起来,统一规划,同步施工,确保出现设计暴雨时坡改梯、保水保土耕作区和林草措施的安全运行,配套建设的主要小型水利水保措施有淤地坝、谷坊、拦砂坝、排灌沟渠、田间道路、小型蓄水工程等。

1.淤地坝

淤地坝具有拦泥淤地、蓄水减沙等多重功效,是水土保持综合治理、减少入黄泥沙的有效措施。根据淤地坝的坝高、库容、淤地面积等特点,分为小型、中型和大型三类。根据水利部《水土保持综合治理 技术规范 沟壑治理技术》(GB/T 16453.3—2008),小型淤地坝坝高5~15 m,库容1万~10万 m^3,淤地面积0.2~2 hm^2,修在小支沟或较大支沟的中上游,单坝集水面积在1 km^2以下;中型淤地坝一般坝高15~25 m,库容10万~50万 m^3,淤地面积2~7 hm^2,修在较大支沟下游或主沟上中游,单坝集水面积1~3 km^2;大型淤地坝(骨干坝)一般坝高25 m以上,库容50万~500万 m^3,淤地面积在7 hm^2以上,修在主沟的中、下游或加大支沟下游,单坝集水面积3~5 km^2。

2.谷坊

谷坊是建筑在沟道的固定河床的拦砂建筑物,高度一般小于5 m,作为固定沟床、防止河床下切、抬高侵蚀基点的治沟工程措施,谷坊工程长久以来被广泛地应用于各地的水土保持实践中。根据国家水利部《水土保持综合治理 技术规范 沟壑治理技术》(GB/T 16453.3—2008),沟道工程措施中的谷坊工程防御洪水标准为10~20年一遇3~6 h最大暴雨,当洪水较小,未超出谷坊工程固有的洪水调节能力时,谷坊工程能够改变水力坡降、降低流速,起到防治沟底下切、淤积泥沙、抬高侵蚀基准面的作用,为在沟底营造生物措施奠定基础和创造条件,并能适当降低流速、减少冲刷,保证生物措施的实施。

谷坊的建设以东部黄土高原区为重点,选择沟道比降为5%~10%、沟底下切强烈地段,修建谷坊群。谷坊的结构型式,根据当地实际,一般选用石谷坊。

3.拦砂坝

对沟道下切作用或两侧重力侵蚀已经终止的沟壑,在适当的地段修建拦砂坝,以拦蓄下泄泥沙。拦砂坝是以拦蓄山洪泥石流沟道中固体物质为主要目的的拦砂建筑物,多建在主沟或较大支沟内。它的作用在于拦蓄泥沙(石块),调节沟道内水沙,以免除对下游的危害,通过提高坝址的侵蚀基准,减小坝上游淤积段河床比降,加宽河床,减小流速,从而减小水流侵蚀能力。同时,稳定沟岸崩塌及滑坡,减小泥石流的冲刷及冲击力,抑制泥石流发育规模,降低流域内的重力侵蚀强度。

4.排灌沟渠

截水沟和排水沟是主要的小型排灌工程,截水沟和排水沟应根据降雨和汇流面积合理布设。截水沟能有效地拦截山坡以上汇水面积所形成的地表径流,并使其进入下游蓄水池,以减少雨水对坡地的侵蚀作用。截水沟的设计,一是要根据土壤、植被情况,摸清地表以下、1.5 m以上土壤的物理特性,包括土质类型、土壤物理性质等,以确定截水沟的沟深;二是要考虑截水沟的下拦挡与底部以及坡脚下的挡土墙用浆砌块石,不允许渗水漏水。排水沟一般布设在坡面截水沟的两端或较低一端,用以排除截水沟不能容纳的地表径流。

5.田间道路

田间道路主要布设在坡改梯地块中,避免大挖大填,减小交叉建筑物,尽量与坡面水系排灌渠系相结合,防止冲刷,保证道路完整、通畅。同时,要合理布局、有利生产,方便耕作和出行;占地少,节约土地;便于与外界联系。

6.小型蓄水工程

小型蓄水工程是水土保持措施的重要组成部分,它可以拦蓄坡面降雨径流,减轻或制止土壤侵蚀,灌溉农田,以及解决人畜饮水困难。小型蓄水工程一般布设在坡脚或坡面局部低凹处,也可布设在排灌渠旁边。小型蓄水工程的建设要根据集流效率和周围适宜灌溉的农地、林地的多少而确定。

7.护岸工程

黄河源区、长江、澜沧江源区,大部分地区遍布破碎砾石、砾石土,土层薄、冻融侵蚀、草场退化、风化作用强烈。每遇暴雨,城镇周边沟道中,洪水夹杂着大量砾石、泥沙,形成泥石流倾泄而出,严重威胁城镇及其周边地区人民生命财产安全。结合西部城镇周边小流域综合治理,规划在洪水、泥石流危害严重地区沟道,修建护岸墙工程。

8.沟头防护工程

沟头防护工程是为制止坡面暴雨径流由坡面进入沟道或有控制地进入沟道,制止沟头前进,保护地面不被沟壑割切破坏而采取的水土保持措施。修建沟头防护工程的重点位置选择条件为:沟头以上有天然急流槽,暴雨中坡面径流由此集中泄入沟头。根据《水土保持综合治理 技术规范 沟壑治理技术》(GB/T 16453.3—2008),沟头防护工程的防御标准应为 10 年一遇 3~6 h 最大暴雨,当沟头以上集水区面积较大(10 hm^{2}以上)时,应布设相应的治坡措施与小型蓄水工程,以减少地表径流汇集沟头。

6.2.1.4　封禁治理

封禁治理是停止人为干扰与破坏,或者解除现有人类活动施加于生态环境的压力,而发挥生态系统自身修复能力,不需要人为活动或过多投入即可使生态环境向良性方向演化的措施。封禁治理适用于地广人稀的中度和轻度水土流失地区的治理。选择封禁治理的区域地面必须有残林、疏林(含灌丛),或过度放牧导致草场退化、水土流失和风蚀加剧,但地面有草类残留根茬与种籽,当地水热条件能满足自然恢复草类的生长。封禁治理要与水土保持重点治理、退耕还林(草)相互结合,相互补充,形成完善的生态建设体系。

6.2.2　措施配置

以青海省水土保持区划和水土流失重点防治区划分成果为依据,在治理范围确定的基础上,根据各分区水土保持功能定位,进行措施配置。

6.2.2.1　湟水中高山河谷水蚀蓄水保土区

该区水土保持主导功能为土壤保持和蓄水保水,水土流失以轻-中度水蚀为主,属国家级水土流失重点治理区。区内沟壑纵横,局部侵蚀剧烈,区域内人口相对稠密,人均耕地少,坡耕地比例高。以土壤保持为主导功能的农耕区和丘陵区,积极开展小流域综合治理,荒山荒坡营造水土保持林草和经济林,坡耕地较集中区域采取改梯田并配套田间支毛渠和田间道路等措施,侵蚀沟道采用沟头防护、沟坡植林草、修建护岸墙、布设谷坊和淤地坝、修筑拦砂坝等措施。以蓄水保水为主导功能的大通河流域源头、湟水河源头和黑泉水库等饮用水水源地退耕还林还草,对区域内的森林和草场进行封禁治理,严禁破坏森林植被和过度放牧引起草场退化。

6.2.2.2 黄河中山河谷水蚀土壤保持区

该区水土保持主导功能为土壤保持,水土流失以轻-中度水蚀为主,属国家级水土流失重点治理区。区内沟深坡陡,局部侵蚀剧烈,区域内人口相对稠密,人均耕地较少,坡耕地面积大、比例高。在坡耕地集中区域进行坡耕地专项整治,具体为采取改梯田并配套田间支毛渠和田间道路等措施;在城镇周边人口密集地区和水土流失重点区域开展小流域综合治理,荒山荒坡营造水土保持林草和经济林并修建小型蓄水工程,侵蚀沟道采取沟头防护、沟坡植林草、布设谷坊和淤地坝、修筑拦砂坝等措施;城镇周边及其他存在洪水威胁的沟道修建护岸墙等径流排导工程。同时,在受人为活动影响的草原退化区域,开展草场改良,实施封禁治理措施。

6.2.2.3 祁连高山宽谷水蚀水源涵养保土区

该区水土保持主导功能为水源涵养,土壤侵蚀以轻-中度冻融侵蚀和轻度水蚀为主,属国家级水土流失重点预防区。大部分区域以预防保护为主,需进行综合治理的区域主要分布在城镇周边坡耕地集中的区域,遍布破碎砾石、砾石土,土层薄,对城镇防洪安全存在威胁的沟道。在坡耕地集中区域进行坡耕地专项整治,具体为采取改梯田并配套田间支毛渠和田间道路等措施;在城镇周边人口密集地区和沟道侵蚀严重区域开展小流域综合治理,荒山荒坡营造水土保持林草,侵蚀沟道采取沟头防护、沟坡植林草、布设谷坊和拦砂坝等措施;城镇周边及其他存在洪水威胁的沟道修建护岸工程。

6.2.2.4 青海湖盆地水蚀生态维护保土区

该区水土保持主导功能为水源涵养,土壤侵蚀以轻度冻融侵蚀和轻度水蚀为主,属青海省省级水土流失重点治理区,是国家重点牧区和特殊生态区,具有很高的科研价值和旅游价值。水土流失区域主要包括草原水土流失地区、农牧交错地区和山洪、泥石流易发区域。草原水土流失区在海北州刚察、海晏和海西州天峻县均有分布,治理的主要内容是对河谷水土流失严重地区开展以沟头防护、谷坊、拦砂坝、小型蓄水工程、护岸工程等工程措施为主的小流域治理工程,配合工程措施营造牧场防护林和水土保持林草;农牧交错地区主要在刚察、海晏的半农半牧区,该区气候条件较好,土层较厚,但有大量的坡耕地和裸露的荒山荒坡,降水量少而集中,雨水冲刷造成严重水土流失,是增加河流泥沙量的主要地区之一,治理的主要内容是在全面退耕还林还草和荒山造林种草的基础上,对侵蚀严重的小流域实施封禁治理和沟头防护、谷坊、拦砂坝、小型蓄水工程、护岸工程等工程措施相结合的流域治理工程,营造草场护牧林和水土保持林草;针对刚察、海晏部分植被稀疏、沟壑纵横,山洪、泥石流等自然灾害易发的区域,大力营造水土保持林草和防风固沙林,加大封禁治理,侵蚀沟道采取沟头防护、谷坊、拦砂坝、小型蓄水工程、护岸工程等工程措施。同时,加快环青海湖水源涵养林建设。

6.2.2.5 共和盆地风蚀水蚀防风固沙保土区

该区水土保持主导功能为防风固沙,共和县部分地区主导功能为土壤保持。土壤侵蚀以风蚀为主,间有轻度水蚀。该区共和县属国家级水土流失重点预防区,是国家重点牧区和特殊生态区;乌兰县属青海省省级水土流失重点治理区。需进行水土流失治理的区域主要包括草原水土流失地区(共和县的江西沟、倒淌河、黑马河、石乃亥4个乡)、坡耕地集中区域、城镇周边沟道侵蚀严重的区域,以及人为扰动频繁、土地沙化严重的风蚀区域。草原水土流失地区治理的主要内容是对河谷水土流失严重地区开展以沟头防护、谷坊、拦砂坝、小型蓄水工程、护岸工程等工程措施为主的小流域治理工程,配合工程措施营造牧场防护林和水土保持林草;坡耕地集中区域,治理的主要内容是全面退耕还林还草和荒山造林种草;城镇周边沟道侵蚀严重的区域,结合坡面造林种草,采取沟头防护、谷坊、拦砂坝、小型蓄水工程、护岸工程等工程措施,人为扰动频繁、土地沙化严重的风蚀区域进行大面积封禁治理。同时,加快环青海湖防风固沙林建设。

6.2.2.6　柴达木盆地风蚀水蚀农田防护防沙区

该区水土保持主导功能为农田防护,土壤侵蚀以风蚀为主,间有轻度冻融侵蚀,属青海省省级水土流失重点治理区。主要治理措施是围绕重要城镇如香日德、诺木洪、格尔木、德令哈等沙漠绿洲农业区,交通干线和重要工矿企业,大力营造水土保持林草,农业区发展经济林,搞好防风固沙林建设;人为扰动频繁、土地沙化严重的风蚀区域进行大面积封禁治理,保护沙生植被,严禁采挖沙生植物,防止荒漠化扩展;城镇周边侵蚀严重的小流域结合坡面造林种草,采取沟头防护、谷坊、拦砂坝、小型蓄水工程、护岸工程等工程措施。

6.2.2.7　茫崖—冷湖湖盆残丘风蚀防沙区

该区水土保持主导功能为防风固沙,土壤侵蚀以中强度风蚀为主,属青海省省级水土流失重点预防区。主要治理措施是围绕重要城镇、交通干线和重要工矿企业,大力营造水土保持林草,农业区发展经济林,搞好防风固沙林建设;城镇周边侵蚀严重的小流域结合坡面造林种草,采取拦砂坝、小型蓄水工程、护岸工程等工程措施。

6.2.2.8　兴海—河南中山河谷水蚀蓄水保土区

该区水土保持主导功能为土壤保持和蓄水保水,土壤侵蚀以轻度水蚀为主,间有轻度冻融侵蚀,属国家级水土流失重点预防区。区域内地形破碎,局部侵蚀剧烈,人均耕地少,同德、贵南有一定坡耕地存在。大面积以蓄水保水为主导功能的区域以预防保护为主,以土壤保持为主导功能的区域开展综合治理,主要分布在同德、贵南城镇周边的农耕区,以及区域内沟道侵蚀严重的丘陵。荒山荒坡营造水土保持林草和经济林,坡耕地较集中区域采取改梯田并配套田间支毛渠和田间道路等措施,侵蚀沟道采取沟坡植林草、布设拦砂坝、小型蓄水工程、护岸工程等措施。

6.2.2.9　黄河源山原河谷水蚀风蚀水源涵养区

该区水土保持主导功能为水源涵养,土壤侵蚀以轻度冻融侵蚀和轻度风蚀为主,间有少量轻度水蚀,属国家级水土流失重点预防区。绝大部分区域为草原和湿地。主要治理措施是在人口稀少、人迹罕至地区实施封育保护措施;在畜牧发展区采取轮封轮牧、网围栏、人工种草和草库仑建设、舍饲圈养等措施;城镇周边及其他有条件的地区开展林草建设。

6.2.2.10　长江—澜沧江源高山河谷水蚀风蚀水源涵养区

该区水土保持主导功能为水源涵养,土壤侵蚀以轻-中度冻融侵蚀为主,间有轻度水蚀,属国家级水土流失重点预防区。绝大部分区域为草原和湿地,以预防保护为主,需进行综合治理的区域主要分布在该区城镇周边区域,可布设小型蓄水工程、拦砂坝和护岸工程进行整治。局部水热、土壤条件好的水蚀区域内退化天然林草场可布设水土保持林草,进行更新改造。囊谦县局部水热、土壤条件好的坡耕地可进行改梯田并配套田间支毛渠和田间道路等措施。

6.2.2.11 可可西里丘状高原冻蚀风蚀生态维护区

该区水土保持主导功能为生态维护,土壤侵蚀以轻中度冻融侵蚀为主,属国家级水土流失重点预防区。主要治理措施是在该区东部边缘存在一定人为扰动的退化草场,局部水热、土壤条件较好的,可采用种草的方式进行更新改造。

6.3 重点治理项目

根据确定的治理范围、对象以及治理需求,确定坡耕地水土流失综合治理、侵蚀沟综合治理和重点区域水土流失综合治理 3 个重点治理项目,本着分区治理、因地制宜、突出重点的方针,对重点项目所涉及的县(市、区)的治理对象和水土流失状况进行综合分析,充分考虑治理的迫切性、集中连片,以及属于重点预防区的县级行政区为主兼顾其他的原则,确定各重点治理项目的范围、任务和预期规模。

6.3.1 坡耕地水土流失综合治理

6.3.1.1 分布范围及基本情况

按照青海省水土保持区划划分结果和坡耕地现状分布情况,青海省坡耕地分布范围涉及 7 个青海省水土保持、25 个县级行政区(见表 6-1)。涉及总人口 486.6 万人,土地总面积 11.24 万 km²,人口密度 43.3 人/km²。水土流失面积为 30 472 km²,土壤侵蚀以水力侵蚀为主,水蚀面积为 26 637 km²,占水土流失面积的 87.41%,风蚀面积为 3 835 km²,占水土流失面积的 12.59%。中度及以上水蚀面积 11 849 km²,占水蚀面积的 44.48%;中度及以上风蚀面积 3 132 km²,占风蚀面积的 81.67%。坡度在 2°~25°的坡耕地占坡耕地总面积的 98.37%,其中 2°~6°、6°~15°、15°~25°的坡耕地分别占坡耕地总面积的 32.73%、46.93%和 18.70%;25°以上的坡耕地面积较小,仅占 1.63%(见表 6-2)。坡耕地主要分布区域为青东甘南丘陵沟壑蓄水保土区(包括湟水中高山河谷水蚀蓄水保土区和黄河中山河谷水蚀土壤保持区)(见表 6-3),且以海东市最为集中,海东市坡耕地面积 15.02 万 hm²,占全省坡耕地总面积的 67.29%。

从表 6-1 和 6-3 可以看出,青海省耕地坡度较大,6°~15°的坡耕地占总耕地面积的 46.93%。占全省坡耕地面积 87.91%的湟水中高山河谷水蚀蓄水保土区和黄河中山河谷水蚀土壤保持区,区内 50%以上的坡耕地坡度在 6°~15°;分布于青海湖盆地水蚀生态维护保土区和共和盆地风蚀水蚀防风固沙保土区的坡耕地坡度较缓,80%的坡耕地坡度小于 6°,但其大部分分布在青海湖四周,受风蚀侵蚀严重;分布于长江—澜沧江源高山河谷水蚀风蚀水源涵养区的 70%的坡耕地,坡度也小于 6°,但其分布零散。由此可见,坡耕地集中区域多为浅山干旱区,耕地破碎化问题突出,区内耕垦率高,人均耕地相对较少,粮食产量低,人口密度较大,人地矛盾突出,水土流失严重,而人口带来的土地压力使该区域除少数陡坡地退耕还林还草外,大部分坡耕地必须进行综合治理,以达到既治理水土流失,又提高土地生产力的目的。

表 6-1 青海省坡耕地分布情况表

青海省水土保持生态建设区	行政区	坡耕地面积(hm²)			人口(万人)	土地面积(km²)	人口密度(人/km²)	水土流失面积(km²)		
		合计	2°~25°	>25°				合计	水蚀	风蚀
湟水中高山河谷水蚀蓄水保土区	西宁市	1 396.9	1 376.1	20.8	121.2	343.0	3 533.4	114	114	0
	大通县	3 770.3	3 553.9	216.4	43.8	3 159.7	138.5	1 040	1 040	0
	湟中县	481.3	477.8	3.5	44.1	2 558.6	172.3	844	844	0
	湟源县	1 095.8	809.8	286.0	13.8	1 545.5	89.1	474	474	0
	平安县	2 554.2	2 189.9	364.2	12.4	734.6	168.8	315	315	0
	民和县	20 577.3	19 786.9	790.5	42.1	1 897.3	222.0	674	674	0
	乐都区	22 359.5	21 701.8	657.7	28.9	2 480.5	116.6	1 221	1 221	0
	互助县	54 892.3	54 267.9	624.4	38.7	3 348.0	115.7	1 211	1 211	0
	门源县	23 021.1	22 909.0	112.1	15.6	6 381.7	24.4	2 053	2 053	0
	小计	130 148.6	127 073.0	3 075.6	360.6	22 448.9	160.6	7 946	7 946	0
黄河中山河谷水蚀土壤保持区	化隆县	42 857.4	42 428.9	428.6	27.6	2 706.8	102.0	1 185	1 185	0
	循化县	7 040.2	6 979.2	60.9	13.4	1 815.2	73.6	638	638	0
	同仁县	4 215.8	4 215.8		9.4	3 195.0	29.4	1 075	1 075	0
	尖扎县	2 666.0	2 652.6	13.4	5.6	1 557.9	35.7	910	910	0
	贵德县	9 406.2	9 406.2		10.1	3 510.4	28.8	1 746	1 746	0
	小计	66 185.6	65 682.7	502.9	66.0	12 785.2	51.6	5 554	5 554	0
祁连高山宽谷水蚀水源涵养保土区	祁连县	1 501.8	1 441.3	60.5	5.0	13 919.8	3.6	3 059	3 059	0
青海湖盆地水蚀生态维护保土区	海晏县	2 532.4	2 531.0	1.4	3.6	4 443.1	8.0	1 628	1 206	422

续表 6-1

青海省水土保持生态建设区	行政区	坡耕地面积（hm²）			人口（万人）	土地面积（km²）	人口密度（人/km²）	水土流失面积（km²）		
		合计	2°~25°	>25°				合计	水蚀	风蚀
共和盆地风蚀水蚀防风固沙保土区	共和县	3 822.0	3 822.0		12.6	16 626.7	7.6	5 673	3 493	2 180
兴海—河南中山河谷水蚀蓄水保土区	泽库县	390.1	390.1		7.0	6 773.4	10.4	1 222	1 128	94
	同德县	5 075.9	5 075.9		6.5	4 652.8	13.9	546	546	0
	兴海县	581.5	581.5		7.7	12 177.6	6.3	1 705	1 582	123
	贵南县	6 303.9	6 303.9		7.8	6 485.7	11.9	2 125	1 109	1 016
	小计	12 351.4	12 351.4	0.0	28.9	30 089.5	9.6	5 598	4 365	1 233
长江—澜沧江源高山河谷水蚀风蚀水源涵养区	囊谦县	6 798.2	6 798.2		9.9	12 060.7	8.2	1 014	1 014	0
合计		223 340.0	219 699.6	3 640.4	486.6	112 373.9	43.3	30 472	26 637	3 835

表 6-2　青海省坡耕地坡度分布表

地（市）	坡耕地面积（km²）	2°~6°		6°~15°		15°~25°		>25°	
		面积（km²）	比例（%）	面积（km²）	比例（%）	面积（km²）	比例（%）	面积（km²）	比例（%）
西宁市	67.44	10.11	14.98	43.56	64.59	8.50	12.61	5.27	7.81
海东市	1 502.81	281.73	18.75	820.01	54.56	371.81	24.74	29.26	1.95
海北州	270.55	145.90	53.93	97.82	36.15	25.09	9.27	1.74	0.64
黄南州	72.73	56.16	77.23	14.92	20.52	1.52	2.06	0.13	0.18
海南州	251.89	189.61	75.27	53.35	21.18	8.93	3.55	0.00	0.00
玉树州	67.98	47.53	69.91	18.57	27.32	1.88	2.77	0.00	0.00
合计	2 233.40	731.04	32.73	1 048.23	46.93	417.73	18.70	36.40	1.63

表 6-3　青海省水土保持区坡耕地坡度分布情况

青海省水土保持生态建设区	坡耕地面积（km²）	2°~6°		6°~15°		15°~25°		>25°	
		面积（km²）	比例（%）	面积（km²）	比例（%）	面积（km²）	比例（%）	面积（km²）	比例（%）
湟水中高山河谷水蚀蓄水保土区	1 301.49	309.66	23.79	658.75	50.62	302.32	23.23	30.76	2.36
黄河中山河谷水蚀土壤保持区	661.86	211.29	31.92	335.78	50.73	109.77	16.58	5.02	0.76
祁连高山宽谷水蚀水源涵养保土区	15.02	6.61	44.03	6.68	44.49	1.12	7.45	0.61	4.03
青海湖盆地水蚀生态维护保土区	25.32	17.80	70.31	6.95	27.43	0.56	2.21	0.01	0.06
共和盆地风蚀水蚀防风固沙保土区	38.22	34.59	90.51	3.44	8.99	0.19	0.50	0.00	0.00
兴海—河南中山河谷水蚀水源蓄水保土区	123.51	103.56	83.84	18.06	14.62	1.89	1.53	0.00	0.00
长江—澜沧江源高山河谷水蚀风蚀水源涵养区	67.98	47.53	69.91	18.57	39.08	1.88	10.14	0.00	0.00
合计	2 233.40	731.04	32.73	1 048.23	46.93	417.73	18.70	36.40	1.63

6.3.1.2　坡耕地水土流失危害和治理需求

1.坡耕地水土流失危害

坡耕地既是山丘区群众赖以生存的基本生产用地,也是水土流失的重点策源地之一。长期以来,坡耕地生产方式粗放,广种薄收、陡坡开荒、破坏植被问题相当严重,造成严重的水土流失。坡耕地严重的水土流失使有限的耕地资源遭受严重的破坏,导致耕地面积减少,土层变薄,肥力和保墒能力下降,土地质量下降,粮食产量低而不稳,影响粮食自给自足和生态环境良性循环。根据互助县西山水土保持试验站多年的径流资料,坡度为5°、10°、15°、20°、25°的坡耕地年侵蚀模数分别为 1 524 t/(km²·a)、3 971 t/(km²·a)、4 962 t/(km²·a)、6 457 t/(km²·a)和 8 749 t/(km²·a),表土(20 cm厚)被全部冲走的时间依次为 128 年、48 年、35 年、20 年和 18 年,不少地方经侵蚀后已寸草不生;同时,坡耕地严重的水土流失使大量泥沙淤积在渠道、坝库等水利设施及下游河道,不仅降低水利设施的调蓄功能和天然河道的泄洪能力,加剧洪涝灾害的发生,而且坡耕地水土流失将大量的氮磷钾元素、化肥、农药、有机质等带入河库,加剧水质污染,对工农业生产用水及生活用水构成威胁。

2.坡耕地治理需求

坡耕地是水土流失的主要策源地,大量的水土流失使耕地面积逐年减少,保土保肥能力由强变弱,宜农耕性越来越差。目前青海省山区农业生产利用坡耕地耕种、山区群众广种薄收的现实状况依然存在,严重影响着山区群众的基本生活和社会经济发展。通过坡耕地治理,能明显提高土壤含水量和土层储水量,提高保水效果;明显降低地表径流量,改善土壤入渗性能,增强土壤抗蚀性;可以有效地改善水、环境质量,提高土壤抗旱能力以及增加土壤肥力。所以,坡耕地治理是提高农业综合生产能力、防治水土流失、改善生产生活条件的重要措施。因地制宜开展坡耕地治理,对改善山丘区农业生产条件和生态环境、减少水土流失、提高粮食产量、促进农业产业结构调整和农民增收等具有重要意义。

1)坡耕地治理是水土保持的关键措施

青海是一个水土流失严重、生态环境脆弱的省份。坡耕地既是群众赖以生存的基本生产用地,也是水土流失的主要策源地之一,坡耕地水土流失产生的泥沙,淤积在江河湖库,降低水利设施调蓄功能和天然河道泄洪能力,影响水利设施效益的发挥,加剧了洪涝灾害,因此开展坡耕地改造,是治理水土流失、减少入黄泥沙、减轻洪涝灾害、改善生态环境的关键措施。

2)坡耕地治理是保障青海省粮食安全的重要手段

耕地是群众赖以生存和发展的基础资源。坡耕地年复一年的水土流失,使有限的耕地资源遭受严重的破坏,致使耕地面积减少,质量下降,粮食产量低而不稳。而且伴随城镇化进程加快,交通、能源等基建用地扩张,基本农田占多增少、占优补差现象普遍存在,人增地减矛盾仍在加剧。据调查,实施坡耕地改造后可使粮食作物每公顷年均增产约750~1 500 kg。因此,大力实施坡改梯工程成为增加青海省基本农田总量,保障粮食生产的重要手段。

3)坡耕地治理是巩固退耕还林(草)成果的重要举措

实践证明,巩固退耕还林(草)成果的关键是当地群众要有长期稳定的基本生活保障。多数地区的生态问题与坡耕地的大量存在密切相关,坡耕地改造是大面积生态建设的基础。只有对坡耕地实施改造,合理利用土地,保障粮食问题,才能为造林种草、生态修复创造条件。跑水、跑土、跑肥的坡耕地经改造成保水、保土、保肥的稳产高产基本农田后,使农民由过去的广种薄收改为少种高产多收,促进了农村产业结构调整,为发展经济创造了条件,减少了毁林种粮的可能性,为大面积植被恢复创造条件,成为巩固退耕还林(草)成果的重要举措。

4)坡耕地治理是新农村建设的重要基础

大量坡耕地的存在,不仅影响粮食产量乃至粮食安全,也不利于土地合理利用、农村机具的推广和新技术的应用,影响农村产业结构调整、人居环境的改善和城乡协调发展,成为制约农村经济社会发展的"瓶颈"。实施坡耕地改造,不仅改善了农业生产条件,提高了耕地的综合生产能力,而且为发展特色产业、农业现代化创造条件,增加了群众收入,同时推动了农业机械化进程,有利于解放生产力、促进社会进步,是新农村建设的重要基础工程,也是改善民生的重要工程。

5）坡耕地治理是促进青海省东部生态屏障建设的需要

青海省坡耕地多位于东部黄土高原区，该区林草覆盖度低、生态环境脆弱，是水土流失的重要来源地。严重的水土流失，破坏、吞噬着水土资源，造成生态环境日益恶化。通过坡耕地改造，提高土壤保土保肥能力，同时在坡度较大的区域进行退耕还林（草），对遏制东部水土流失、增加林草覆盖度、促进青海省东部生态屏障建设十分必要。

6）坡耕地治理是实现青海省"三区"战略和"两新"目标的重要途径

青海省第十二次党代会提出青海省实施国家循环经济建设示范区、生态文明先行区和民族团结进步示范区建设的"三区"战略，以及建设新青海和创造新生活的"两新"目标，坡耕地治理旨在改善山丘区生态环境，控制水土流失，提高群众生产生活水平，促进民族地区团结进步、发展稳定，是实现青海省"三区"战略和"两新"目标的重要途径。

6.3.1.3　坡耕地治理总体思路

有计划、有步骤地推进青海省坡耕地治理，进一步夯实青海基本农田资源基础，优先在坡耕地比例高、有灌溉水源、群众积极性高、易于实施的区域开展建设，以点带面、规模推进。以坡改梯为重点，田间道路等措施相配套，与水利工程（在建云谷川水库灌区、盘道水库灌区、引大济湟湟水西干渠、北干渠）紧密配合，山、水、田、林、路统一规划，集中连片，规模建设，综合治理。把坡耕地治理与农业地区群众脱贫致富、促进各民族共同团结进步、农村产业结构调整、地方特色农业发展、新农村建设结合起来，以梯田为载体，大力发展地方特色农业，为青海农业增产、农民增收和农村经济发展寻求新的经济增长板块。

6.3.1.4　坡耕地治理原则

1.坚持以人为本、服务民生的原则

从改善农业生产条件和提高农民群众生活水平的实际出发，把坡耕地治理作为改善民生促进发展的根本出发点和落脚点，按照国家发展改革委员会和水利部提出的中心工作要求，贯彻水利部树立"民生水保"的精神理念，把治理水土流失与改善生产生活条件、促进群众脱贫致富相结合，确保群众粮食自给自足，切实增加群众收入。

2.坚持集中连片、因地制宜的原则

坚持一山、一坡、一弯集中连片治理，长不限、宽适宜，按地形、坡度，小弯取直、大弯就势，坚持先缓后陡、由近及远、先易后难，因地制宜，形成规模，整体推进。

3.坚持科学规划、综合治理的原则

针对不同的地面坡度、土壤条件、气候条件、成土母质等因素，对坡耕地进行统一规划，合理确定坡改梯规模；坚持山、水、田、林、路统一规划，综合治理，以梯田建设为重点，田间道路等措施相配套。

4.坚持项目整合、资源共享的原则

由政府统一协调，水利部门牵头，相关部门密切协作，把坡耕地治理规划与国土、林业、农业等部门及土地整治、退耕还林（草）、高标准基本农田建设、扶贫开发、旱作农业技术推广、新农村建设、基础设施建设等相关项目衔接，实现资源共享，发挥整体效应。

6.3.1.5　任务、规模和近期建设内容

根据青海省坡耕地现状以及存在的问题，结合分区调研、坡耕地治理需求和原则，充分考虑整体和局部、开发和保护、近期和远期的关系，从战略和全局的高度，综合分析确定

出坡耕地治理近远期预期规模:到 2020 年,累计综合治理坡耕地 22 331 hm^2,到 2030 年,累计综合治理坡耕地 26 797 hm^2,详见表 6-4。

坡耕地治理最主要的任务是进行梯田改造,即采取工程技术措施,把坡耕地改造为梯田、梯地,其目的是变"跑水、跑肥、跑土"的"三跑田"为"保水、保肥、保土"的"三保田",实现坡耕地的持续利用和生态恢复。通过坡耕地治理,使坡耕地水土流失得到遏制,生态环境得到改善,基本农田总量得到增加,农业生产机械使用率得到提高,农村经济得到发展,加速山区群众脱贫致富奔小康,推动社会主义新农村建设。

按照治理的迫切性、先易后难和投资的可能性,经综合分析研究提出近期重点工程及预期规模,共涉及 5 个青海省水土保持区划、12 个县级行政区,见表 6-4 和表 6-5。工程建设内容主要包括坡改梯、田间道路和渠系配套工程。

表 6-4 坡耕地水土流失综合治理范围及预期规模(按水土保持分区统计)　　(单位:hm^2)

青海省水土保持区划	涉及行政区	远期治理规模 (至 2030 年)	近期治理规模 (至 2020 年)
湟水中高山河谷水蚀蓄水保土区	大通县、湟中县、湟源县、平安县、民和县、互助县	21 300	17 750
黄河中山河谷水蚀土壤保持区	循化县、同仁县、尖扎县	3 673	3 061
祁连高山宽谷水蚀水源涵养保土区	祁连县	840	700
青海湖盆地水蚀生态维护保土区	海晏县	372	310
兴海—河南中山河谷水蚀蓄水保土区	同德县	612	510
合计		26 797	22 331

表 6-5 坡耕地水土流失综合治理近期重点工程及预期规模　　(单位:hm^2)

行政区		实施项目/流域	治理规模
西宁市	大通县	大通县口粮田建设项目	1 895
		大通县坡耕地建设	5 040
		小计	6 935
	湟中县	田家寨土门关项目区专项建设工程	2 000
		李家山海子沟项目区专项建设工程	611
		小计	2 611
	湟源县	湟源县坡改梯工程	1 512
		小计	1 512

续表 6-5

行政区		实施项目/流域	治理规模
海东市	平安县	平安县坡改梯水土流失工程	833
		小计	833
	民和县	民和县坡耕地水土综合整治(转导片)	786
		民和县坡耕地水土综合整治工程(马营片)	560
		小计	1 346
	互助县	东山乡坡耕地水土流失综合治理工程	945
		东沟乡沟脑村坡耕地水土流失综合治理工程	333
		五十镇坡耕地水土流失综合治理工程	667
		林川乡坡耕地水土流失综合治理工程	200
		东沟乡口子村片坡耕水土流失综合治理工程	367
		西山乡坡耕地水土流失综合治理工程	667
		五峰镇坡耕地水土流失综合治理工程	667
	循化县	蔡家堡乡坡耕地水土流失综合治理工程	667
		小计	4 513
		起台沟流域坡耕地水土流失综合治理	595
		小计	595
海北州	祁连县	县城周边小流域坡耕地综合整治项目	700
		小计	700
	海晏县	海晏县金滩乡坡耕地综合整治工程	310
		小计	310
黄南州	同仁县	坡耕地水土流失综合治理工程	1 666
		小计	1 666
	尖扎县	坡耕地水土综合治理工程	800
		小计	800
海南州	同德县	牧羊沟流域坡耕地水土流失综合治理	510
		小计	510
合计			22 331

6.3.2　侵蚀沟综合治理

6.3.2.1　分布范围及基本情况

根据第一次全国水利普查青海省水土保持情况普查成果,共普查青海省侵蚀沟道

6.47万条(侵蚀沟道情况详见表6-6),其中湟水中高山河谷水蚀蓄水保土区各县2.94万条,黄河中山河谷水蚀土壤保持区各县1.83万条,祁连高山宽谷水蚀水源涵养保土区祁连县0.78万条,共和盆地风蚀水蚀防风固沙保土区共和县0.92万条。青海省侵蚀沟道分布共涉及青海省5地市(州),其中海东市、海南藏族自治州、西宁市侵蚀沟道数量位居前三,占侵蚀沟道总数量的68.95%。

表6-6　侵蚀沟道分布情况

青海省水土保持区	州(市)	县(区)	数量(条)	长度(km)	面积(hm²)	沟道密度(km/km²)	占区域比例(%)	占侵蚀沟道总数比例(%)
湟水中高山河谷水蚀蓄水保土区	海东市	平安县	1 088	1 049.728	44 589	1.4	3.69	1.68
		民和县	2 882	2 487.782	100 744	1.398	9.79	4.45
		互助县	3 958	3 926.726	192 387	1.182	13.44	6.11
		乐都区	3 694	3 306.417	139 489	1.084	12.54	5.71
	海北州	门源县	5 212	5 325.541	340 103	0.772	17.7	8.05
	西宁市	湟中县	3 278	3 125.093	134 751	1.157	11.13	5.06
		湟源县	1 768	1 742.106	82 015	1.154	6	2.73
		大通县	3 297	3 391.583	172 137	1.098	11.2	5.09
		西宁市郊区	412	349.015	11 338	0.98	1.4	0.64
	海南州	贵德县	3 858	4 091.721	165 978	1.168	13.1	5.96
	区域小计		29 447				100	45.48
黄河中山河谷水蚀土壤保持区	海东市	化隆县	3 664	3 421.105	140 595	1.956	20.03	5.66
		循化县	2 819	2 314.61	94 064	0.845	15.41	4.35
	黄南州	同仁县	5 219	4 422.52	181 562	0.609	28.54	8.06
		尖扎县	1 904	1 990.908	88 425	0.916	10.41	2.94
	海南州	贵南县	4 682	4 484.472	173 767	0.674	25.6	7.23
	区域小计		18 288				100	28.25
祁连高山宽谷水蚀水源涵养保土区	海北州	祁连县	7 770	9 174.754	573 863	0.625	100	12
	区域小计		7 770					12
共和盆地风蚀水蚀防风固沙保土区	海南州	共和县	9 241	8 272.443	361 201	0.481	100	14.27
	区域小计		9 241					14.27
合计			64 746					100

青海省沟壑密度分布图如图 6-1 所示。

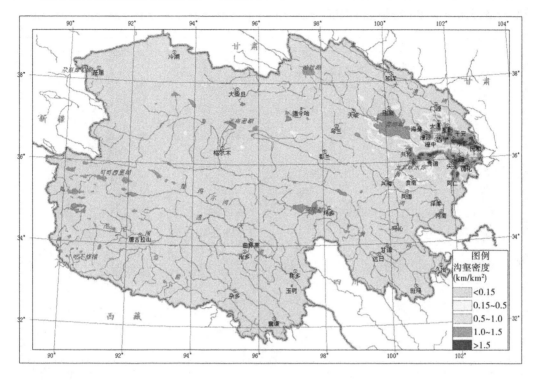

图 6-1 青海省沟壑密度分布图

6.3.2.2 侵蚀沟道水土流失成因

侵蚀沟道的水土流失成因包括自然因素和人为因素两个方面。

1.自然因素

（1）地貌类型复杂。沟道发育作为一种水土流失现象,往往受到大地构造或者地质构造运动控制。印度洋板块与欧亚板块相对运动挤压,致使青藏高原至今仍然在整体抬升,在整体上升的大地构造单元内部,地貌一般表现为起伏和缓,形成海拔高的平原和盆地;而在上升构造单元的边缘,往往形成大的落差,即构造运动抬升了侵蚀基准面,给流水侵蚀提供了较大势能,在这些边缘地带往往是沟道发育非常活跃的地区,地貌上表现为沟谷深切、山高谷深、地形起伏度较大。在这些地带,如果沟谷下切到坚硬的岩石,尽管沟谷纵比降大,但侵蚀产沙量并不大,而且沟壑密度也不大。如果在相对较为软弱的黄土地区,情况则不同,沟道侵蚀表现十分强烈,不仅会大量产沙,而且形成千沟万壑和支离破碎的地貌形态,沟壑密度大。如青藏高原向黄土高原和柴达木盆地的过渡地带,以及东部黄土高原区和东南部边缘地区。这些地区往往是侵蚀沟道发育最强烈的区域,土壤侵蚀最为强烈,也是地质灾害最容易发生地区(图 6-2)。

（2）生态环境脆弱。青海省的气候以高寒干旱为总特征,是典型的大陆性高原气候。太阳辐射强、光照充足,年日照时数在 2 500 h 以上,平均气温低,境内年平均气温在−5.6~8.5 ℃之间,降水量少,地域差异大,境内绝大部分地区年降水量在 400 mm 以下,雨热同期,大部分地区 5 月中旬以后进入雨季,至 9 月中旬前后雨季结束。特殊的气候条件,造

成青海省的生态环境脆弱,地带性植被稀疏,涵养水分能力差,易形成地表径流,径流冲刷
地表,造成水土流失,形成侵蚀沟道。

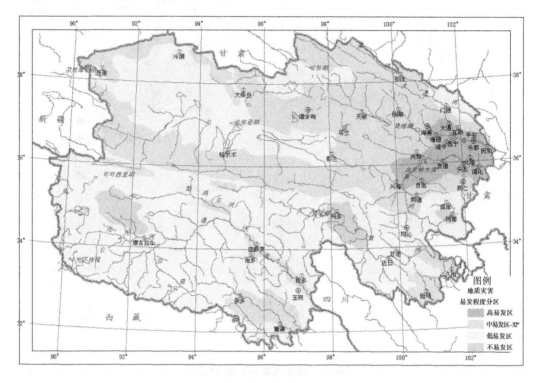

图 6-2　青海省地质灾害易发程度分区图

(3)青海省土壤发育年轻,以自然土壤为主,土层较薄,土壤质地多为沙壤土,表层有
机质含量低(在 1%左右)。青海省东部黄土高原区地貌形态和地表物质多为第四纪后期
形成的黄土,土壤属黄土和黄土状沉积物的碳酸盐风化壳,其结构松散,垂直节理发育,富
含碳酸钙,颗粒较粗,抗蚀性差,易发生水土流失。

2.人为因素

(1)由于过度开垦陡坡种植、过度放牧等原因,破坏原生植被,土壤和植被蓄水保土
的能力下降,使降雨形成的地表径流汇集速度加快,挟沙和冲刷能力增强,导致沟壑的形
成,沟壑的形成为泥沙的输送提供了通道,改变了沟道中的水沙输移特性,从而加剧了水
土流失。

(2)部分生产建设项目施工时,水土保持防护措施不到位,无系统的拦、蓄、排措施,
造成土壤严重冲刷,导致新的侵蚀沟道形成。

6.3.2.3　侵蚀沟道的危害

1.恶化生态环境,制约经济社会可持续发展

侵蚀沟道沟深、沟道比降大,受水力和重力外营力的相互影响,侵蚀剧烈。剧烈的土
壤侵蚀使崾边线和沟坡线不断向上延伸,地形变得又深又陡,土壤侵蚀方式由面蚀向沟
蚀、重力侵蚀发展,加剧了水土流失,造成地表沟壑纵横、地形支离破碎,使得区域交通道
路条件差、地表径流的涵养能力缺乏、人畜饮水困难。同时,严重的水土流失,使本就脆弱

的生态环境越发恶化,造成土壤贫瘠,土地生产力下降,农业生产水平低下,严重影响了土地资源的开发利用和群众生产生活,制约了经济社会的可持续发展。

2.泥沙淤塞河道和水库,并对下游地区造成危害

侵蚀沟道的水土流失是致使坝库、渠道泥沙严重淤积,调蓄库容减少,使用年限减少,工程效益降低的重要原因之一。全省每年因泥沙淤积损失库容 200 万~300 万 m³,大量泥沙淤积在下游河道,抬高河床,降低防洪能力,危害下游两岸广大地区。青海省侵蚀沟道分布最广的区域位于东部的黄河干流和黄河一级支流湟水河流域。黄河流域年均输沙量 3 489 万 t,黄河干流在青海境内的平均含沙量为 1.62 kg/m³,每年流入龙羊峡水库的泥沙总量达 1 268 万 t;黄河的一级支流湟水河的含沙量高达 10.2 kg/m³,年均输沙量 1 644万 t。

3.诱发自然灾害,加剧生态恶化

侵蚀沟道集中区域由于沟壑纵横的特殊地形地貌,水土流失严重,导致土壤退化加剧,区域水源涵养功能下降。而且侵蚀沟道发育地区降雨多集中在 6~9 月,降雨历时短、强度大,加上地带性植被稀疏,农业开发程度高,成为泥沙的主要来源地,极易诱发洪涝、崩塌、滑坡等自然灾害,加剧生态环境的失调和进一步恶化。

6.3.2.4　侵蚀沟道治理需求

根据青海省侵蚀沟道分布现状,海东市、海南州、西宁市侵蚀沟道数量最多,占侵蚀沟道总数量的 68.95%,而这些区域又恰恰是青海省人口相对密集、社会经济相对发达的区域,严重的水土流失,给全省经济社会发展带来了极大的危害。

侵蚀沟道治理是水土保持生态建设的重要治理工程,实施沟道综合治理,可以控制水土流失、拦蓄十分有限的雨洪资源,缓解青海省蓄水、饮水、灌溉工程的不足,为农民脱贫致富打下基础,促进退耕还林还草和封禁保护并巩固其成果,加快生态自我修复,实现生态环境的良性循环,改善生产生活条件,为实施青海省西部大开发战略创造良好的环境。长江、黄河、澜沧江和黑河源头均位于青海省,治理侵蚀沟道可抬高沟道侵蚀基准面,稳定沟床,有效遏制沟底下切和沟岸扩张,减轻沟道侵蚀,控制水土流失,有效减少向下游输送泥沙,对解决下游河道的淤积,实现黄河等重要河流的长治久安起到非常重要的作用,进一步突出青海省在全国生态文明建设中的战略地位。

侵蚀沟道是水力侵蚀的产物,沟道侵蚀的发生往往引发泥石流、滑坡、崩塌等自然灾害,其造成的水土流失较其他侵蚀类型更为严重。侵蚀沟道治理需要实施大量的工程措施并配合一定植物措施进行综合治理,势必需要较高的单位面积投资。第一次全国水利普查数据显示,青海省共有侵蚀沟道 6.47 万条,面积约 3 万 km²,青海省目前尚未开展侵蚀沟道专项治理,多是以小流域为单元进行综合治理,其中包含了侵蚀沟道的治理。根据现状小流域综合治理模式,单位面积投入资金有限,截至 2011 年,青海省共实施淤地坝665 座,小型蓄水保土工程 83 889 座,沟岸防护线性工程 77.1 km,相当于每百平方千米侵蚀沟道仅建设 2.2 座淤地坝,每平方千米侵蚀沟道建设小型蓄水保土工程 2.80 座。淤地坝、谷坊等沟道工程措施配置比例较低,侵蚀沟道无法得到根本的治理,故开展侵蚀沟道专项治理非常必要。

总之,侵蚀沟沟头多分布在梁峁坡边线,沟壑密度大,地面切割严重,蚕食梁峁坡,侵

蚀沟边岸坍塌、沟底下切造成严重水土流失。在强降水条件下,极易造成淤埋农田和村庄。加大侵蚀沟的综合治理,不仅能够控制水土流失,而且对于防止土地损毁、减少入河泥沙、保护农田及村庄安全具有重要意义,同时通过有效的综合整治,能够提高土地利用率,改善生态。

6.3.2.5 侵蚀沟道治理总体思路

青海省侵蚀沟道众多,多分布于东部湟水中高山河谷水蚀蓄水保土区和黄河中山河谷水蚀土壤保持区,湟水中高山河谷水蚀蓄水保土区侵蚀沟道数量占全省的45.48%,黄河中山河谷水蚀土壤保持区侵蚀沟道数量占全省的28.25%。本规划选取沟壑集中、侵蚀量大、对群众生产生活有较大影响、影响防洪安全、存在防洪隐患的侵蚀沟进行专项治理,其他侵蚀沟道结合重点区域小流域综合治理工程和预防区中重点治理区域等重点防治工程进行治理。

6.3.2.6 侵蚀沟道治理选择原则和指标

1.选择原则

(1)全国水土保持规划已重点安排的县(见表6-7);

(2)当地政府重视、治理积极性高、治理能力强、以发展型为主的县;

(3)以县为单位,以完整小流域为单元,从支沟到主沟,从上游到下游全面考虑,有一定治理基础的流域优先考虑,并考虑集中连片;

(4)选择沟壑密度高、水土流失严重,实施沟壑治理要求迫切的区域;

(5)城镇周边存在防洪隐患的沟道优先治理。

表6-7 全国水土保持规划重点安排的治理范围表

级别	国家水土保持三级区	青海省水土保持区	行政区
国家	青东甘南丘陵沟壑蓄水保土区	湟水中高山河谷水蚀蓄水保土区	西宁市四区
			大通县
			湟中县
			湟源县
			平安县
			民和县
			乐都区
			互助县
			门源县
		黄河中山河谷水蚀土壤保持区	化隆县
			循化县
			同仁县
			尖扎县
			贵德县
	祁连山山地水源涵养保土区	祁连高山宽谷水蚀水源涵养保土区	祁连县
	青海湖高原山地生态维护保土区	共和盆地风蚀水蚀防风固沙保土区	共和县

2.选择指标

侵蚀沟道范围确定参考的指标包括侵蚀沟道分布现状、青海省气候条件、植被条件、社会经济条件、水土流失现状、土地利用结构等。侵蚀沟道治理范围主要根据青海省水土流失分布从水力侵蚀区域选择。青东甘南丘陵沟壑蓄水保土区和祁连山山地水源涵养保土区选择沟道长度(主沟长度)≥500 m、汇水面积<50 km² 的侵蚀沟道；青海湖高原山地生态维护保土区和三江黄河源山地生态维护水源涵养区选择侵蚀沟数量≥100 条、沟壑密度≥0.2 km/km²、以发展型为主的县。

6.3.2.7　侵蚀沟道治理选择方法

按照侵蚀沟道选择原则，根据治理的迫切性、先易后难和投资的可能性，充分利用基础数据和基础图谱，定性分析与定量分析相结合，确定侵蚀沟治理预期规模和近期重点工程。

1.定量分析

1)沟道分级

利用地形 DEM 数据，在 GIS 软件的支持下，自动生成青海省河网水系(即沟道网络图)，设置只显示汇水面积大于 0.5 km² 的沟道，并按照 Strahler 方法对沟道进行分级，一级沟道长度起算点为汇水面积大于 0.5 km²。沟道分级结果(局部)详见表 6-8。沟道分级示意图见图 6-3。

表 6-8　侵蚀沟道治理涉及各县沟道分级统计表(局部)

县区	各级沟道的长度(km)							合计	各级沟道的(分段)数量							合计
	1	2	3	4	5	6	7		1	2	3	4	5	6	7	
大通县	1 592.0	768.4	370.7	115.3	104.8	40.1	0.0	2 991.3	1 451	668	400	166	140	60	0	2 885
贵德县	2 047.3	956.1	368.8	199.7	154.1	47.9	23.2	3 797.1	1 799	819	374	276	230	75	42	3 615
互助县	1 783.9	800.7	315.9	195.2	56.6	48.5	9.6	3 210.3	1 670	754	364	280	83	86	24	3 261
化隆县	1 373.7	618.4	275.8	160.2	32.8	3.1	3.4	2 467.4	1 332	586	352	243	48	8	7	2 576
湟源县	820.8	391.8	155.4	76.5	41.6	15.5	0.0	1501.6	715	319	165	116	61	24	0	1 400
湟中县	1 302.6	600.8	301.9	174.3	87.1	22.5	0.0	2 489.2	1 227	542	298	190	116	34	0	2 407
尖扎县	869.9	356.2	161.4	82.2	18.5	16.5	20.3	1 525.0	759	345	171	111	53	27	28	1 494
乐都县	1 250.9	587.6	305.0	180.1	23.4	0.0	56.5	2 403.5	1 159	477	323	219	34	0	95	2 307
门源县	3 015.7	1 456.4	727.6	316.1	127.4	160.4	0.0	5 803.6	4 641	1 386	798	427	156	245	0	7 653
民和县	881.6	338.2	218.7	72.2	20.1	4.3	42.8	1 577.8	832	334	247	108	36	5	69	1 631
平安县	407.0	157.2	79.4	40.3	33.9	0.0	18.7	736.5	399	109	109	51	60	0	42	770
同仁县	1 689.9	765.2	336.1	176.2	79.7	48.5	0.0	3 095.5	1 577	696	390	239	137	86	0	3 125
西宁市四区	191.0	90.2	17.2	20.5	8.2	29.0	18.0	374.0	180	80	24	15	10	47	35	391
循化县	745.5	331.5	182.0	73.2	1.3	2.4	0.0	1 336.0	741	328	214	108	3	7	0	1 401
祁连县	6 922.9	3 515.4	1 515.2	667.3	251.5	306.3	24.9	13 203.5	6 305	3 145	1 599	885	391	573	40	12 938
共和县	6 768.4	3 152.2	1 566.7	581.3	232.3	22.0	0.0	12 322.9	5 467	2 555	1 440	581	314	33	0	10 390
贵南县	4 283	1 818	945.1	377.4	206.5	85.4	9.4	7 724.7	3 548	1 578	868	447	306	145	18	6 910

注:1.沟道分级方法采用 Strahler 分级法；

　　2.一级沟道长度起算点为汇水面积大于 0.5 km²。

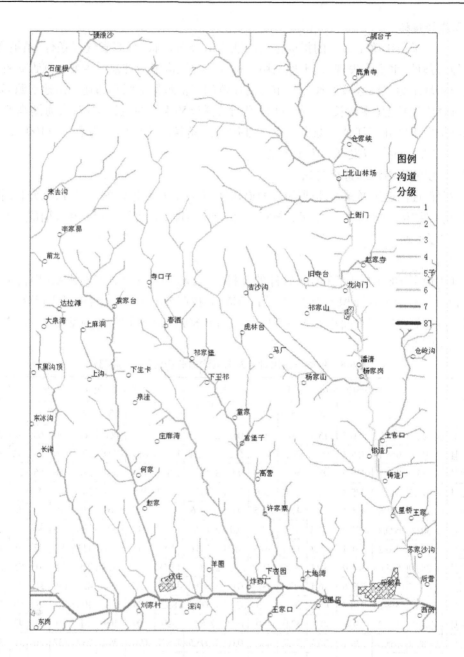

图 6-3 侵蚀沟道分级图（局部）

2）沟道的纵比降

沟道的纵比降是在一定地质条件下流水长期作用的结果，反映流水侵蚀的现实情况，比如，正在发生侵蚀或者下切的沟道，一般有比较大的比降，侵蚀较轻或者微弱的沟道，一般比降较小。同时，沟道比降也是规划治理措施的重要依据。

利用地形 DEM 数据，在 GIS 软件的支持下，自动生成河网水系，并生成沟道比降，侵蚀沟道治理范围内各级沟道比降情况统计见表 6-9。沟道比降示意图见图 6-4。

表 6-9　侵蚀沟道治理范围内各级沟道的平均比降统计表(局部)

县区	各级沟道的平均比降(%)						
	1	2	3	4	5	6	7
大通县	11.823	7.542	4.172	2.239	1.267	0.570	
贵德县	11.479	7.920	5.642	4.357	2.305	0.997	0.086
互助县	12.371	7.649	4.973	2.488	2.063	0.861	0.210
化隆县	12.678	8.380	5.216	3.032	2.300	0.001	0.000
湟源县	11.552	7.880	5.006	2.587	1.490	1.360	
湟中县	9.582	5.638	3.541	2.454	1.566	0.687	
尖扎县	13.424	10.341	6.518	4.037	1.974	0.744	0.163
乐都县	11.478	7.265	4.900	3.380	2.185	0.608	
门源县	14.758	9.502	4.891	3.187	2.091	0.641	
民和县	10.480	6.382	3.553	1.993	1.669	0.918	
平安县	10.741	6.168	4.180	3.199	1.953	0.502	
同仁县	12.398	7.794	4.952	4.057	2.195	1.411	
西宁市	5.468	2.677	1.836	1.380	1.067	0.567	0.000
循化县	17.551	11.667	7.265	4.271	0.001	0.001	
祁连县	10.530	6.253	3.892	2.206	1.156	0.755	0.001
共和县	5.815	4.281	2.672	1.766	1.163	0.462	
贵南县	5.829	4.053	2.669	3.021	1.569	0.997	2.007

　　为防止沟道下切侵蚀,布设的工程措施有谷坊、淤地坝等。淤地坝不仅可以拦截上游侵蚀产生的泥沙,而且通过淤积的泥沙抬高侵蚀基准面,可防止主沟两侧侧向侵蚀和支沟的下切侵蚀,但淤地坝需要沟道比降适中,比降过大,库容就小,修建淤地坝则不经济。据韩惠霞等研究,当沟道比降接近 9.55% 时,将不再适宜建设淤地坝。比降过小的沟道,侵蚀作用较为微弱,甚至不再发生侵蚀,而转为堆积沟道,修建淤地坝也是不合适的。

　　谷坊和拦砂坝是防止沟道侵蚀下切的有效措施,同样需要满足一定的沟道比降条件,沟道比降过小,其发挥作用不明显,按照《水土保持综合治理 技术规范 沟壑治理技术》(GB/T 16453.3—2008),谷坊应修建在沟底比降 5%~10% 或者更大比降的沟道中。考虑到沟道比降过大,会影响工程的稳定性,同时工程施工困难,因此设定谷坊布设的沟道比降上限为 50%(27°)。

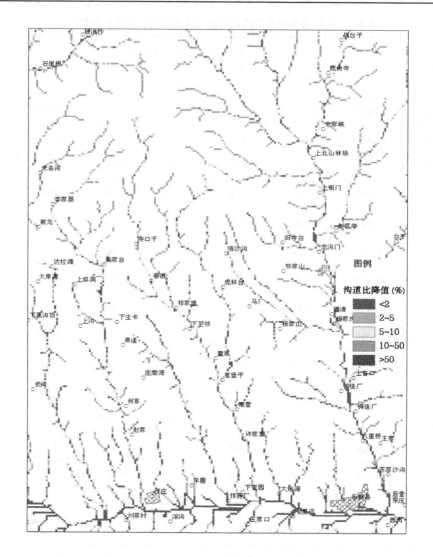

图 6-4　侵蚀沟道比降图(局部)

2.定性分析

在定量数据的基础上,依据侵蚀沟道选择原则,治理的迫切性、先易后难和投资的可能性,预期成效,结合青海省侵蚀沟道现状分布情况,侵蚀沟道分布区域气候条件、植被条件、社会经济条件、土壤侵蚀现状,土地利用结构、措施适宜性等因素,进行单一因子分析和多种因子叠加加权分析。

6.3.2.8　措施体系与配置

侵蚀沟道治理措施体系与配置以全省水土保持规划措施体系和配置为基础,以青海省水土保持区和水土流失重点防治区划分成果为依据,在治理范围确定的基础上,根据各区域水土保持功能定位、水土流失情况和区域经济社会发展需求等,结合全省水土保持典型调研的结论,确定沟壑治理的措施体系和配置。

1.措施体系

沟壑治理措施体系包括工程措施和林草措施。工程措施包括淤地坝、谷坊、拦砂坝、沟头防护、护岸、排水等工程;林草措施主要为营造水土保持林(包括乔木林和灌木林)以及种草。

2.措施配置

以青海省水土保持生态建设区和水土流失重点防治区划分成果为依据,在治理范围确定的基础上,根据各分区水土保持功能定位以及不同类型侵蚀沟道水土流失特点,因地制宜进行措施配置。

沟道的横剖面形态反映沟道发育所处的阶段以及沟道侵蚀堆积情况,沟道的横剖面呈"V"字形,表明该沟道正处于下切侵蚀发育阶段,谷底向下侵蚀加深主导侧向侵蚀;沟道的横剖面呈"U"字形,表明沟道下切侵蚀基本停止,沟道侵蚀以两岸侧向侵蚀为主,或者沟道侵蚀转为沟道堆积。沟道分类特征详见表 6-10。

表 6-10　沟道分类特征表

沟道类型		纵比降	横剖面	适宜工程治理措施
侵蚀沟道	下切侵蚀沟道	>5%	呈"V"字形,无沟底,或者底宽很窄。常见沟道下切形成的陡坎	谷坊、拦砂坝或者小型淤地坝,适当配置沟头防护措施
	侧向侵蚀沟道	3%~5%	呈"U"字形,有明显的沟底,但底宽较窄,沟底堆积很少。偶见纵向陡坎	大、中型淤地坝或者拦砂坝,适当配置排水工程或护岸工程
平衡沟道		2%~3%	呈"U"字形,底宽较宽,在 100 m 以上,沟底有少量堆积	排水工程或护岸工程
堆积沟道		<2%	呈"U"字形,底宽较宽,在 1 000 m 以上,有明显河流冲积平原或阶地,且有厚堆积层(肥沃的良田)	沟口防洪防淤

1)工程措施

工程措施布设:以水系、侵蚀沟道为单元,布设各类工程措施。淤地坝根据沟道土层条件仅在湟水中高山河谷水蚀蓄水保土区各县和黄河中山河谷水蚀土壤保持区循化县布设,其他小型工程在侵蚀沟道治理范围内各县均可布设。

骨干坝主要布设于较大沟道,集中拦蓄主沟洪水泥沙;拦砂坝、中小型淤地坝和谷坊主要布设于支毛沟,以拦泥、淤地、造田为主;沟道沟头布设沟头防护措施;护岸墙主要布设在距离城镇、村庄较近有防洪需要的沟道;沟头修建截排水工程;沟道两岸侵蚀严重的区域修建护岸工程。

2)植物措施

针对侵蚀沟道治理需要,植物措施主要是栽植沟道防护林并适当结合种草。沟道防护林是用于控制地表径流下泄、冲刷,制止沟头前进、沟壁扩张、沟床下切,防止侵蚀沟进一步发展,减少沟道输沙量的水土保持林系。它又可分为沟缘防护林、沟头防护林、沟坡防护林和沟床防冲林。

A.沟缘防护林

(1)作用。沟缘地带是坡面与沟谷的交界处,坡度由缓变陡,发生急剧转折,常形成陡坎。由坡面下泄的径流经此陡坎,常造成陷穴、跌穴、崩塌及滑坡,导致沟岸扩张,蚕食坡面。营造沟道防护林的目的是分散、吸收和滞缓径流,固定沟岸,保护农田。

(2)布设与配置。应根据集水面积、沟坡坡度、沟壁稳定程度和土地利用状况来确定。集水面积小、坡度不大、沟壁较稳定的部位,林带可在沟缘线以上 2~3 m 处配置。若集水面积大、沟岸不稳定,则林带沿沟缘稳定线以上 2~3 m 处配置。前者林带宽度为 5~10 m,后者则为 10~20 m。造林时应选择抗冲性强、固土作用大的深根性树种,尽量营造混交林,并与护沟工程(如封沟埂等)结合。

B.沟头防护林

(1)作用。侵蚀沟沟头是径流汇集入沟最集中的地段,其上部大多有一集水凹地(称为沟掌地),在沟头部位形成跌水、崩塌,冲蚀极为活跃,使沟头不断前进,沟底不断下切。营造沟头防护林可吸收、阻滞和分散径流,固定沟头,制止溯源侵蚀。

(2)布设与配置。沟掌地为沟头侵蚀最为活跃的地方,是治理的重点。防护林应与流水线垂直,沿等高线布设。林带宽度根据沟掌地的面积、径流量与侵蚀强度确定,一般宽度为 10~20 m;但沟掌地面积小、坡度大,侵蚀强烈,也可以全面造林。树种应选择根蘖性强、固土抗冲的速生树种。在营造沟头防护林时,应与沟头防护工程措施相结合,一般防护林应配置在沟头防护工程之上。

C.沟坡防护林

(1)作用。一般侵蚀沟沟坡面积较大,而且坡度也陡,重力侵蚀活跃,侵蚀类型复杂,如崩塌、滑坡、泻溜以及洞穴侵蚀等,还有不合理放牧而形成的鳞片状侵蚀,不合理开垦而促使面蚀与沟蚀的发展。沟坡侵蚀由于径流汇集来自沟缘线以上大面积坡面,且坡度越来越陡,径流量大,冲刷动能强,为流域侵蚀产沙的重要部位。沟坡营造水土保持林的目的在于缓流固坡,阻止沟壁扩展。

(2)布设与配置。一般在沟坡上沿等高线带状造林。在陡缓交错的沟坡上,防护林可布设在缓坡处。沟坡防护林宽度一般在 15~20 m。沟坡不同部位土壤水分差别较大,一般来说,沟坡上部较干燥,宜选择抗旱性强、耐瘠薄、固土作用大的树种;沟坡下部可选用速生树种。造林时应与修建水平阶、水平沟或鱼鳞坑等坡面防护工程结合。

D.沟床防冲林

(1)作用。沟床为洪水、常流水汇集之处,冲刷严重,导致沟底下切、沟床两岸侧蚀冲淘,造成沟壁崩塌、扩展。营造沟床防冲林的目的是制止沟底下切、沟壁扩张,拦淤泥沙,减少输沙量。

(2)布设与配置。应与流水线方向垂直布设。布设模式有栅状、片段和全面造林。栅状造林是与水流方向垂直,每隔 10~20 m 栽 3~10 排树(相当于 5~15 m 宽);片段造林是与水流方向垂直,每隔 30~50 m 营造 20~30 m 宽的林带。应选择耐涝、抗冲、根蘖性强的速生树种,造林时应与谷坊等工程措施结合。为减少输沙量,采用工程措施与植物措施相结合的客土留淤造林法和小土埂客土留淤造林法,效果较好。

6.3.2.9 任务、规模和近期建设内容

侵蚀沟综合治理的主要任务是遏制侵蚀沟发展,保护土地资源,减少入河泥沙。通过建设沟头防护和沟道拦沙淤地体系,保护农田和村庄安全,开发土地资源,改善生态。

采用青海省地形起伏分布图、青海省地势图、青海省沟壑密度分布图、青海省人口密度图、青海省土壤侵蚀类型与侵蚀强分布图等基础图谱,根据青海省侵蚀沟道现状分布情况、侵蚀沟道选择原则和指标,结合全国水土保持规划确定的青海省侵蚀沟道治理重点县,筛选出侵蚀沟道分布较广、密度较大,符合选取指标且以水力侵蚀为主的县,再结合全省侵蚀沟道调研结论,青海省各县气候条件、植被条件、社会经济条件、土壤侵蚀现状、土地利用结构等因素,综合考虑各县实际需求,实施的可能性、合理性及后期管护能力,采用定性分析与定量分析相结合的方法,确定侵蚀沟道治理范围、预期规模和近期重点建设内容。

经综合分析研究确定,青海省侵蚀沟综合治理范围共涉及 4 个水土保持三级区、7 个青海省水土保持区,包括 5 个州(市)的 20 个县(市、区)。涉及县级行政区总人口 451.90 万人,土地总面积 7.23 万 km^2,人口密度约 63 人/km^2。水土流失面积共 2.44 万 km^2,其中水蚀面积 2.12 万 km^2,占水土流失面积的 86.88%,风蚀面积 0.32 万 km^2,占水土流失面积的 13.12%。轻度水蚀面积 1.11 万 km^2,占水蚀面积的 52.37%;轻度风蚀面积 552 km^2,占风蚀面积的 17.27%。

侵蚀沟道治理预期规模为:到 2020 年,累计综合治理侵蚀沟 29 条,总面积 9 371 hm^2;到 2030 年,累计综合治理侵蚀沟 62 条,总面积 29 719 km^2,详见表 6-11 和表 6-12。近期重点工程建设内容主要如下:建设水土保持林(包括乔木林和灌木林),种草,排水工程,拦砂坝,谷坊,沟头防护工程,护岸工程,淤地坝(包括骨干坝、中型坝和小型坝)。

表 6-11 侵蚀沟综合治理范围及预期规模(按水土保持分区统计)

青海省水土保持区	涉及行政区	远期规模(至 2030 年)		近期规模(至 2020 年)	
		治理面积(hm²)	治理数量(条)	治理面积(hm²)	治理数量(条)
湟水中高山河谷水蚀蓄水保土区	西宁市、湟源县、民和县、乐都区、互助县	14 227	25	4 486	12
黄河中山河谷水蚀土壤保持区	化隆县、循化县、同仁县、尖扎县、贵德县	10 269	18	3 238	11
祁连高山宽谷水蚀水源涵养保土区	祁连县	469	3	148	1
共和盆地风蚀水蚀防风固沙保土区	共和县	558	3	176	1
兴海—河南中山河谷水蚀蓄水保土区	同德县、贵南县	3 314	6	1 045	2
青海湖盆地水蚀生态维护保土区	海晏县	482	4	152	1
长江-澜沧江源高山河谷水蚀风蚀水源涵养区	囊谦县	400	3	126	1
合计		29 719	62	9 371	29

表 6-12　侵蚀沟综合治理近期重点工程及预期规模

行政区		工程名称	治理面积（hm²）	治理数量（条）
西宁市	四城区	红星沟流域侵蚀沟综合治理	98	1
		小西山流域侵蚀沟综合治理	230	1
		西川北山片、南川西山片、南川东山片侵蚀沟综合治理	390	1
		小计	718	3
	大通县	大通县东峡片、北川片侵蚀沟综合治理	292	2
		小计	292	2
	湟源县	湟源县南山流域侵蚀沟综合治理	406	1
		小计	406	1
海东市	民和县	汉水沟流域侵蚀沟综合治理	860	1
		马营镇周边流域侵蚀沟综合治理	442	1
		小计	1 302	2
	乐都区	城区东部湟水河北岸侵蚀沟综合治理	736	1
		虎狼沟流域侵蚀沟综合治理	613	1
		小计	1 349	2
	互助县	威远镇周边流域侵蚀沟综合治理	311	1
		东山乡岔尔沟流域侵蚀沟综合治理	108	1
		小计	419	2
	化隆县	初麻流域侵蚀沟综合治理	923	1
		小计	923	1
	循化县	牙尕、麻尕流域侵蚀沟综合治理	7	1
		夕昌沟流域侵蚀沟综合治理	216	1
		起台沟流域侵蚀沟综合治理	165	1
		大寺古沟道治理工程	86	1
		西沟沟道治理工程	131	1
		小计	605	5
海北州	祁连县	县城周边小流域侵蚀沟综合治理	148	1
		小计	148	1
	海晏县	海晏县三角城流域侵蚀沟综合治理	152	1
		小计	152	1

续表 6-12

行政区		工程名称	治理面积（hm²）	治理数量（条）
黄南州	同仁县	年都乎曲玛沟流域南山片区侵蚀沟综合治理	429	1
		年都乎曲玛沟流域北山片区侵蚀沟综合治理	400	1
		小计	829	2
	尖扎县	洋江沟周边流域侵蚀沟综合治理	570	1
		尖扎县县城清洁小流域侵蚀沟综合治理	31	1
		小计	601	2
海南州	共和县	共和县克才流域侵蚀沟综合治理	176	1
		小计	176	1
	贵德县	东河流域侵蚀沟综合治理	280	1
		小计	280	1
	同德县	牧羊沟流域侵蚀沟综合治理	445	1
		小计	445	1
	贵南县	哈拉河流域侵蚀沟综合治理	600	1
		小计	600	1
玉树州	囊谦县	叶曲流域侵蚀沟综合治理	126	1
		小计	126	1
合计			9 371	29

6.3.3　重点区域水土流失综合治理

6.3.3.1　范围及基本情况

在遵循重点治理项目总体安排的基础上,综合治理范围的选择还遵循以下基本原则:

(1)应有利于维护青海省生态安全、粮食安全、供水安全和防洪安全,根据轻重缓急的原则选择确定,并符合以下要求:

①水土流失严重,生态环境脆弱,迫切需要治理;

②重要江河源头、饮用水水源保护和水源涵养区水土流失严重,急需治理;

③水土流失制约经济社会发展,治理效益显著。

(2)规划重点项目首先考虑国家级与省级水土流失重点治理区。

(3)优先考虑治理积极性高、治理能力强的县。

(4)治理规划将突出国家投入重点,根据水土保持区域布局,突出各分区防治方向和方略,充分考虑集中连片。

经综合分析确定,项目范围共涉及 3 个三级区、24 个县(区、市)。涉及县级行政区总人口 467.58 万人,土地总面积 23.25 万 km²。水土流失面积为 66 476 km²,其中水蚀面积 21 272 km²,占水土流失面积的 32%,风蚀面积 45 204 km²,占水土流失面积的 68%。中度及以上水蚀面积 10 466 km²,占水蚀面积的 49.20%;中度及以上风蚀面积 22 767 km²,占风蚀面积的 50.37%。以小流域和片区为单元的综合治理是水土流失防治覆盖面最大、最核心,也是最能体现水土保持综合性的一项工作。各分区自然条件、水土流失状况和特点、社会经济发展需求等差异大,存在的问题各不相同,需要突出区域治理方略,并据此确定相应任务、规模和措施。

6.3.3.2　任务、预期规模和近期建设内容

重点区域水土流失综合治理的主要任务以小流域或片区为单元,山水田林路渠村统一规划,以坡耕地治理、水土保持林(草)营造为主,沟坡兼治,生态与经济并重,着力于水土资源优化配置,提高土地生产力,发展特色产业,促进农业产业结构调整,以治理促退耕,以治理促封育,持续改善生态,保障区域经济社会可持续发展。

根据国家三级区和青海省水土保持区划调研,综合分析确定近远期规模:到 2020 年,累计治理面积 1 432.98 km²;到 2030 年,累计治理面积 4 984.83 km²,详见表 6-13 和表 6-14。

近期安排开展 78 条小流域综合治理,近期工程建设内容主要包括:实施坡改梯面积 4 066 hm²,田间道路 183.53 km,渠系配套工程 211.5 km。建设水土保持林 43 565.46 hm²(其中乔木林 14 231.38 hm²,灌木林 29 334.08 hm²),经济林 3 283.93 hm²,种草 25 268.19 hm²,排水工程 74.29 km,拦砂坝 435 座,小型蓄水工程 331 座,谷坊 1 153 座,沟头防护工程 87 处,护岸工程 297.47 km,淤地坝 44 座(其中中型坝 7 座,小型坝 37 座),封禁治理 67 114.42 hm²。

表 6-13　重点区域水土流失综合治理范围与预期规模(按水土保持分区统计)

青海省水土保持区划	远期治理规模(hm²)(至 2030 年)	近期治理规模(hm²)(至 2020 年)	
湟水中高山河谷水蚀蓄水保土区	184 118	西宁市、大通县、湟中县、湟源县、平安县、民和县、乐都区、互助县、门源县	52 703
黄河中山河谷水蚀土壤保持区	81 555	化隆县、循化县、同仁县、尖扎县、贵德县	23 503
祁连高山宽谷水蚀水源涵养保土区	10 146	祁连县	2 924
青海湖盆地水蚀生态维护保土区	24 592	海晏县、刚察县、天峻县	7 087
共和盆地风蚀水蚀防风固沙保土区	24 071	共和县、乌兰县	6 937

续表 6-13

青海省水土保持区划	远期治理规模 （hm²） （至 2030 年）	近期治理规模（hm²）（至 2020 年）	
柴达木盆地风蚀水蚀 农田防护防沙区	29 183	格尔木市、德令哈市、都兰县	8 410
茫崖—冷湖湖盆 残丘风蚀防沙区	2 006	茫崖、大柴旦	578
兴海—河南中山河谷 水蚀蓄水保土区	63 397	德县、贵南县、兴海县、河南县、泽库县	18 270
黄河源山原河谷水蚀 风蚀水源涵养区	57 442	玛多县、久治县、班玛县、甘德县、达日县、 玛沁县、称多县、曲麻莱县	16 554
长江—澜沧江源高山河 谷水蚀风蚀水源涵养区	21 972	玉树市、杂多县、治多县、囊谦县	6 332
合计	498 483		143 298

表 6-14 重点区域水土流失综合治理近期重点工程与预期规模

行政区		项目名称	治理面积（hm²）
西宁市	四城区	红星沟小流域综合治理	482
		小酉山小流域综合治理	1 213
		南川东山片小流域综合治理	1 491
		南川西山片小流域综合治理	1 024
		西川北山片小流域综合治理	1 974
		小计	6 184
	大通县	大通县塔桦、青山片、东峡片、县城周边流域	1 946
		小计	1 946
	湟中县	云谷川流域生态修复	4 467
		小南川流域生态修复	1 980
		小计	6 447
	湟源县	湟源县南山流域综合治理工程	7 104
		湟源县大石头小流域综合治理水土保持工程	1 160
		小计	8 264

续表 6-14

行政区		项目名称	治理面积（hm²）
海东市	民和县	松树沟、汉水沟、寺沟峡、西沟流域综合治理工程	4 595
		马营镇周边官亭周边流域综合治理	2 358
		小计	6 953
	互助县	威远镇周边、东沟流域水土流失综合治理项目	2 784
		东山乡岔尔沟流域水土流失综合治理工程	1 697
		小计	4 481
	平安县	白沈沟流域综合治理工程（二期）	3 340
		巴藏沟小流域	2 237
		小计	5 577
	循化县	牙尕、麻尕流域综合治理	78
		夕昌沟小流域综合治理	1 983
		起台沟流域综合治理	1 697
		小计	3 758
	化隆县	初麻、昂思多、查让小流域治理工程	6 577
		小计	6 577
	乐都区	城区东部湟水河北岸小流域综合治理工程	4 064
		虎狼沟、碱沟生态小流域综合治理工程	3 387
		小计	7 451
海北州	门源县	尕牧农碱沟小流域综合治理	2 500
		甘沟小流域综合治理	1 400
		措龙沟小流域综合治理	1 500
		小计	5 400
	海晏县	金滩乡南山小流域水土保持综合治理工程	420
		金滩乡乌兔小流域水土保持综合治理工程	380
		金滩乡道阳小流域水土保持综合治理工程	440
		金滩乡泉尔吴托小流域水土保持综合治理工程	520
		金滩乡东达沟小流域水土保持综合治理工程	500
		海晏县三角城流域综合治理工程	2 757
		小计	5 017
	刚察县	沙柳河流域水土保持治理项目	339
		吉尔孟河流域水土保持治理项目	680
		布哈河流域水土保持治理项目	511
		小计	1 530
	祁连县	县城周边小流域水土保持综合治理项目	2 924
		小计	2 924

续表 6-14

行政区		项目名称	治理面积（hm²）
黄南州	河南县	优干宁镇北山小流域综合治理工程	2 500
		柯生乡章龙沟小流域综合治理工程	3 645
		小计	6 145
	同仁县	年都乎曲玛沟流域南山片区水土保持综合治理工程	2 011
		年都乎曲玛沟流域北山片区水土保持综合治理工程	2 160
		小计	4 171
	泽库县	多禾茂乡曲玛日小流域二期治理工程	280
		麦秀镇流域综合治理	1 400
		多禾茂乡曲玛日小流域治理工程	2 000
		小计	3 680
	尖扎县	洋江沟周边流域综合治理工程	4 020
		尖扎县县城清洁小流域水土保持治理工程	1 569
		小计	5 589
玉树州	囊谦县	叶曲流域综合治理	3 259
		小计	3 259
	称多县	德曲河流域综合治理	2 500
		小计	2 500
	曲麻莱县	曲麻莱县色吾曲流域综合治理	1 500
		小计	1 500
	玉树市	巴塘乡绵古冲小流域综合沟理工程	207
		结古镇藏娘沟小流域综合沟理工程	206
		小计	413
	杂多县	达青村水土保持工程	240
		切莫涌流域综合治理	1 200
		小计	1 440
	治多县	治多县扎河乡小流域治理项目	800
		治多县治渠乡江庆村小流域治理项目	200
		治多县叶秀沟小流域治理	120
		治多县立新乡扎西村小流域治理项目	100
		小计	1 220

续表 6-14

行政区		项目名称	治理面积(hm²)
海南州	贵德县	东河、农春河、西河小流域综合治理工程	3 408
		小计	3 408
	同德县	牧羊沟、尕干、巴区沟小流域治理工程	2 545
		小计	2 545
	贵南县	哈拉河、茫拉河、沙沟小流域综合治理工程	2 700
		小计	2 700
	共和县	共和县克才小流域综合治理工程	669
		恰卜恰城镇周边流域综合治理工程	4 100
		小计	4 769
	兴海县	唐乃亥乡龙曲沟流域治理工程	1 100
		大河坝流域综合治理工程	2 100
		小计	3 200
海西州	德令哈	尕海湖周边水土保持综合治理工程	2 000
		小计	2 000
	天峻县	布哈河综合治理	540
		小计	540
	乌兰县	都兰河上游铜普小流域(片)水土保持综合治理工程	2 168
		小计	2 168
	格尔木	渔水河小流域综合治理	4 010
		小计	4 010
	都兰县	都兰县察苏,香日德河东、河西,巴隆等工程	2 400
		小计	2 400
	茫崖	茫崖行委花土沟镇水土保持综合治理工程	8
		小计	8

续表 6-14

行政区		项目名称	治理面积(hm²)
海西州	大柴旦	马海村红柳湾水渠治理	570
		小计	570
果洛州	玛多县	花石峡镇(镇区)周边流域水土流失综合治理工程	400
		星星海自然保护区周边水土流失综合治理工程	400
		玛查理镇(县城)周边流域水土流失综合治理工程	500
		扎陵湖乡多涌曲小流域综合治理工程	1 300
		小计	2 600
	久治县	沙柯河、柯河水污染防治和水生态综合治理工程	1 720
		小计	1 720
	班玛县	班玛县历史遗留矿山水土流失综合治理工程	1 504
		小计	1 504
	甘德县	甘德县西科曲水土保持与生态建设工程	590
		甘德县东科曲河水土保持与生态修复建设工程	640
		小计	1 230
	达日县	达日县吉迈河、木热河、泯曲河流域水土保持综合治理工程	3 500
		小计	3 500
	玛沁县	阿尼玛卿雪山地区(优云乡、昌马河工区、下大武乡、雪山乡)大武流域水土保持综合治理工程	2 000
		小计	2 000
合计			143 298

第 7 章　青海省监测网络体系
与能力建设研究

7.1　青海省水土保持监测现状

7.1.1　水土保持监测网络建设现状

2002 年 7 月,水利部组织实施《全国水土保持监测网络和信息系统建设一期工程可行性研究报告》,在全国分期开展水土保持监测网络建设。同年,青海省水土保持监测工作在水利部及长江委、黄委的关怀和帮助下,在省水利厅的正确领导下,开始实施青海省水土保持监测网络和信息系统一期工程。监测网络一期工程于 2007 年 1 月竣工后,在水利部的统一安排下,立即着手开展监测网络二期工程,到 2011 年 3 月,完成全面验收。目前,已建成由 1 个省级监测总站、8 个监测分站(西宁、海东、海南、黄南、海北、格尔木、果洛、玉树)、24 个监测点构成的监测网络系统。配备了数据采集与处理、数据管理与传输等设备,初步建成了覆盖青海全省主要水土流失类型区、布局较为合理、功能比较完备的,以"3S"技术和计算机网络等现代信息技术为支撑的水土保持监测网络系统,为水土保持信息化发展奠定了坚实的基础,逐步实现了对水土流失及其防治效果的动态监测与评价,为水土流失综合防治和国家生态建设决策提供科学依据。目前初步建成的水土保持监测网络系统(见表 7-1、表 7-2),为三江源地区科学考察和生态保护、玉树地震灾后重建、青海湖湿地的科学研究、第一次水利普查等重大项目,提供了数据采集、分析、处理和传输等技术支撑,发挥了应有的作用。

表 7-1　青海省水土流失监测点一览表

序号	监测点名称	行政区	监测点类型	流域水系	水土流失重点防治区
1	长岭沟观测场	西宁市城西区	观测场	黄河一级湟水河流域	国家级重点治理区
2	西宁市红星西山控制站	西宁市城西区	控制站	黄河一级湟水河流域	国家级重点治理区
3	海东市巴藏沟径流场	海东平安县	径流场	黄河一级湟水河流域	国家级重点治理区
4	同德九道沟控制站	海南州同德县	控制站	黄河一级巴曲河流域	国家级重点预防区
5	共和克才控制站	海南州共和县	控制站	黄河一级恰卜恰河流域	国家级重点预防区
6	贵南卡加控制站	海南州贵南县	控制站	黄河一级茫拉河流域	国家级重点预防区

续表 7-1

序号	监测点名称	行政区	监测点类型	流域水系	水土流失重点防治区
7	玉树孟宗沟控制站	玉树州玉树市	控制站	长江一级巴塘河流域	国家级重点预防区
8	湟中拉沙径流场	西宁市湟中县	径流场	黄河一级湟水河流域	国家级重点治理区
9	湟源杨家沟径流场	西宁市湟源县城关镇	径流场	黄河一级湟水河流域	国家级重点治理区
10	互助下沙沟径流场	海东互助县红崖子沟乡	径流场	黄河一级支流湟水二级支流	国家级重点治理区
11	玉树孟宗沟径流场	玉树州玉树市结古镇	径流场	长江一级南省巴塘河流域	国家级重点预防区
12	同德九道沟径流场	海南州同德县尕巴松多镇	径流场	黄河一级巴曲河流域	国家级重点预防区
13	共和克才北山径流场	海南州共和县克才乡	径流场	黄河一级恰卜恰河流域	国家级重点预防区
14	贵南那仁径流场	海南州贵南县	径流场	黄河一级茫拉河流域	国家级重点预防区
15	共和沙珠玉监测点	海南州共和县	风蚀监测点	内陆河沙珠河流域	国家级重点预防区
16	格尔木西出监测点	海西州格尔木市	风蚀监测点	内陆河格尔木河流域	省级重点治理区
17	玛沁大武监测点	果洛州玛沁县	冻融监测点	黄河一级大武河流域	国家级重点预防区
18	称多清水河监测点	玉树州称多县清水河乡	冻融监测点	长江清水河流域	国家级重点预防区

表 7-2 青海省水土流失监测点一览表（利用水文站）

序号	水文站名称	流域	水系	河流	集水面积（km²）	设站/断面年份	站/断面地址 所在市县	站/断面地址 所在乡镇	多年平均径流量（亿 m³）
1	黄河沿(三)	黄河	黄河	黄河	20 930.0		玛多县	黄河沿	
2	上村	黄河	青根河	青根河	3 977.0	1963	兴海县	唐乃亥乡	3.21
3	董家庄(三)	黄河	湟水河	湟水河	636.0	1958	湟源县	城郊乡	0.78
4	吉家堡	黄河	湟水河	湟水河	192.0	1958	民和县	川口镇	0.27
5	沱沱河	长江	长江	长江	15 924.0	1958	格尔木市	唐古拉山乡	8.60
6	直门达	长江	长江	长江	137 704.0	1956	称多县	歇武乡	121.10

与此同时,青海省也建立了一支技术专业、结构合理的监测技术队伍。各分站根据监测工作的实际需要,均安排了一定的专职监测人员,截至目前,青海省水土保持生态环境监测总站共有人员 13 人,其中高级工程师 3 人,工程师 3 人,助理工程师 7 人;各分站到位监测工作人员 57 人,其中高级工程师 3 人,中级 33 人,初级 14 人,其他人员 7 人。专业涉及水土保持、水利水电、农牧林业、地理信息等。同时,通过技术培训不断提高水土保持监测队伍的工作水平和能力。

7.1.2　水土流失动态监测与公告情况

20 世纪 80 年代开始,水利部先后组织开展了三次全国性的水土流失遥感普查,青海省水土保持部门均参与其中,对全省水力侵蚀、风力侵蚀和冻融侵蚀区域的面积、侵蚀强度和分布情况进行了详细调查。2006 年在全国水土保持监测网络和信息系统建设中,共实施 24 个监测点,其中 1 个综合观测场、5 个控制站、8 个径流场、2 个风蚀监测点、2 个冻融监测点、6 个水文站观测点。2013 年完成青海省水土流失监测点监测设施验收交付工作,协助水利部水土保持监测中心完成全国水土流失动态监测与公告项目三江源预防保护区水土流失遥感影像解译结果野外核查工作;实施大通县景阳沟坝系工程水土保持监测;进行三江源自然保护区、青海湖流域以及周边地区的生态监测;开展湟水北干渠扶贫灌溉一期工程、拉西瓦水电站、积石峡水电站工程等生产建设项目的水土保持监测工作。2004 年开始,每年发布省级水土保持监测公报。

7.1.3　水土保持监测工作存在的问题

7.1.3.1　监测站点的数量和质量均无法满足要求

全国水土保持监测网络和信息系统工程为青海省水土保持监测工作在机构、监测点、设备等方面进行了建设和提升,但数量远远不能满足工作要求,全省监测点的覆盖程度还很低,监测网络仍需要投入和完善。监测点设备严重缺乏,监测手段也仅限于简易的观测和记录,监测数据和成果的精度需要进一步提升。此外,由于缺乏专业人员以及管理等方面的原因,监测工作不能长期正常开展,资料不能有效地加以汇总、分析和整理,有限的工作成果也无法发挥其应有的作用,极大地限制了青海省水土保持监测工作的开展。

7.1.3.2　水土保持监测系统不健全,监测站点缺乏统一规划

目前青海省水土保持监测机构不健全,监测设施、仪器、人员配置等都存在很大不足,部分县区仍未建立水土保持监测点,水土保持监测系统尚待完善。现有的水土保持监测站点布局缺乏统一规划,部分地区布设密集,部分地区却尚未建设,站点布设不合理,远远无法满足及时掌握全省水土流失动态现状的需要,监测站点急需进行统一规划。

7.1.3.3　信息数据交换不畅通

目前青海省尚未建立一个完整的水土保持监测网络信息传输平台,监测站点所采集的监测数据不能及时传输,使得数据处理滞后。同时,由于没有很好的监测数据网络管理系统,所得的监测数据不能进行很好的归类、整理及分析,很大程度上阻碍了水土保持监测工作的开展和进步。

7.1.3.4　缺乏监测专项资金

监测工作的开展离不开资金的支持,由于现阶段没有固定的监测经费,所以除三次遥感调查外,基本无力开展其他监测工作,更缺乏对水土流失动态快速反应的能力和机制。

7.1.3.5　科研力量薄弱,专业人员缺乏

水土保持是一门新兴的学科,科研在其中扮演着重要的角色,水土保持监测花费极大人力、物力、财力获取的资料需要加以科学的研究,方能得出合理的结论,用以指导水土保持工作的方向。目前,全省从事水土保持监测的科研站(所)基本没有,由于缺少资金支持,科研设施设备和高级专业技术人员都极为缺乏。

7.1.3.6　监测方法、技术不规范

目前水土保持监测专业技术人员缺乏,在岗人员又缺少专业技术培训,对各种监测方法、手段的掌握不统一,监测技术不规范,造成各监测站点没有统一的技术标准体系,数据无法实现共享。

7.2　水土保持监测需求分析

7.2.1　水土保持监测是生态环境建设宏观决策的基本依据

青海省是全国水土流失严重的省份之一,水土流失成因复杂、面广量大、危害严重,对经济社会发展和国家生态安全以及群众生产、生活影响极大。及时、全面、准确地了解和掌握全省水土流失程度和生态环境状况,科学评价水土保持生态建设成效至关重要。水土流失的严重地区到底分布在哪里,产生的危害后果到底有多严重,对当前的经济社会发展有什么样的影响,对子孙后代的生存和发展会产生哪些不良的后果,防治水土流失所采取的措施效果到底如何,今后水土保持应如何布局等,这些都是社会关注的大事,也是涉及全省各民族生存发展的大事。所有这些,只有通过进行科学的监测才能掌握,才能做出正确的判断和决策。

新中国成立以来,我国先后开展了三次大规模的水土保持普查工作,都为国家宏观决策发挥了极其重要的作用。特别是第二、三次全国水土流失遥感调查后发布的水土流失公告,为国家制定《全国生态建设规划》和《全国生态保护规划》,以及明确哪些地区为重点治理地区并实施一系列重大生态建设工程,提供了可靠、权威的依据。这充分说明了水土保持监测工作在国家战略决策中的地位和作用,以及这项工作的重要性。

7.2.2　水土保持监测是水土保持事业的重要组成部分

水土保持事业的发展离不开监测预报。只有通过监测预报,才能准确掌握水土流失动态,反映水土保持效果,进而有效地防治水土流失。水土保持各项工作都离不开监测预报,比如开展预防监督,查处违法案件,反映人为造成的水土流失有多少、危害有多大、后果有多严重、损坏的水土保持设施面积数量和应该征收的水土保持规划费,都需要监测提

供定量的数据。实施水土流失综合治理,编制项目规划及设计,了解项目区的水土流失特点和规律、水土流失面积和程度,科学配置水土流失防治措施以及评价治理效果,需要监测来支持。各类开发建设项目造成的水土流失情况预测、如何布设有效的防治措施以及评价防治效果,需要水土保持监测来定量获取数据。开展水土保持科学研究和制定水土保持规范、标准,也都离不开长期系统的监测。没有长期的动态监测、大量的数据积累和全面科学的数据分析,水土保持就成为"无本之木""无源之水"。同时,随着全社会水土保持意识的增强,人们更加关注生态安全、环境状况、水土资源可持续利用的情况,水行政主管部门有责任和义务把这方面的事情说清楚,满足公众的知情权。然而,要做好全省的监测工作,就必须做好全省的水土保持监测规划工作。

7.2.3　水土保持监测是提高水土保持现代化水平的基础

目前,青海省的水土保持工作与发达地区相比,在预防监督和小流域综合治理方面,所采取的措施和取得的效果,得到了认可,但作为水土保持基础性工作的监测预报,在监测网络建设、监测设施设备、监测手段以及监测成果用于实践等方面还需进一步提升。一些发达省份建立的空间数据库和信息系统,可以定位、定量地反映水土流失的面积、分布、程度及其动态变化,与实践紧密结合起来,有效地提高了水土保持措施配置的科学性、针对性及其防治效果。因此,全面提高水土保持治理与监测预报的现代化水平,是今后的努力方向和面临的艰巨任务,也是缩小青海省水土保持现代化水平与全国先进水平差距的关键。所以,必须从基础抓起,从现在抓起,让水土保持监测预报更好地服务于经济建设、生态建设和保护,进一步提高水土保持行业的社会影响力。

7.2.4　水土保持监测是水土保持生态环境建设的关键

青海省地处长江、黄河、澜沧江的发源地,而且澜沧江为国际性河流,水系十分发达。做好青海省水土保持监测工作,不仅对省内、国内具有重大意义,而且将产生积极的国际影响。然而,据第一次水利普查青海省水土保持普查土壤侵蚀现状遥感调查报告,青海省各大流域水系水土流失极为严重。随着西部大开发战略的逐步实施和城镇化、工业化进程的加快,开发建设活动越来越频繁,人为造成水土流失的状况越来越严重,使青海省的水土流失治理和预防保护任务相当繁重,而水土保持监测工作是治理水土流失、建设生态环境的一个重要环节和基础,是水土保持行业管理、社会地位、工作水平的集中体现。只有通过水土流失动态监测,才能摸清全省水土流失的变化情况,为省委省政府制定科学的生态环境建设和保护决策提供依据。

水土保持生态环境监测工作,是水土保持工作的一个重要组成部分,是实现青海省"三区"战略中生态文明先行区的一项重要内容,是筑牢国家生态安全屏障的职责所系,是青海省实现自身发展、改善民生福祉的现实需要。应确定好这项工作发展的总体思路、目标任务和重点工程,力争全面做好水土保持生态环境监测工作,为建设大美青海、美丽中国做出更大贡献。

7.3　监测工作指导思想、原则和目标

7.3.1　指导思想

监测工作应以实现青海省生态建设目标为出发点,以保护青藏高原生态环境为重点,以实现可持续发展和促进经济增长方式转变为中心,以改善生态环境质量和维护国家生态环境安全为宗旨,按照国家可持续治水思路和青海省委省政府生态立省战略的总体要求,加强水土保持监测评价工作,提高水行政主管部门的科学决策、社会管理、公共服务水平,向全社会提供准确、及时、有效的水土保持基础信息服务,促进经济发展与人口、资源、环境协调发展,发挥水土保持监测工作在政府决策、经济社会发展和社会公众服务中的作用。

7.3.2　监测原则

监测工作作为水土保持工作的有机组成部分,要充分利用最新的水土保持区划成果,做好监测规划的总体布局;同时,要注重与水文、水利信息化、水土保持信息化等规划相协调。青海省水土保持监测网络建设应遵循以下原则:

(1)前瞻性原则。从水土资源可持续利用的角度出发,充分考虑规划期内社会、经济发展对水土保持监测的要求,充分考虑水土保持建设、管理及未来发展对水土保持监测的要求。

(2)技术先进原则。密切跟踪水土保持监测相关技术的发展,因地制宜采用先进的水土保持监测技术、设施设备,促进水土保持监测的进步技术。

(3)分步实施原则。既要着眼长远、统筹兼顾,又要做到急用先行,充分考虑运行的可能性,做到整体布局、分项实施、逐步完善。

(4)经济性原则。统筹协调,充分利用各地区、各行业的各类监测站点,要将适宜大专院校、科研院所的监测站点、水文站纳入水土保持监测网络,避免重复建设。

7.3.3　目标

根据目前的监测状况、监测需求、监测工作指导思想和原则,确定青海省监测工作在现阶段一定时期内应实现的目标为:按照水土保持事业发展的总体布局,围绕保护水土资源,促进经济社会可持续发展目标,按照水土保持监测服务于政府、服务于社会、服务于公众的要求,建成完善的水土保持监测网络、水土保持数据库和信息管理系统,形成高效便捷的信息采集、管理、发布和服务体系,实现对水土流失及其防治的动态监测、评价和定期公告。

7.3.3.1　近期目标(至 2020 年)

形成布局合理、功能完善的水土保持网络;建成一批重要水土保持监测点,监测点自动化采集程度明显提高;基本建成功能完备的数据库和应用系统,实现各级监测信息资源的统一管理和共享应用,水土保持基础信息平台初步建成;初步实现水土流失重点防治区

动态监测全覆盖,水土流失及其防治效果的动态监测能力显著提高;生产建设项目集中区水土保持监测实现全面、全程监控,大中型生产建设项目水土保持监测得到全面落实。

7.3.3.2　远期目标(至 2030 年)

建成水土保持基础信息平台,实现监测数据处理、传输、存储现代化,实现各级水土保持业务应用服务和信息共享;各类生产建设项目水土保持监测得到全面落实;实现及时、全面、科学、合理的全省不同尺度水土保持监测评价;各项水土保持监测工作健康有序开展,为各级政府制定经济社会发展规划、调整经济发展格局与产业布局、保障经济社会的可持续发展提供重要技术支撑。

7.4　监测任务与内容

7.4.1　监测任务

按照水土保持监测服务于政府、服务于社会、服务于公众的要求,水土保持监测的主要任务是:建立水土保持监测网络,建立与经济发展相适应的水土保持监测评价、管理与服务体系,采集水土流失及其防治等信息,分析水土流失成因、危害及其变化趋势,掌握水土流失类型、面积、分布及其防治情况,综合评价水土保持效果,发布水土保持公报,为政府决策、社会经济发展和社会公众服务等提供支撑。

7.4.2　监测内容

水土保持监测的主要内容包括水土保持普查、水土流失重点防治区监测、不同类型区水土流失定位观测、水土保持重点工程项目监测、生产建设项目集中区水土保持监测等。

7.4.2.1　水土保持普查

水土保持普查是全国或各地定期开展水土流失状况、水土保持治理情况等调查的一项制度,是开展水土保持规划、进行水土保持生态建设成效评价、落实各级政府目标责任制、发布水土流失公告等的基础数据来源。水土保持普查综合采用遥感、野外调研、统计分析和模型计算等多种手段和方法。

水土保持普查的内容主要包括:查清全省土壤侵蚀现状,掌握各类土壤侵蚀的分布、面积和强度;查清全省水土保持措施现状,掌握各类水土保持措施的类型、数量和分布;更新全省水土保持基础数据库。普查为科学评价水土保持效益及生态服务价值提供基础数据,为青海省水土保持生态建设提供决策依据。根据我国以往开展全国调查的经验,省级水土保持普查 5 年开展一次比较适宜。

7.4.2.2　水土流失重点防治区监测

主要采用遥感、地面观测和抽样调查相结合的方法,对水土流失重点防治区进行监测,综合评价区域水土流失类型、分布、面积、强度、治理措施动态变化及其效益等。监测范围为国家级和省级水土流失重点预防区和重点治理区。重点防治区水土保持监测每年开展一次。

水土流失重点预防区的监测内容主要是区域内水土流失类型、分布、强度、植被、生态环境因素变化及生态效益、经济效益、工程措施消长情况等。另外,还应根据重点预防区的预防保护对象和区域特征,增加相应的监测内容,如位于重要水源区的小流域,应增加 COD、BOD、氨氮含量等面源污染指标。水土流失重点治理区的监测内容主要是治理区人为活动因素和自然因素的改变对水土流失形式、分布、面积、强度等的影响及其变化趋势,以及各项治理措施的水土保持功能及动态变化,水土流失危害,水土流失的消长趋势,灾害和治理成果及其效益等。

7.4.2.3　不同类型区水土流失定位观测

水土流失定位观测是对布设在不同土壤侵蚀类型区内的小流域控制站和坡面径流场等监测点开展的常年持续性观测。

观测内容包括水土流失影响因子、土壤流失量及水土保持措施量等,为建立水土流失预测预报模型、分析水土保持措施效益提供基础信息。

7.4.2.4　水土保持重点工程项目监测

监测范围主要是省级及省级以上水土保持规划立项实施的水土保持重点建设工程,如黄土高原淤地坝工程、重要水源地生态保护工程、重要江河源头生态保护工程等。

水土保持重点工程项目监测侧重于水土流失防治效益的监测和评估。主要采用定位观测、典型调查和遥感调查相结合的方法,对水土保持工程的实施情况进行监测,分析评价工程建设取得的社会效益、经济效益和生态效益,为青海省制定生态效益宏观战略,调整总体部署提供支撑。监测内容主要包括项目区基本情况、水土流失状况和水土保持措施类别、数量、质量及其效益等。重点监测工程实施前后项目区的土地利用结构、水土流失状况及其防治效果、群众生产生活条件、生物多样性等。

7.4.2.5　生产建设项目集中区水土保持监测

随着西部大开发战略的实施,近年来青海省经济社会发展迅速,基础设施建设日新月异,资源开发力度不断加大。在经济发展的同时,也出现了生产建设项目集中连片的区域。这些区域具有扰动地表和破坏植被面积较大、挖填土石方量多、人为水土流失严重等特点。为了能全面反映出大规模项目建设引起的区域生态环境破环程度及其危害,为制定和调整区域经济社会发展战略提供依据,开展区域性的生产建设项目水土保持监测十分必要。根据生产建设项目水土流失及其防治的特点,选择大中型生产建设项目集中连片、面积不小于 1 000 km^2、资源开发和基本建设活动较集中和频繁、扰动地表和破坏植被面积较大、水土流失危害和后果严重的生态建设项目集中区,开展水土流失监测。如西宁、海东生产建设项目集中开发区域,柴达木循环经济区,江仓—木里煤炭开发区,黄河干流水电能源开发区等生产建设项目集中区。监测内容主要包括生产建设项目扰动土地状况、土地利用情况、水土流失状况、水土保持措施及其防治效果等方面。

7.5　监测网络建设

7.5.1　站网组成

水土保持监测站网由水土保持监测点和野外调查单元组成,承担着长期性的地面观测任务,是水土保持监测网络的主要数据来源。水土保持监测点按照监测对象的不同,分为水力侵蚀、风力侵蚀、重力侵蚀和冻融侵蚀监测点;水力侵蚀监测点按照设施的不同,分为宜利用水文站、小流域控制站和坡面径流场监测点。根据重要性的不同,分为国家基本水土保持监测点、省级基本水土保持监测点和野外调查单元;国家级、省级基本水土保持监测点又分为重要水土保持监测点和一般水土保持监测点。野外调查单元是在开展水土保持调查时,采取分层抽样与系统抽样相结合的方法确定的闭合小流域或集水区,面积一般为 0.2~3.0 km²。

7.5.2　监测点布局原则

监测点布局应遵循以下原则:

(1)区域代表性原则。监测点要能够代表不同区域的水土流失状况和主要特征,能够反映出区域内地貌类型、土壤类型、植被类型、气候类型等影响水土流失因素的特征。

(2)分区布设的原则。在全国水土保持区划成果和青海省水土保持区划成果的基础上进行分区布设。全省 11 个省级水土保持区内分别布设典型监测点,作为该区域水土流失状况的代表。监测点在开展一般性常规监测的同时,针对区划单元发挥的生态维护、土壤保持、防风固沙、水质维护等水土保持基础功能开展相应的监测任务。

(3)密度适中的原则。监测点在水土流失重点预防区、水土流失重点治理区及生态脆弱区和生态敏感区适当加密。

(4)利用现有监测站点的原则。充分利用现有的水土流失监测点和滑坡泥石流预警点,相关大专院校、科研院所布设的监测点,注重与水文站网的结合,实现优势互补、资源共享,避免重复投资和重复建设。

(5)分层布设的原则。国家重要监测点应以控制全国 8 个二级水土保持区划单元为主,布设在省域范围内,用于全国大尺度上的水土保持生态环境状况的评价。国家一般监测点以控制全国 117 个三级水土保持区划单元为主,布设在水土流失严重的县(市、区)内,用于省域尺度上的水土保持生态环境状况的评价。省级监测点以控制全省 11 个省级水土保持分区单元为主,布设在所有县域内,用于覆盖全省范围的水土保持生态环境状况评的评价。

7.5.3　站网布局

7.5.3.1　国家基本水土保持监测点

根据《全国水土保持监测规划》的相关内容,按照布局原则,考虑充分利用现有站点,采取分层布设的方法,研究提出现阶段青海省范围内国家基本水土保持监测点建设布局。共布局国家基本水土保持监测点 25 个,其中国家重要水土保持监测点 2 个,一般水土保持监测点 23 个,23 个国家一般水土保持监测点中 22 个为改造监测点,1 个为新建监测点。按照监测点类型分类,包括水蚀监测点 15 个、风蚀监测点 1 个、冻融侵蚀监测点 3 个、宜利用的水文站监测点 6 个,详见表 7-3、表 7-4。

表7-3 青海省国家重要水土保持监测点布局表

一级区划	二级区划	监测点位置	代表类型	数量
青藏高原区	柴达木盆地及昆仑山北麓高原区	青海	水蚀	1
	若尔盖—江河源高原山地区	青海	冻融	1

表7-4 青海省国家一般水土保持监测点布局表

国家水土保持三级区	涉及省份	合计(个)	改造监测点(个)					新建监测点(个)				
			数量	水蚀	风蚀	冻融	混合	水文站	数量	水蚀	风蚀	冻融	混合
青东甘南丘陵沟壑蓄水保土区	青海	8	8	6				2					
柴达木盆地农田防护防沙区	青海	2	2		1			1					
青海湖生态维护保土区	青海	2	2	2									
祁连山水源涵养保土区	青海	1							1			1	
三江源草原草甸生态维护水源涵养区	青海	10	10	6		1		3					
合计		23	22	14	1			6	1			1	

7.5.3.2 省级基本水土保持监测点

省级水土保持监测点按国家级一般监测点标准建设,以控制县域土壤侵蚀状况为尺度范围,全面扩大水土保持监测的覆盖范围,充分提高水土保持监测网络整体预报精度。省级水土保持监测点数量多、分布广,监测频次高、数据收集充分,是青海省水土保持监测网络数据的主要来源。除西宁市四城区由于区域小,可以共用监测点之外,青海省其他地区基本达到每个县(区、行委)布设至少1个代表性监测点,在水土流失严重、面积大的县(区、行委)适当增加监测站点数量。这样既充分考虑了行政管理的需要,又保证了监测数据的完整性和可靠性,同时使监测数据具有可对比性和科学性。

根据青海省水土保持监测站网控制密度和水土保持事业发展需要,青海省现阶段需布局建设27个省级水土保持监测点,按照水土保持监测点类型分类,包括水蚀监测点13个、风蚀监测点5个、冻融侵蚀监测点1个、混合侵蚀监测点8个。

省级水土保持监测点详见表7-5和表7-6。

全省水土保持监测点汇总表见表7-7和表7-8。

表 7-5　省级水土保持监测点布局表（按水土保持分区汇总）

国家水土保持三级区	青海省水土保持区划	一般监测点（个）				
		小计	水蚀	风蚀	冻融	混合
青东甘南丘陵沟壑蓄水保土区	湟水中高山河谷水蚀蓄水保土区	3	3			
	黄河中山河谷水蚀土壤保持区	5	5			
祁连山山地水源涵养保土区	祁连山高山宽谷水蚀水源涵养保土区	0				
青海湖高原山地生态维护保土区	青海湖盆地水蚀生态维护保土区	3	3			
	共和盆地风蚀水蚀防风固沙保土区	1				1
柴达木盆地农田防护防沙区	柴达木盆地风蚀水蚀农田防护防沙区	2		2		
	茫崖—冷湖湖盆残丘风蚀防沙区	3		3		
三江黄河源山地生态维护水源涵养区	兴海—河南中山河谷水蚀水源蓄水保土区	2	2			
	黄河源山原河谷水蚀风蚀水源涵养区	4				4
	长江澜沧江源高山河谷水蚀风蚀水源涵区	3				3
	可可西里丘状高原冻蚀风蚀生态维护区	1			1	
合计		27	13	5	1	8

表 7-6　省级水土保持监测点布局（按行政区汇总）

行政区		规划监测点数量（个）				
		小计	水力侵蚀	风力侵蚀	冻融侵蚀	混合侵蚀
西宁市	西宁市四区	0				
	大通县	1	1			
	湟中县	0				
	湟源县	0				
海东市	平安县	0				
	民和县	0				
	乐都区	1	1			
	互助县	0				
	化隆县	1	1			
	循化县	1	1			
海北州	门源县	1	1			
	祁连县	0				
	海晏县	1	1			
	刚察县	1	1			

续表 7-6

行政区		规划监测点数量(个)				
		小计	水力侵蚀	风力侵蚀	冻融侵蚀	混合侵蚀
黄南州	同仁县	1	1			
	尖扎县	1	1			
	泽库县	1	1			
	河南县	1	1			
海南州	共和县	0				
	同德县	0				
	贵德县	1	1			
	兴海县	0				
	贵南县	0				
果洛州	玛沁县	0				
	班玛县	1				1
	甘德县	1				1
	达日县	1				1
	久治县	1				1
	玛多县	0				
玉树州	玉树市	0				
	杂多县	1				1
	称多县	0				
	治多县	1			1	
	囊谦县	1				1
	曲麻莱县	1				1
海西州	格尔木市	0				
	德令哈市	1				1
	乌兰县	1		1		
	都兰县	1		1		
	天峻县	1	1			
	茫崖行委	1		1		
	大柴旦行委	1		1		
	冷湖行委	1		1		
合计		27	13	5	1	8

表 7-7　青海省水土保持监测点布局总表（按水土保持分区汇总）

青海省水土保持区划	监测点总计(个)	规划监测点数量(个)					现有监测点数量(个)					
		小计	水力侵蚀	风力侵蚀	冻融侵蚀	混合侵蚀	小计	水力侵蚀	风力侵蚀	冻融侵蚀	混合侵蚀	水文站
湟水中高山河谷水蚀蓄水保土区	11	3	3				8	6				2
黄河中山河谷水蚀土壤保持区	5	5	5									
祁连山高山宽谷水蚀水源涵养保土区	1*	1*			1	*						
青海湖盆地水蚀生态维护保土区	3	3	3									
共和盆地风蚀水蚀防风固沙保土区	4	1				1	3	2	1			
柴达木盆地风蚀水蚀农田防护防沙区	3	2		2			1		1			
茫崖-冷湖湖盆残丘风蚀防沙区	3	3		3								
兴海-河南中山河谷水蚀水源蓄水保土区	7	2	2				5	4				1
黄河源山原河谷水蚀风蚀水源涵养区	6	4				4	2			1		1
长江澜沧江源高山河谷水蚀风蚀水源涵养区	7	3				3	4	2		1		1
可可西里丘状高原冻蚀风蚀生态维护区	2	1			1		1					1
合计	52	28	13	5	2	8	24	14	2	2		6

注：带 * 号的监测点是全国水土保持规划新增国家级一般水土保持监测点。

表 7-8　青海省水土保持监测点总表（按行政区汇总）

行政区		监测点总计（个）	规划监测点数量（个）					现有监测点数量（个）					
			小计	水力侵蚀	风力侵蚀	冻融侵蚀	混合侵蚀	小计	水力侵蚀	风力侵蚀	冻融侵蚀	混合侵蚀	水文站
西宁市	四城区	2	0					2	2				
	大通县	1	1	1				0					
	湟中县	1	0					1	1				
	湟源县	2	0					2	1				1
海东市	平安县	1	0					1	1				
	民和县	1	0					1					1
	乐都区	1	1	1				0					
	互助县	1	0					1	1				
	化隆县	1	1	1				0					
	循化县	1	1	1				0					
海北州	门源县	1	1	1				0					
	祁连县	1*	1*			1*		0					
	海晏县	1	1	1				0					
	刚察县	1	1	1				0					
黄南州	同仁县	1	1	1				0					
	尖扎县	1	1	1				0					
	泽库县	1	1	1				0					
	河南县	1	1	1				0					
海南州	共和县	3	0					3	2	1			
	同德县	2	0					2	2				
	贵德县	1	1	1				0					
	兴海县	1	0					1					1
	贵南县	2	0					2	2				

续表 7-8

行政区		监测点总计(个)	规划监测点数量(个)					现有监测点数量(个)					
			小计	水力侵蚀	风力侵蚀	冻融侵蚀	混合侵蚀	小计	水力侵蚀	风力侵蚀	冻融侵蚀	混合侵蚀	水文站
果洛州	玛沁县	1	0					1			1		
	班玛县	1	1				1	0					
	甘德县	1	1				1	0					
	达日县	1	1				1	0					
	久治县	1	1				1	0					
	玛多县	1	0					1					1
玉树州	玉树市	2	0					2	2				
	杂多县	1	1				1	0					
	称多县	2	0					2			1		1
	治多县	1	1			1		0					
	襄谦县	1	1				1	0					
	曲麻莱县	1	1				1	0					
海西州	格尔木市	2	0					2		1			1
	德令哈市	1	1		1			0					
	乌兰县	1	1				1	0					
	都兰县	1	1		1			0					
	天峻县	1	1	1				0					
	茫崖行委	1	1		1			0					
	大柴旦行委	1	1		1			0					
	冷湖行委	1	1		1			0					
合计		52	28	13	5	2	8	24	14	2	2	0	6

7.5.3.3　土壤侵蚀野外调查单元

野外调查单元是根据土壤侵蚀类型区特点,采取分层抽样与系统抽样相结合的方法确定的 0.2~1.0 km² 的闭合小流域或集水区。全省根据四级分层划分抽样区:第一级县级抽样区(50 km×50 km)、第二级乡级抽样区(10 km×10 km)、第三级抽样控制区(5 km×5 km)、第四级基本抽样单元(1 km×1 km 或小流域),在第四级基本抽样单元内选取面积为 0.2~1.0 km² 的调查单元。

各级抽样区域依据公里网划分。网格划分依据高斯-克吕格投影分带方法。在四级基本调查单元上,按合理的抽样密度进行抽样,确定使每个 5 km×5 km 的控制区有一个可实施野外调查的单元。

在综合分析全国水土流失及其防治情况的基础上,根据水土保持事业发展需求,到 2030 年,青海省需布设野外调查单元 6 966 个,其中水力侵蚀区为 2 618 个,风力侵蚀区为 1 148 个,冻融侵蚀区为 3 200 个,达到 4% 的抽样密度,基本达到 100 km² 布设 1 个。

不同空间尺度土壤侵蚀野外调查单元关系见图 7-1。

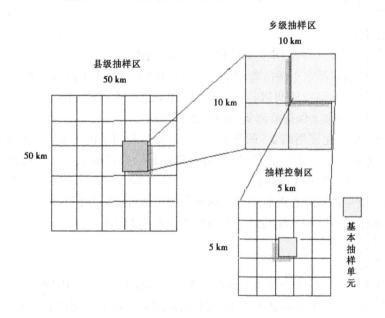

图 7-1　不同空间尺度土壤侵蚀野外调查单元关系图

7.5.4　监测点建设标准

根据青海省水土保持事业的发展需要,有必要开展监测点标准化建设,建成一批先进、高效、安全可靠的水土保持监测点。

通过监测点标准化建设,省级水土保持监测点要逐步实现观测数据的自动观测、长期自记、固态存储、自动传输。

水土保持生态建设工程、生产建设项目水土保持监测布设的专用监测点,可以参照国家基本水土保持监测点的标准进行建设。

7.6　数据库及信息系统建设

　　水土保持监测数据库及信息系统建设是加强水土保持监测工作的重要手段,是各级水利部门水土保持工作的重要技术支撑。水土保持监测数据库及信息系统建设主要是指利用现代信息技术,在计算机网络的支持下,建成由水利部、流域机构、省级和地市组成的,以水利部、流域机构、省级为核心的水土保持监测数据库及信息系统。在全国水土保持监测网络和信息系统建设的基础上,根据水土保持业务不断发展的新需求,扩充、完善分析与服务功能,构建一个基于统一技术架构的省级水土保持基础信息平台,建成内网和外网两大门户,建立省、州(市)、县(区)级三级数据库,进一步完善基于水土流失监测预报、生态建设管理、预防监督、社会服务四项业务的应用系统,为提供水利部、流域机构、省、州(市)、县(区)五级水土保持信息服务,实现信息资源共享和业务协同。

7.6.1　信息网络

7.6.1.1　网络组成

　　水土保持信息网络由骨干网、地区网和部门网组成。

　　骨干网是指水利部水土保持监测中心到流域机构、省级水土保持监测机构的广域网;地区网是指省级水土保持监测机构到所辖州(市)、县(区)级水土保持监测机构的广域网;部门网是指各级水土保持监测机构内部的局域网。

　　按照《全国信息化规划纲要》的规定,水土保持监测网络的广域网(包括骨干网和地区网)依托国家防汛指挥系统的网络,不再另行建设。全省水土保持监测网络信息系统建设工程为各级节点配备了基本的网络设备,具备基本的网络系统服务功能。

　　规划的重点是青海省各级节点部门网的设备升级、网络完善和维护。

　　青海省水土保持监测系统网络结构拓扑图如图 7-2 所示。

7.6.1.2　建设标准

　　1.省级监测总站节点

　　(1)计算机网络。采用千兆以太网技术组网。网络协议为 TCP/IP。

　　(2)服务器系统。主服务器为中型双机加磁盘阵列,磁盘阵列的容量不少于 1 TB,系统总体性能应满足现阶段一定时期内全省水土保持信息服务的要求。Internet WWW 服务器系统为小型双机加磁盘阵列,磁盘容量不小于 500 GB,系统总体性能应满足一定时期内向社会进行水土保持信息发布和服务的要求。

　　(3)机房环境和外围设备。机房系统达到国家有关标准,24 h 恒温、恒湿、防尘,不断电。配置网络管理系统和扫描、打印、投影设备,以及数字摄录设备、专用图形工作站等多媒体信息采集、制作以及发布系统。

　　(4)网络安全系统。

　　2.监测分站节点

　　(1)计算机网络。采用千兆以太网技术组网。网络协议为 TCP/IP。

　　(2)服务器系统。主服务器为双机小型服务器,存储容量不少于 146 GB,并配置

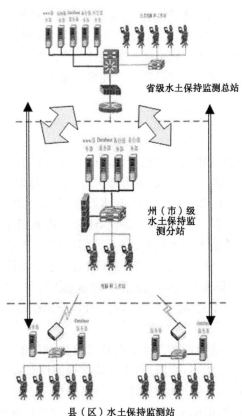

省级水土保持监测总站

州（市）级
水土保持监
测分站

县（区）水土保持监测站

图 7-2　青海省水土保持监测系统网络结构拓扑图

Internet WWW服务器支持平台,系统总体性能应满足规划期内向社会进行水土保持信息发布和服务的要求。

(3)机房环境和外围设备。机房系统达到国家有关标准,24 h 恒温、恒湿、防尘,不断电。配置网络管理系统和扫描、打印、投影设备,以及数字摄录设备、专用图形工作站等多媒体信息采集、制作以及发布系统。

(4)网络接入与安全系统。

3.监测点节点

(1)计算机网络。采用百兆/千兆以太网技术组网。网络协议为 TCP/IP。

(2)数据存储系统。小型工作站,存储容量不少于 100 GB,总体性能应满足规划期内向上级监测机构及时传输监测数据的要求。

(3)外围设备。配置扫描、打印、投影设备及数字摄录设备等多媒体信息采集设备。

(4)网络接入。

7.6.1.3　建设内容

水土保持信息系统计算机网络建设的重点在节点部门网建设,计算机网络是实现现代化水土保持信息服务的基本技术条件,近期主要建设内容应包括:

(1)升级改造省级监测总站节点和监测分站节点。

（2）新建省级监测点节点，并考虑与国家级基础监测点的网络连接。

（3）系统网络维护更新。主要是对青海省水土保持监测网络和信息系统建设配置的软、硬件设备进行维护与更新，进行网络系统的安全评估，维持系统软件和应用软件的正常运转，保证水土保持监测网络的顺利运行，以便发挥最大功效。

7.6.2　数据库建设

7.6.2.1　数据库组成

数据库是水土保持信息化建设的信息资源基础。青海省水土保持数据库由省级监测总站、地市级监测分站、监测点三级组成，为分布式、互为备份的数据库，采用数据仓库技术、空间元数据技术、海量空间数据快速索引技术、多源数据配准与无缝拼接技术和拓扑技术，按照行政区划的空间划分进行数据组织，构建分布式数据库系统。

数据库建设的最终目的是为业务服务，因此数据库的划分应该充分考虑各级水土保持业务数据采集、传输、存储、处理、应用等各方面因素。水土保持数据库从作用上可以分为基础类和应用类。其中，基础类数据库包括基础地理数据库、水土保持监测数据库。应用类包括水土保持综合治理库、监督管理库，数据内容分别针对水土保持综合治理、监督管理业务应用。

青海省水土保持监测总站为青海省水土保持监测数据库的中央节点，是链接全国水土保持数据库的关键节点，是实施青海省水土保持数据库信息服务的最顶层节点，是全省水土保持监测资料的存储中心、数据中心和信息共享的枢纽。省级监测总站、地市级监测分站、监测点三级水土保持数据库也是青海省水利信息化数据库中的重要数据源和最基本的数据库之一。

7.6.2.2　建设标准

1.信息管理

提供节点库的数据维护功能，包括数据的录入、转储、更新；信息处理功能，包括水土流失资料整编及其他水土保持信息的加工处理。同时，提供应用主题需求信息的组织功能，以及各种目录索引表的维护功能。信息管理功能为用户提供交互式人机界面功能。

2.信息服务

执行信息查询和信息发布功能，满足水土保持从业人员对水土流失数据的查询要求，同时组织信息，通过 Internet 进行发布，满足水土保持信息为全社会服务的要求。

3.应用接口

面向多种水土保持业务的信息处理提供接口，并能够从其他水利系统获取相关的数据，利用中间件形成统一的软件平台。

4.容灾备份

具有数据应急容灾及灾难恢复功能，保证监测系统的运行安全和数据安全，提高对地震、火灾等不可抗力因素的应对能力，面对灾难性事件能够迅速恢复应用系统的数据、环境，保证系统的可用性，维持系统运行，将灾难损失降到最低。

7.6.2.3　信息资源

信息资源是在已建的水土保持数据库的基础上，依据统一的技术标准，按照不同空间和时间尺度,不断补充和更新数据,逐步建立全国、流域、省、市、县的多数据源、多比例尺、满足各级行政和技术管理需求的数据库体系,主要由省级监测总站、地市级监测分站和县级监测站三个级别的信息资源组成。

　　1.省级节点信息资源

　　(1)省级 1∶5 万电子地图,重点地区及支流 1∶1 万电子地图,全省 1∶5 万地形数据,重点防治地区 1∶1 万地形数据,1∶5 万土地利用图等。

　　(2)省级水土保持普查影像数据及其成果、重点地区水土流失监测影像数据及其成果。

　　(3)省辖区内社会经济、水文气象、综合治理、预防监督等数据。

　　(4)省辖区内重点支流水文泥沙监测数据。

　　(5)各类水土保持监测点的监测信息。

　　2.地市级节点信息资源

　　(1)地市级 1∶5 万电子地图,重点地区及支流 1∶1 万电子地图,全地市级 1∶5 万地形数据,重点防治地区 1∶1 万地形数据,1∶5 万土地利用图等。

　　(2)地市级水土保持普查影像数据及其成果、重点地区水土流失监测影像数据及其成果。

　　(3)地市辖区内社会经济、水文气象、综合治理、预防监督等数据。

　　(4)地市辖区内重点支流水文泥沙监测数据。

　　(5)各类水土保持监测点的监测信息。

　　3.县级节点信息资源

　　(1)县级 1∶1 万电子地图,重点地区及支流 1∶1 万电子地图,全县级 1∶1 万地形数据,重点防治地区 1∶1 万地形数据,1∶1 万土地利用图等。

　　(2)县级水土保持普查影像数据及其成果、重点地区水土流失监测影像数据及其成果。

　　(3)县辖区内社会经济、水文气象、综合治理、预防监督等数据。

　　(4)县辖区内重点支流水文泥沙监测数据。

　　(5)各类水土保持监测点的监测信息。

7.6.2.4　建设内容

　　数据库主要建设内容包括:

　　(1)升级改造省级节点、地市级节点 7 处和县级节点。完成基于 GIS 平台的水土保持数据库应用软件的研究和开发。

　　(2)省级节点、地市级节点、县级节点三级机构分别完成各级的信息资源生产、收集、标准化和信息资源目录。

　　(3)进行省级节点、地市级节点、县级节点的数据库结构优化、元数据的建设、数据更新、升级与维护,保证数据的准确性、实效性和有效共享。

　　(4)建成省级节点、地市级节点、县级节点三级数据库容灾备份系统,保证数据的安全。

7.6.3 应用系统建设

根据经济社会的发展和水土保持生态建设工作的需要,按照统一规划、分类分层实施的原则,在全国水土保持监测网络和信息系统工程建设基础上,按一个平台、两类门户、三级数据库、四项业务应用、五级服务的技术构架进行升级和扩展。根据新时期水土保持管理工作和应用的需求,对水土保持综合治理管理、预防监督、监测评价、信息服务、应用门户、移动应用系统等应用系统进行升级完善,同时按照各流域、省级水土保持的业务需求,在统一平台下进行个性化定制。

7.6.3.1 建设标准

系统建设应用先进的主流技术,采用基于网络技术和面向服务的体系结构(Service Oriented Architecture,简称 SOA),保证系统先进性、实用性和可扩充性,以满足可持续发展的要求。所提供的信息服务满足决策支持系统要求,系统无安全隐患。

7.6.3.2 建设内容

1.中间件

(1)应用服务组件:主要包括水土保持知识方法和应用模型两类。逐步建立适用不同尺度、不同区域的水土流失预测预报模型,以及水土保持规划设计、生态建设决策支持、治理效益评价等模型;在此基础上,逐步形成适合全省的水土保持模型中间件体系。

(2)流域空间分析组件:主要包括流域划分、水系提取、流域水系拓扑关系建立、地形分析等组件。

(3)业务管理组件:按管理业务工作流、控制流的逻辑结构与分类,开发满足各级水土保持数据自动上报下达、信息发布等要求的组件。

(4)信息共享服务平台:是满足数据的传输、验证、存储、分发和应用等信息共享环节的中间件。开发水土保持部门内同级、上下级之间以及与其他行业的共享接口,实现信息资源的顺畅交换。

2.水土保持综合治理

以小流域为单元,按项目、项目区、小流域三级空间分布,满足不同层次水土保持部门对项目前期工作、计划管理、实施管理、检查验收、效益评价等信息进行上报、管理与分析的需要,规范水土保持生态工程建设管理行为,提高管理效率和水平。特别是利用 GIS 及空间数据库技术,将小流域现状和治理措施实时显示出来,实现小流域治理精细化管理。

3.水土保持预防监督

以水土保持预防监督业务管理为核心,集方案管理、监督检查、监理监测、设施验收、规费征收、行政执法等业务管理于一体,实现水土保持监督管理业务的网络化和信息化,为各级水土保持部门开展综合分析、科学决策提供依据。

4.水土流失监测评价

主要包括区域水土流失监测评价、定位观测和生产建设项目水土流失监测等 3 个系统。

区域水土流失监测评价系统以地理信息系统(GIS)技术为核心,在遥感和GPS技术、网络与数据库技术的支持下,结合区域水土流失分析模型,对区域水土流失的空间分布、变化趋势及其防治效果进行动态分析。

水土流失定位观测系统实现水土流失监测点数据的适时采集、及时存储、分类汇总、数据归档和本地封存,并通过网络逐级上报,有效地管理所获得的数据,为其他应用系统提供数据支持。

生产建设项目水土流失监测系统充分结合地理信息系统和业务信息管理系统,实现项目信息与图形图像的有机结合。特别是通过对生产建设项目水土流失影响因子的采集、存储、处理和分析,有效评价生产建设项目的水土保持情况。

5.水土保持信息服务

建立基于Web的水土保持信息服务系统,满足各级水土保持部门对水土保持信息共享的需求。通过系统应用,各级水土保持部门能够根据不同的权限,共享分布式管理的GIS信息数据,或对社会和相应部门发布信息。公众也能及时获取所关心地区的水土流失及其防治情况的文字、图形图像及其他信息。

6.水土保持应用门户

主要包括水土保持业务信息门户、公众应用门户两类。

业务信息门户利用先进的计算机网络技术、软件技术、数据库技术,将不同的、相互之间相对独立的应用系统集成起来,实现系统、应用、流程以及数据的有机结合,实现信息发布、内部交流、单点登录、访问控制、个性定制,能够对不同层面行政区域的水土保持日常管理信息及时、动态、有效地掌握。

公众应用门户能够及时向用户、公众和社会发布水土保持管理动态信息,提供公共参与、监督水土保持工作的渠道,定期向社会各界发布水土保持信息和重要水土保持活动。作为水土保持部门面向社会公众提供信息服务的第一入口,应该是水土保持部门展示形象、发布信息、业务办理和与公众互动的网络窗口。

7.7　监测能力建设

7.7.1　监测机构标准化建设

为保证水土保持监测工作持续健康有序开展,有必要开展水土保持监测机构的标准化建设,监测机构的标准化建设主要包括机构的人员编制、监测经费、监测用房、监测设备等方面。

7.7.1.1　人员编制

水土保持监测工作的技术含量较高,对人员的要求比较高。根据水土保持监测工作的需要,水土保持监测机构配置的技术人员专业一般包括水土保持与荒漠化防治、水利工程、地理科学、地理信息系统、计算机科学等。

各级监测机构人员编制、技术人员占总人数的比例及高级、中级技术人员较适宜的比例见表7-9。

表 7-9 各级监测机构适宜人员编制及人员结构表

机构名称	人员编制	技术人员比例	高、中级专业人员比例
省级监测总站	不少于 30 人	不低于 85%	高级不低于 30%,中级不低于 40%
州(市)级监测分站	不少于 20 人	不低于 80%	高级不低于 30%,中级不低于 40%
监测点	不少于 5 人	不低于 60%	高级不低于 30%,中级不低于 40%

7.7.1.2 监测经费

水土保持监测服务于政府、服务于社会、服务于公众。水土保持监测是一项社会公益性事业,各级人民政府水利部门应当协调有关部门保证水土保持监测工作经费。各级水土保持监测机构经费建议标准见表 7-10。

表 7-10 各级机构水土保持监测经费测算表

机构名称	业务费 [万元/(人·年)]	监测运行费 (万元/年)	仪器设备购置费 (万元/年)	仪器设备维护费
省级监测总站	不低于 7	500	不低于 30	按照上年仪器设备总值的 10%
州(市)级监测分站	不低于 6	300	不低于 20	
监测点	不低于 5	50	不低于 10	

注:业务费包括常规监测、报告编写、数据统计、上报等费用;运行费包括系统运行材料费、维护检修费、技术培训费、常规观测费、设备更新费、分析化验费、劳务费、交通费、通信费、数据分析与质量控制费等。

7.7.1.3 监测用房

监测用房是开展水土保持监测工作必备的基础条件之一,特别是实验用房是各级水土保持监测机构的基础条件,应予以重点保证。各级水土保持监测机构用房建议面积及要求见表 7-11。

表 7-11 各级机构监测用房建议标准一览表

机构名称	实验用房(m²)	行政办公用房(m²)	用房要求
省级监测总站	不低于 3 000	人均不低于 15	(1)监测实验用房要严格按照国家有关实验室建设要求,做好水、电、通风、防腐蚀、紧急救援、恒温等设施。 (2)行政办公用房配备桌椅、柜等办公设施,配备传真机、复印机、网络设备等
州(市)级监测分站	不低于 1 000	人均不低于 15	
监测点	不低于 200	人均不低于 15	

7.7.1.4 监测设备

监测设备是保证监测机构开展水土保持监测工作的基本条件,各级监测机构本着节俭、实用、必需的原则配置办公、数据采集与处理、数据管理、数据输入输出、网络通信、交通等设备,建议标准见表 7-12。

表 7-12　各级监测机构配置设备建议标准一览表

序号	项目	单位	省级监测总站	州(市)监测分站	监测点
1	办公设备				
	台式计算机	台/人	1	1	1
	笔记本电脑	台/人	1	1	1
	传真机	台	3	3	2
2	数据采集与处理设备				
	工作站	台	2	2	1
	GIS 软件系统	套	1	1	1
	遥感影像处理软件	套	1	1	1
	GPS 接收机	台	2	2	2
	摄像机	台	3	3	2
3	数据管理设备				
	磁盘阵列	TB	100	50	50
	数据库服务器	台	4	2	1
	数据库管理系统	套	1	1	1
4	网络通信设备				
	交换机	台	2	2	2
	路由器	台	1	1	1
	防火墙	台	1	1	1
5	数据输入输出设备				
	扫描仪	台	2	2	1
	绘图仪	台	1	1	1
6	交通设备				
	越野车		1 辆/10 人	1 辆/10 人	1 辆/10 人

7.7.2　监测管理制度体系建设

为建立行之有效的水土保持监测管理体制和运行机制,保证水土保持监测网络的高效运作、数据交换的安全畅通和协调发展,确保监测工作的各个环节得到全面的管理和控制,有效发挥监测网络的效用,在分析评价水土保持监测工作已建相关制度的基础上,结合水土保持事业发展,开展水土保持监测工作管理制度、水土保持监测网络建设与管理制度、水土保持动态监测制度、水土保持监测公告制度、水土保持监测从业资格管理制度、水土保持绩效评价与考核制度、监测成果认证制度等规章制度的建设。

7.7.3　水土保持监测重点实验室建设

围绕国家及区域发展战略需求,瞄准科学前沿,紧紧围绕土壤侵蚀动态监测技术、水土保持效益监测评价、生态清洁小流域监测技术、生产建设项目水土流失防治等领域开展基础性、战略性和前瞻性研究,建立和完善水土保持监测技术与理论体系,提升对生态环境建设的科技支撑和决策咨询能力,为国家经济、社会、生态可持续发展做出重要贡献,建设国内知名和具有影响力的水土保持科学研究和学术交流重要基地。

按照开发、流动、联合、竞争的原则,采用开放式的运行管理机制,依托大专院校、科研单位和水土保持监测机构,建立 1~2 个省级水土保持监测重点实验室,实现优势互补,资源共享,促进水土保持监测技术的跨越式发展。

以国家水土保持基础信息平台为支撑,结合国家和省级基本水土流失监测点,建立基础实验室。实验室建设任务主要包括实验室基础设施及实验仪器设备、人工模拟降雨系统、野外水土流失信息采集系统。开展的试验及研究内容包括:泥沙、土样、水质分析;水土流失影响因子快速提取技术;土壤侵蚀规律研究;水土流失评价及预测预报技术研究等。

7.7.4　人才培养与队伍建设

加强水土保持监测技术队伍建设,提高从业人员的业务水平和综合素质,适应新形势下水土保持生态建设快速发展的要求。各级水土保持监测机构应安排专门资金,定期组织水土保持监测技术培训,组织辖区内从事水土保持监测的技术人员参加监测技术培训,加速培养各类水土保持监测人才,同时采取人才引进等方式,加快建立结构合理的高素质的水土保持人才队伍,全面提高水土保持监测人员的生产能力和业务技术水平。

到 2020 年,应完成水土保持监测机构专业技术人员的初步培训 1 000 人次,其中省级监测总站培训人员比例达到100%以上,地市级监测分站培训人员比例达到90%以上,监测站(点)培训人员比例达到80%以上。同时,定期开展监测人员再培训,保证监测知识和技术更新,及时满足不断发展的监测工作和整个水土保持工作的需要。各监测机构要形成良好的技术培训机制,鼓励和支持技术人员的学习。

7.7.5　科技研究与推广

根据水土保持监测工作的现状和发展要求,坚持科研与生产相结合,近期与长远相结合,重点与一般相结合,基础研究与高新技术开发相结合,应用研究与成果推广相结合,自主创新与引进相结合,达到生产应用、发挥实效为目的,紧紧围绕水土保持发展中的监测技术问题,结合水土保持监测工作的现状和发展要求,针对水土保持监测急需解决的技术和管理等重大问题,集中优势力量,加大工作力度,开展一批水土保持重要领域的关键科学、技术问题的集中攻关研究,建立水土保持技术推广平台,加大成熟技术的推广应用力度,提高经济社会发展与水土保持管理的水土保持科技贡献水平。

应围绕水土流失试验方法与动态监测技术研究与推广、水土流失灾害与水土保持效益评价、水土保持监测自动化监测设备研发、水土保持数字化技术、土壤侵蚀预测预报及评价模型研究等几个方面进行集中攻关研究。

7.7.6　技术交流与合作

充分利用已有的工作基础,坚持先进性、实用性、效率优先的原则,加强与同行业各部门的合作与交流,积极参加各种水土保持活动;加大交流的力度,密切跟踪水土保持科技发展的最新动向,引进先进技术、先进经验和适合青海省的先进仪器设备,加快青海省水土保持监测现代化建设进程。加大水土保持监测机构与高校、科研机构的交流活动;加强水土保持监测技术人员的培养,推进高校水土保持监测专业课程建设;加大水土保持监测高层次人才的培养。

7.8　近期重点监测项目

根据监测指导思想、原则以及发展需求,研究提出青海省近期应安排的重点监测项目,包括青海省水土保持监测基础信息平台建设、青海省水土流失动态监测与公告项目和青海省水土保持普查。

7.8.1　青海省水土保持监测基础信息平台建设

在全国水土保持监测网络和信息系统建设的基础上,按照"全面覆盖、提高功能、规范运行"的原则,进一步加密各类监测点,逐步提高监测水平和质量,构成覆盖全省的水土保持监测站点体系,并与国家、流域的水土保持监测网络和信息系统对接,共享水土保持信息资源,初步建成青海省水土保持数据库体系,优化水土保持监督管理、综合治理和监测预报等业务应用系统,建成水土保持业务应用和信息共享的技术平台,构建科学、高效、安全的省级水土保持决策支撑体系,为青海省生态建设提供决策依据。

7.8.1.1　建设内容

1.水土保持监测站点体系

主要是对全省水土保持监测点按照不同类型进行自动化的升级改造,主要包括:①按照代表性强、标准高、水平高的原则,建设集信息采集、传输、存储等于一体的自动化程度高的省级重要水土保持监测点。②对监测点按照信息采集、传输、存储等自动化程度较高的标准建设升级改造,实现水文站信息交换和共享。

2.水土保持应用支撑平台

构建基于统一技术架构的、满足省内水土保持业务应用的技术平台,建成一个水土保持信息共享平台,内网和外网两大门户,省、州(市)、县级三级数据库,水土流失监测预报、生态建设管理、预防监督、社会服务四项业务,国家、流域、省、市、县五级服务,实现信息资源共享和业务协同的业务支撑平台。

3.信息资源和数据库建设

(1)数据资源建设:根据全国第一次水利普查数据库的相关成果,依托1∶5万和1∶1万比例尺数据,完成以全省水土保持重点小流域为单元的图斑划分,实现数据矢量化。

(2)数据库建设:建立以小流域单元的基础空间数据库,开展8个自治州(地级市)、46个县(区、行委)水土保持预防监督、综合治理和监测评价数据库建设。

(3)数据资源目录建设:按照统一的标准规范,对分散的数据资源进行整合和组织,形成可统一管理和服务的水土保持数据资源目录,指导水土保持数据资源的规范采集、处理、管理、应用、交换和共享。

4.业务应用系统

根据全省水土保持业务及应用系统的需求,在整合全省水土保持信息和相关资源的基础上,对水土保持预防监督、综合治理、监测评价等内容进行梳理,建立全省水土保持信息管理系统,实现水土保持信息由县、州(市)和省级共享。根据青海省水土流失及其防治特点,进一步完善水利部与各流域机构水土保持系统的标准数据交换接口,实现信息共享,提高信息资源利用效率。建立与公共数据库、相关应用系统,以及水利部、流域机构和省级系统之间的数据接口,实现完整的系统功能。统一组织开发综合信息服务系统的原形系统,部署到各地的的水土保持监测部门,结合需求,实施二次开发和定制。

5.标准规范

根据工程建设需要,制定对项目具有指导意义的规范、标准,重点建设监测点信息采集规范、水土保持信息资源建设规范、水土保持信息上报信息审核规范、基于水土保持基础信息信息平台二次开发指南、水土保持基础信息信息平台运行管理规范等规范。

7.8.1.2　组织方式

严格按照基本建设程序组织实施,执行项目法人负责制、招标投标制、建设监理制和合同管理制。省水利厅是工程的主管部门,对建设和管理进行宏观指导和监督。省水土保持监测总站作为项目法人,具体负责工程的建设管理工作。按"统筹规划、分级管理"的原则,合理划分事权,州(市)和县级水土保持监测机构作为二级法人,负责有关项目的建设管理任务。

7.8.2　青海省水土流失动态监测与公告项目

7.8.2.1　建设目标

完成国家级、省级水土流失重点防治区、生产建设项目集中区、不同类型区水土保持定位观测和水土保持重点工程项目的水土流失动态监测,发布省级年度水土保持公报。

7.8.2.2　监测内容

1.水土流失重点防治区

重点治理区水土流失监测主要采用遥感、地面观测和抽样调查相结合的方法,监测区域土地利用情况、水土流失状况、生态环境状况、水土保持措施和水土保持效益情况等,综合评价重点治理区的水土流失状况、水土保持措施及其防治效益。

重点预防区水土流失监测主要采用遥感监测与野外调查复核相结合的方法,监测区域土地利用情况、水土流失状况、生态环境状况、预防保护措施和预防保护效果等,评价重点预防区的水土流失与生态环境状况、预防保护措施和预防保护效果。另外,应根据重点预防区的预防保护对象和区域特征,增加相应的监测内容,如位于重要水源区的,应增加面源污染监测内容。

2.生产建设项目集中区

一些大中型生产建设项目集中区,由于扰动地表和破坏植被面积较大,挖填土石方量多,水土流失严重。为了全面反映因大规模项目建设引起的区域生态环境破坏程度及其危害,为制定和调整区域经济社会发展战略提供依据,非常有必要选取生产建设项目集中连片的区域,开展区域性的生产建设项目水土保持监测,对全省生产建设项目水土保持监测起到示范带动作用。选取生产建设项目集中区,开展生产建设项目水土保持监测试验示范。

生产建设项目集中区水土流失监测主要采用遥感监测与野外调查相结合的方法,监测生产建设项目扰动土地状况、土地利用情况、水土流失状况、水土保持措施及其效果等,综合评价生产建设项目集中区的水土流失状况、生态环境状况和水土保持效果。

3.不同类型区水土保持定位观测

为了深入分析研究不同土壤侵蚀类型的水土流失规律,为建立不同侵蚀类型区的水土流失及水土保持治理效益预测预报模型提供基础信息,应在不同土壤侵蚀类型区开展水土保持定位观测。水土保持定位观测的主要内容包括水土流失影响因子、水土流失状况、水土保持措施和水土保持效益等。

不同土壤侵蚀类型水土流失监测主要采用地面观测与调查相结合的方法。在不同侵蚀类型区选择有代表性的典型小流域,开展长期、定位观测,监测以小流域为单元的水土流失及其治理效益;并选择有代表性的监测点,开展以长期定点观测,监测坡面产流产沙规律,为深入研究分析水土流失规律,建立不同类型区坡面水土流失预测预报模型提供基础信息。另外,结合重点治理区、重点预防区和生产建设项目集中区的面上监测,综合分析不同侵蚀类型区的水土流失及其效益的动态变化情况。

4.水土保持重点工程项目

为了进一步提高水土保持管理水平,利用遥感、地理信息系统、定位观测等技术,开展以国家级和省内重点水土保持工程为主的监测项目,可以定位、定量地反映水土流失及其防治措施面积、分布、程度及其动态变化情况,为建立适合青海省的水土保持防治体系提供科学依据。

7.8.2.3　组织方式

青海省水土流失动态监测与公告项目涉及范围广,监测任务重,技术要求高,参与单位多,应建立统一管理、分工负责的工作机制,以保证项目的顺利实施、协调发展。

青海省水土保持监测总站负责项目的规划、设计和组织协调。州(市)水土保持监测分站按照任务分工,完成本辖区涉及重点治理区、重点预防区和不同土壤侵蚀类型区的监测任务,对区域内收集的水土保持数据进行整理。

7.8.3　青海省水土保持普查

　　按照全国整体部署完成第五次全国水土保持情况普查青海省水土保持普查。第五次全国水土保持情况普查,要在第四次全国水土保持普查(第一次全国水利普查水土保持情况普查)的基础上,全面调查全省土壤侵蚀和水土保持措施现状,掌握土壤侵蚀动态变化情况,为科学评价水土保持效益及生态服务价值提供基础数据,为国家水土保持生态建设提供决策依据。

7.8.3.1　建设内容

　　全省水土保持情况普查的水土流失重点治理区抽样比例为 4%,一般地区抽样比例为 1%,截至 2020 年,建设野外调查单元 4 644 个。普查任务主要包括:一是全面查清全省土壤侵蚀现状,掌握各类土壤侵蚀的分布、面积和强度;二是全面查清全省水土保持措施现状,掌握各类水土保持措施的数量和分布;三是更新全省水土保持基础数据库,为水土保持科学研究、行政管理和综合治理服务。

7.8.3.2　组织方式

　　按照"全省统一领导、部门分工协作、地方分级负责、各方共同参与"的原则开展工作。全省水土保持普查由省水利厅统一组织,各州(市)和县级水土保护部门参与,共同承担完成。

7.9　预期实施效果

　　青海省水土保持监测网络体系的逐步完善、监测重点项目的实施,监测能力的提高,预期能够实现以下效果:

　　(1)实现覆盖全省的现代化水土保持生态环境监测网络,为生态文明的实现提供准确数据和科学参考,具有显著的生态、经济效益和社会效益。

　　(2)初步形成由国家、省级水土流失监测点构成,以地面观测为主,由遥感、地理信息系统和信息网络等现代化信息技术构成,集数据采集、处理和传输等于一体的基础设施体系;完成青海省水土保持管理信息系统的优化与升级改造,建成功能完整、运行规范、快速通畅的信息共享平台和基于网络、面向社会的信息服务体系,实现水土流失及其防治动态监测的自动化和现代化,进一步推进青海省水土保持信息化建设,全面提高全省水土保持监测预报、监督管理和综合治理等工作的管理水平和服务能力,为水土流失预测预报和水土保持防治效果评价等提供准确数据,为青海省生态建设科学决策提供服务,促进经济社会与资源、环境协调发展。

　　(3)及时、准确、科学地采集、传输、分析、管理水土保持基础信息,提供综合决策,更好地服务于社会公众,普遍提高社会公众的水土保持意识和知情权、参与权、监督权。同时,可加快青海省水土保持信息化、现代化建设步伐,缩小与国内领先水平的差距,更好地服务于全省经济社会发展、生态建设和保护,具有显著的社会效益。

　　(4)为水土保持管理、决策、预报和公告奠定数据基础和长系列的成果资料。产生的水土保持监测数据和成果,不仅可服务于政府决策,指导各级政府根据水土流失状况,及时科学地调整水土流失防治和生态建设的政策,而且直接服务于社会,为经济社会发展总体规划布局、产业结构调整,提供水土保持的基础信息。主要表现为:一是水土流失监测预报能力将显著增强,将为各级水土保持机构防治水土流失提供更为全面、科学的依据,减轻水土流失对经济社会和生态环境造成的损失。二是可提高水土流失治理技术水平,使各种水土流失防治措施布设更合理,避免因治理措施配置不当而不能发挥防护功能的现象,提高工程投资使用效率。三是收集、积累水土流失基础信息的广度和深度显著增加,可以分析研究得到土壤侵蚀机制、水土流失规律、水土保持效益评价等重要成果,为保护生态环境和水资源提供科学的规划、决策依据。四是提高水土保持管理水平、决策水平和服务能力,提高规划、设计、统计和验收等工作效率,降低管理费用。

(5)不仅直接服务于全省水土保持与生态环境宏观决策,具有显著的环境效益,而且可建立健全青海省水土保持监测网络体系,建成的水土保持观测设施、配备的仪器设备和信息网络,将形成一批高技术含量的固定资产;利用遍布各侵蚀类型区的各类监测点的实测数据,将构建分布式全省水土保持基础信息数据库,通过长期积累,形成水土保持工作中最基础的信息数据。这些可为后续水土保持与生态环境监测服务,是重要的环境基础工程。

7.10　监测保障措施

防治水土流失,改善生态环境,是我国长期坚持的一项基本国策,是全省经济和社会可持续发展的重要保障措施之一。水土保持监测工作是法律赋予水行政主管部门的重要职责,是水土保持的基础性工作之一,关系到水土保持事业自身的发展。各级水行政主管部门要从落实科学发展观和生态立省战略的高度,推动水土保持的信息化、数字化,使全省各项水土保持事业实现可持续发展。为达到预期目标,必须有切实可行的各项保障措施。

(1)加强组织领导,保障监测工作健康发展。

水土保持监测数据和成果是服务于政府、服务于社会、服务于公众的,因此水土保持监测是一项社会公益事业,各级人民政府及其水行政主管部门应加强领导,保障各项监测工作顺利开展。依据水土保持监测规划和国家信息化发展的需要,逐步健全水土保持监测网络,完善监测信息系统,提高自动化和信息化水平,开展监测机构和监测站点标准化建设;依据法律规定和社会需求,开展水土流失动态监测,掌握水土流失发生、发展、变化趋势,进行监测预报,满足政府、社会公众的信息需求,实现水土保持监测数据和成果的社会共享;要为水土流失重点防治区实行政府水土保持目标责任制和考核奖惩制度提供重要依据。

(2)健全资金投入,保障监测工作持续发展。

明确水土保持生态环境监测作为政府基本公共服务的组成部分,加大公共财政资金支持力度。加强对水土保持生态环境监测能力建设的投入,提升水土保持监测公共服务水平。将水土保持监测工作经费全面纳入各级政府预算,省级财政应保障省级、市级监测机构的运行和工作经费,以及监测站点的工作经费,确保各项水土保持监测工作的顺利开展。建立专项资金渠道,保障水土保持监测网络等运行经费,确保发挥实效。开展水土保持监测能力建设绩效评价,提高资金的使用效率。

(3)提高科研能力,保障监测工作科学发展。

加强对水土保持生态环境监测热点问题、难点问题的研究工作,全面推进水土保持监测的基本理论、技术规范、评价方法等方面的研究,完善水土保持监测技术路线、标准方法和技术规范。加大国家、省级监测站开展监测科研的力度。鼓励高校、科研单位、企业等进行监测技术方法与监测仪器设备的研究和开发。

(4)健全法规制度,保障监测工作快速发展。

完善水土保持监测法规和工作制度,制定与《水土保持监测技术规程》相配套的监测管理政策,明确水土保持生态环境监测的法律地位,规范监测行为。加强监测管理,健全环境监测制度,减少对监测数据的行政干预。形成结构合理的水土保持监测技术标准体系。对各类监测工作要按照相关法律法规和技术规范严格要求,统一管理水土保持监测数据和成果,保证监测数据真实有效,真正能够为科学决策提供可靠依据。

(5)加大宣传力度,保障监测工作顺利实施。

水土保持生态环境监测需要全社会共同遵守和实施,要加强对监测工作的宣传和引导,提高全社会对加快水土保持监测发展和改革的认识程度。在监测工作中,既要充分发挥技术支撑单位和专家的咨询作用,也要通过多种途径,广泛听取社会各方面和广大人民群众的意见,把监测的过程作为调查研究、总结经验的过程,作为专家咨询、科学论证的过程,作为深入基层、民主决策的过程,增强监测工作的实践基础,提高监测方案的科学性与合理性。在监测工作实施过程中,充分利用广播、电视、报刊、互联网等媒体,加大水土保持监测工作宣传力度,让全社会了解水土保持监测,了解水土保持监测面临的繁重建设任务,了解水土保持监测与经济发展的密切关系,形成全社会关心、支持和参与水土保持监测发展的良好局面。

第 8 章　综合监管体制机制分析与研究

8.1　监管现状

自 1991 年《中华人民共和国水土保持法》颁布实施以来,青海省各级人大、政府以及水行政主管部门非常重视开发建设项目水土保持工作,全省各级水土保持监督管理部门齐抓共管,加大对违法行为的查处力度,严格水土保持方案审批制度,落实生产建设项目"三同时"制度,强化水土保持设施验收,从宣传、监督检查、督促方案编报及措施落实整改等方面,积极落实水土保持监督管理制度。积极推进监督管理能力建设,通过制定水土保持监督、执法、公示、培训制等规章制度和管理办法,不断提升执法人员的业务能力。同时,加强水土保持重点工程、水土保持监测、科技示范等重点工程的建设管理与管护制度建设,确保了各项工程的顺利实施。青海省各级人民政府制定了一系列水土保持地方性法规,部分州、县还出台了乡规民约,为全省水土保持生态建设工作提供了依据和保障。全省水土保持法规体系基本建立,监管机构与队伍、监管能力和制度化规范化建设取得了明显成效。

8.2　存在的主要问题

目前水土保持监督管理主要存在以下问题:

一是 2010 年 12 月新修订的《中华人民共和国水土保持法》,进一步强化了地方政府的水土保持目标责任、规划的法律地位、预防与治理法律规定,明确提出了水土保持方案审批管理制度、水土保持补偿制度等,针对新法,省内配套的法规及制度建设尚不完善。

二是水土保持监督管理工作有待进一步程序化、规范化、制度化。多年来,青海省水土保持监督管理工作逐步步入规范化轨道,省、州(市)、县三级执法体系建设日臻完善,执法环境不断改善,但是在程序化监督管理、违法责任举报与追究制度建设方面尚不完备,生产建设项目水土流失监管和程序性控制制度,对破坏水土资源和造成水土流失的生产建设活动责任举报与追究制度需进一步完善。

三是公众参与与激励机制尚不健全。主要体现在政策法规、管理办法、规划的参与,重点水土保持工程建设项目从规划设计到实施管护各个环节的公众参与,鼓励民间投资水土保持工程等方面的制度建设需完善。

四是需进一步加强基层监管机构及队伍建设,水土保持社会服务体系建设及科技支撑与信息化建设有待进一步完善。

8.3　监管需求

一是抓紧完善配套法规和制度。党的十八届三中全会对生态文明法律化和制度化提出了新要求,水土保持应着眼于生态文明法制化要求,完善中华人民共和国水土保持法律法规体系,针对新法,应抓紧出台配套法规、政策和省级中华人民共和国水土保持法实施办法(条例),提高各级管理部门的执法能力和水平,做到有法可依、执法必严、违法必究,强化政府水土保持监督管理职能。

二是加强基层执法力量。基层水土保持监督机构和队伍的建设水平事关水土保持工作的贯彻和落实,青海省地广人稀,自然条件恶劣,部分地区基层水土保持监管机构及队伍建设薄弱、人员数量不足、技术水平不高、装备简陋、执法能力不强,影响水土保持监管工作的有效开展。因此,应继续深入推进全省水土保持监督能力建设,进一步加强基层机构、队伍、执法能力建设,提高基层水土保持部门的执法力量。

三是加强政府公共服务和社会管理。进一步推进水土保持公共服务社会化,转变政府职能,建立高效、务实的法治政府、服务型政府,加快公共服务社会化体制机制的制度化、法制化建设,完善相关政策和行政许可制度,进一步规范水土保持相关审批,放宽政府准入限制,提高效率,做好服务。

四是加强水土保持宣传和教育工作。把水土保持作为生态文明宣传教育的重点内容,普及水土保持科学知识,鼓励民间资本参与水土流失治理,公众参与水土流失治理和管护,调动各方面积极性,形成全社会共同防治水土流失的强大合力。

五是实施创新驱动发展。积极推动水土保持科技创新、管理创新等,提高水土保持科学技术水平,推广先进的水土保持技术,培养水土保持科学技术人才。加强水土保持信息化建设,驱动水土保持事业快速发展。

8.4　指导思想与原则

8.4.1　指导思想

党的十八大、十九大对生态文明法律化和制度化建设提出了新要求,水土保持应着眼于生态文明法制化要求,完善水土保持法律法规体系,提高各级管理部门执法能力和水平,做到有法可依、执法必严、违法必究,强化政府水土保持监督管理职能。同时,按照"小政府、大社会"的改革方向,根据建立服务型政府的要求,完善相关政策和行政许可制度,加强技术咨询、规划设计、监测评价等社会服务体系建设。增强水土保持生态文明宣传教育,提高全社会保护水土资源的意识和自觉性,强化水土保持科技发展与信息化建设,驱动水土保持事业快速发展。

针对目前水土保持工作发展的突出薄弱环节,提出针对今后一段时期水土保持预防、治理和综合监管的要求和对策措施;针对制约水土保持工作发展的体制机制障碍,提出促进水土保持发展的体制机制框架。从加强领导、完善制度、强化监管、确保投入、科技支撑、加强宣传等方面提出综合监管措施。

8.4.2　原则

8.4.2.1　坚持统筹兼顾、全面规划

综合监管工作既要统筹兼顾中央与地方、流域与区域、建设与管理的关系,又要建立健全各部门协作机制,形成以规划为依据,政府引导、部门协作、全社会共同参与水土流失治理的新局面。

8.4.2.2　坚持依法行政、综合监管

充分考虑当前经济社会发展水平以及国家和区域重大经济战略布局,研究分析水土流失对水土资源的影响,合理界定不同区域水土保持功能,制定相应的水土保持监管准则,完善水土保持综合监督管理体系,进一步强化政府社会管理和公共服务能力。

8.4.2.3　坚持科技支撑、技术创新

充分依托"3S"、数据库及网络通信技术开展水土保持规划,注重技术创新,充分吸纳近年来水土保持形成的新理念、新技术,合理应用于本规划。

8.5　监管体制机制建设

8.5.1　现状及存在问题

近30年来,青海省水土保持监管机构与体制建设有了长足的发展,省级层面上形成了由青海省水利厅水土保持局负责,农业、林业、国土、环境协调配合的水土保持工作体制。青海省水土保持局成立于1984年,隶属省水利厅领导,下辖监督、监测、规划、治理和科研实验等科室,负责全省范围内水土保持的管理。全省6州2市、46县(市、区)水利局均设有水土保持处(监督站),形成了水利部、流域机构、省、州、县多级管理模式。此外,还有从事水土保持设计、施工、监测、监理的企业单位和学会等非政府组织,水土保持专管机构和社会服务体系建设不断加强。

随着水土保持事业的深入发展,水土保持的内涵与外延不断丰富和扩展,在技术、管理等方面发生了深刻的变化。当前,国家已将水土保持生态建设项目纳入基本建设项目管理程序,进一步规范了水土保持的项目管理,出台了各种项目管理办法和质量管理规定,对水土保持生态建设提出了新要求。现阶段,水土保持监管存在的主要问题有:

一是水保专管部门和相关部门间机构重叠、职能交叉、权限不清,管理协调机制不完善。

二是县级水土保持专管部门内设机构分工简单,水土保持规划、设计、施工、管理、验收工作职责不明确,在一些事业单位还存在着承担行政机构职能的情况,有待进一步强化行政职能,加强行政管理。

三是部分地区虽有专职机构和人员,但人员数量不足,技术水平不高,装备简陋,执法能力不强,基层水土保持机构与队伍建设尚需加强。

8.5.2　体制机制创新

根据新形势的要求,体制机制创新需从以下几个方面加以完善。

8.5.2.1　建立健全组织领导和协调机制

水土保持涉及水利、农业、林业、国土、环境、交通、电力、煤炭、石油等部门或行业,是一项综合性很强的工作,需要全社会共同参与。鉴于目前的状况,建议设立跨部门、高规格的协调机构,主要负责包括对全省水土保持规划、政策、重大问题的统筹协调和重大事件的应急管理和协调。

水土保持重点工程建设及生产建设项目水土保持监督管理方面还未建立有效的纵横指导与协调机制,未形成全社会共同防治水土流失的局面。建议逐步建立跨部门管理机制和综合管理运行机制,满足社会经济发展对水土保持的需求。

8.5.2.2　明确水土保持管理机构督查与管理职责

进一步明确省、州(市)、县各级管理机构依法承担的水土保持监督与管理职责,加强行政管理。按照理顺省、州(市)一级,充实完善县一级的思路,简政放权,实行行政和事业的分离,强化行政管理。重点对法规制度建设情况、水土保持规划管理、水土保持执法、水土保持方案审批和督促实施、水土流失监测预报,以及水土保持建设项目的申报、审批和管理,基层执法机构和队伍建设情况等进行监督和管理。

8.5.2.3　加强基层监管机构和队伍建设

建议根据州(市)、县管辖行政范围,水土流失面积,城镇化程度,生产建设强度及区域水土保持功能等因素,制定基层水土保持机构和人员配备规定,制定监督执法责任制、公示制、人员的定期培训制、上岗制和监督检查制,不断提高监督管理人员的依法行政能力。

8.5.2.4　完善技术服务体系监管制度

建立和完善水土保持规划设计、监理、监测、验收、技术咨询等技术服务体系的监管制度。建议设立省级水土保持规划设计的技术指导和管理机构,承担水土保持各类规划及后续重点项目设计的技术管理工作;完善生产建设项目水土保持设计、施工、监理、监测、验收市场准入和监管机制,引入退出机制,建立技术服务单位的考核评价制度,加大政府购买水土保持公共服务的力度,加强对水土保持技术服务体系的监管。

8.5.2.5　鼓励全社会共同参与

鼓励教育、科研及相关企事业单位共同参与治理水土流失,积极落实优惠扶持政策,完善信息共享和技术服务制度,积极探索并引入民间资本参与水土保持工程建设的保障机制,努力构建全社会共同治理水土流失的局面。

8.6　监管制度

水土保持监督管理主要包括相关规划监督管理、预防监督管理、治理监督管理、监测监督管理,以及违法查处、纠纷调处、行政许可和补偿费征收管理等的监督管理。

相关规划监督管理满足各项水土保持相关规划科学编制并组织实施的要求。

预防监督管理满足预防规划提出的预防目标和控制指标,以及生产建设项目水土保持方案编制、审批、实施、验收的要求。

治理监督管理满足评价工程建设、管理及水土流失治理工作的需要。

监测监督管理满足监测资质考核和成果质量评价的需要。

违法查处、纠纷调处、行政许可和补偿费征收管理等的监督管理满足考核各级监督执法机构履行行政职责的需要。

8.6.1　水土保持相关规划监督管理

8.6.1.1　监管内容

水土保持相关规划监督管理的内容包括:县级以上人民政府公告水土流失重点预防区和重点治理区的划定情况,以及水土流失定期调查结果;编制水土保持规划及组织实施情况;有关基础设施建设、矿产资源开发、城镇建设、公共服务设施建设等规划,在实施过程中可能造成水土流失的,应包括对水土流失预防和治理的对策和实施措施意见。

配合上述监管内容,应建立和完善的监管制度包括:水土流失状况定期调查和公告制度;地方政府在水土流失重点预防区和重点治理区建立的水土保持目标责任制和考核奖惩制度;水土保持规划审批及实施制度;基础设施建设、矿产资源开发、城镇建设、公共服务设施建设等规划编制阶段征求水土保持意见制度等。

8.6.1.2　重点制度建设

1. 水土保持规划管理制度

建立并完善省、州(市)、县级综合规划及重点工程专项规划组成的水土保持规划体系;树立规划的权威性,发挥规划的顶层设计作用,用规划来规范和指导工作,并作为政府目标考核的依据之一,建立规划批准与备案制度和跟踪督查制度;根据青海省主体功能区划和水土流失重点防治区划,确立水土保持生态红线指标和管控制度;建立规划实施的定期评估制度,全面分析规划实施成效,并对后续实施内容提出调整建议;对可能造成水土流失的生产建设项目,建立规划阶段意见征求制度。

2. 水土保持目标责任制和考核奖惩制度

制定县级以上人民政府在水土流失重点预防区和重点治理区水土保持目标责任制和考核奖惩制度,明确考核奖惩制度实施的范围和内容,包括水土保持规划实施、水土保持防治任务落实及资金投入、生产建设项目的监管情况等内容。

3. 水土保持公报需定期公告制度

根据《中华人民共和国水土保持法》的规定,建立水土流失状况定期调查与公告制度,明确公告内容,包括水土流失重点防治区划分、水土流失状况调查结论、水土保持重点工程实施情况、生产建设项目水土保持督查情况等。

8.6.2　水土流失预防监督管理

8.6.2.1　监管内容

水土流失预防监督管理包括:省、州(市)、县各级政府应按照水土保持规划,采取水土保持措施预防和减轻水土流失;县级以上地方人民政府划定并公告崩塌滑坡危险区和泥石流易发区的范围;对取土、挖砂、采石、陡坡地开垦种植农作物、毁林毁草开垦等各类禁止行为的监控;对水土流失严重、生态脆弱地区及水土流失重点防治区生产建设活动限制行为的监控;水土保持设施的所有权人或使用权人对水土保持设施的管理与维护;生产建设项目水土保持方案编报、审批、实施与跟踪检查。

　　配合上述监管内容,应建立和完善的监管制度包括:水土保持特定区域禁止行为的监管制度;水土保持设施管护制度;生产建设项目水土保持监管制度;水土流失重点防治区管控制度;生产建设项目水土保持"三同时"制度等。

8.6.2.2　重点制度建设

1.生产建设项目水土保持监管制度

制定水土流失重点防治区人为水土流失管控制度,明确生产建设项目立项及设计相关准则与要求;建立和完善生产建设项目水土保持方案编制与审批及农林开发等生产建设活动的监管制度;完善水土保持"三同时"制度,制定水土保持设施验收监管制度;实行生产建设项目水土保持公告制度。

2.水土流失重点防治区管控制度

建立水土流失重点防治区的保护和治理制度,提出基于青海省水土保持区划水土保持主导功能的水土流失防治准则与要求;建立和完善水土流失重点防治区生产建设活动的监管制度。

3.水土保持设施管护制度

建立健全县、乡、村、社四级管护体系;制定管护制度;建立损坏水土保持设施的企事业单位和个人的赔偿制度。

8.6.3　水土流失治理情况监督管理

8.6.3.1　监管内容

水土流失治理情况监督管理的内容包括:水土保持重点工程的建设管理和运行管理情况;水土保持生态补偿机制的建设和实施情况;水土保持补偿费征收和使用情况;鼓励公众参与治理的扶持工作开展情况;水蚀、风蚀、重力侵蚀地区,重要饮用水水源地保护区及生产建设项目水土流失治理准则和要求。

　　配合上述监管内容,应建立和完善的监管制度包括:水土保持重点工程建设与管理制度;水土保持生态补偿制度;水土保持补偿费征收和使用管理制度。

8.6.3.2　重点制度建设

1.水土保持重点工程建设与管理制度

完善省、州(市)、县水土保持重点工程建设与管理分级管理制度;完善规划设计技术审查、审批规定;完善工程建设招标投标、监理、公示、公众参与等制度;完善工程建成后运行管护制度;完善工程检查验收制度,实行年度验收、竣工验收,以及不定期检查的制度;完善以国家投资为主导,多元化的投资机制。

2.水土保持生态补偿制度

积极探索全省各生态功能区的水土保持生态补偿制度,明确相关利益主体间的权利义务和保障措施,推动全省水土保持生态补偿工作深入开展;加大水土保持财政转移支付力度,重点给涉及土壤保持、水源涵养、蓄水保水、生态维护的水土流失区以适当的补偿和一定的投入,保证区域生态的良性循环;按照"谁投资、谁受益"的原则,建立多元化的水土保持生态补偿机制,积极筹措稳定的生态补偿资金;建立煤炭、石油、天然气、有色金属、铁路、高速公路、水电等生产建设项目的水土保持生态补偿制度。

健全水土保持补偿费征收监督机制,监督在资源开发中造成的水土流失,制定合理的效益补偿或损失补偿的保证措施;健全补偿费使用监督机制,保障补偿费及时落实到水土保持生态建设部门,用于水土保持防治工作,保证治理工作的顺利开展;建立水土保持效益与损失监督和监测机制,监测保护效益与损害变化并进行评估。

8.6.4　水土保持监测和监督检查情况管理

8.6.4.1　监管内容

水土保持监测和监督检查情况管理的内容包括:县级以上政府有关水土保持监测工作经费落实情况;水土流失动态监测及定期公告情况;可能造成严重水土流失的生产建设项目开展水土流失监测及定期上报监测结果的情况;水行政主管部门监督检查人员依法履行监督检查职责的情况;对违法违规生产建设项目和生产建设活动的查处情况。

根据上述内容应建立和完善的监管制度包括:水土流失动态监测及公告制度;大中型生产建设项目水土流失监测监督和评判制度、水土保持执法机构执法督查程序化及违法行为责任及查处追究制度等。

8.6.4.2　重点制度建设

1. 水土流失动态监测、公告及监督管理制度

完善水土流失动态监测及公告制度,定期开展并公告水土保持监测工作情况,重点是建立和完善可能造成严重水土流失的大中型生产建设项目水土流失动态监测、成果报送和公告制度;根据监测资质考核和成果质量评价的需要建立监测监管制度,明确监测机构职责和成果要求。

2. 建立省级水土保持监测技术标准体系

根据全省水土保持监测工作的需要,在监测重要技术环节、技术领域和关键仪器设备应用等方面,制定出台相应的技术标准体系,规范、指导全省水土保持监测工作;完善监测技术人员的培训制度,加强监测技术制度的宣贯,提高执行能力和执行效果。

3. 进一步完善水土保持监测数据和成果管理制度

完善水土保持监测数据质量控制和成果管理制度,使之更好地服务政府、服务社会和公众;建立水土保持监测报告制度,实现监测信息的及时报送与系统分析,为全省水土保持工作提供重要技术支撑。

4. 水土保持执法监管制度

完善水土保持执法监管制度,制定省、州(市)、县水土保持监督检查相关制度,以及上级主管部门对下级水土保持情况督查管理制度,年度及重大水土流失案件报告制度,明确县级水土保持行政管理部门执法监督的主体地位,制定水土保持执法人员依法对生产建设项目与活动的水土保持监察、督导、检查及处理等相应的管理制度。建立完善水土保持监督管理公示公告制度,公告水土保持方案审批、验收等行政许可依据、程序、条件、时

限、内容和结果,公告生产建设项目水土保持监测成果和其他重要事项,做到公开、公正、透明,自觉接受社会各界监督。设立举报电话、信箱并正式公布,规范举报的记录、接收、处理、协调、反馈等各环节工作。

8.7　基础设施与能力建设

基础设施建设包括科研基地建设、科技示范园建设和监测站点标准化建设;能力建设主要内容包括监督管理能力建设、社会服务能力建设和宣传教育能力建设。

8.7.1　基础设施建设

8.7.1.1　科研基地建设

水土保持科研和管理工作必须有翔实可靠的大量基础数据做支撑,建设水土保持试验站进行相关观测试验以获取第一手基础资料是搞好水土保持科技工作的重点。青海省于 1987 年建立了西宁市长岭沟水土保持试验站,它是集生态治理、科研示范、水土保持监测于一体的科研基地,积累了宝贵的第一手观测资料,在一定范围内起到了监测、预报、试验、示范的作用,为青海省黄土高原地区大面积开展水土流失综合治理提供了科学依据。因此,需继续搞好水土保持综合试验站建设,加大投入,加强管理,为水土保持的研究、管理和决策提供数据支撑。

8.7.1.2　科技示范园建设

目前全省已授牌创建西宁市长岭沟、互助县下沙沟 2 个水利部水土保持科技示范园区,为增强其技术示范、成果推广和宣传教育的综合效益,应重点建设的内容包括:完善各园区的试验观测设施,提高设施自动化和现代化水平,提升科普教育和示范宣传能力;以园区为平台,加强与科研院所、高等院校等单位的协作攻关,加强成果转化,扩大示范效益;加强科技合作交流,开展基层及一线技术人员培训。

8.7.1.3　监测站点标准化建设

水土保持监测站点作为水土保持监测网络的神经末梢,承担着观测、试验、数据采集和传输等任务,是水土保持监测的重中之重,监测站点的规范化、标准化建设是推动水土流失动态监测与预测预报可持续发展的必然选择。主要包括站点布局规范化、设施设备标准化、人员队伍标准化、监测数据标准化、运行管理标准化五个方面的建设内容。

1. 站点布局规范化

在监测点的建设和运行过程中,要建立一套有效的、可操作的开放、流动、竞争、联合的机制,不断对监测站点进行优化和调整,以便构建能覆盖不同水土流失类型、监测结果能够有效反映所在类型区的水土流失与综合治理动态变化特征的基层数据采集网点,及时采集和分析各个类型区的水土流失及其治理效益消长的信息。

2. 设施设备标准化

水土保持监测设施设备主要包括水土流失试验观测设施设备、样品测试仪器设备和数据处理、存储与传输设备等。建立不同级别、不同地域、不同类型监测站点的水土保持监测设施设备的配置标准,确保各级各类监测数据获取的一致性和可比性,提高数据获取质量,提高水土保持监测预报的精度。

3. 人员队伍标准化

监测站点的运行与管理是一项长期性的工作,需配备专职人员,在人员数量上,应本着"因需设岗,按岗设编"的原则进行配置,一般不少于 2 人。在人员结构上,由专业技术人员和辅助人员组成。专业技术人员应为固定人员,至少 1 人。

根据监测站点业务需要,制定科学合理的人员培训与流动机制,将专项技能操作和监测理论知识作为主要培训内容进行上岗培训。随着工作的深入,进行数据处理与分析的研究培训,在岗位练兵和业务学习的同时,应建立能力素质培训机制,为人才的成长提供机会。

4. 监测数据标准化

规范监测数据采集指标,根据监测站点类型,制定统一完善的监测数据采集指标,按照省级、州(市)级和县级不同的应用需求,分尺度确定指标内容和精度要求。监测指标主要包括水土流失量、径流泥沙、水文气象信息以及各项水土保持措施的效益监测信息,并根据部分地区的实际需要,增加面源污染、生态效益等监测指标。同时,建立各类监测站点监测数据采集精度、数据格式等规范标准,保证监测数据的统一性、准确性和完整性。

设置规范的数据库,对监测数据进行规范化存储与管理,建议按不同的管理层次,制定统一的监测点数据库表结构及标识符代码标准,开发通用的监测点数据库管理系统,系统管理各站点数据。

5. 运行管理标准化

建立数据采集与处理规范制度,根据监测站点的类型及使用的设施设备,分别建立设施设备的操作与维护、数据的记录与存储、数据处理的规范化流程,减少数据采集与处理人员变更因素的影响,确保数据质量。

建立数据上报制度,确保数据精确与完整,同时建立数据定期上报机制,及时将审核后的数据上报给上级水土保持监测部门,为相关行业部门决策提供服务。

建立数据共享与发布制度,根据国家及水利行业信息安全的有关规定,建立数据安全机制,制定数据安全管理办法,维护信息安全。

8.7.2　监督管理能力建设

8.7.2.1　进一步完善各项水土保持配套法规和制度,明确各级监管机构管辖范围内的监管任务,规范行政许可及其他各项监督管理工作

(1)完善《中华人民共和国水土保持法》实施办法。根据中华人民共和国水土保持法律法规,结合当前形势和当地实际,制定、修订《中华人民共和国水土保持法》实施办法,明确当地水土流失防治、治理和监督管理的实施细则,进一步增强法规的针对性和操作性。

(2)完善水土保持监督检查的规定。制定、完善生产建设项目监督检查制度,明确监督检查的对象、内容、程序、频次、方式、整改和跟踪落实等要求,全面规范现场监督检查的各项工作,确保水土保持方案得到全面及时落实。

(3)完善水土保持补偿费征收使用管理规定。根据经济社会发展形势要求,制定、修

订水土保持补偿费征收使用管理规定,合理确定征收范围,明确征收标准,规范使用管理,确保征收的费用主要用于水土流失治理。

(4)完善水土保持设施验收制度,水土保持设施验收技术评估、受理、验收、送达规范,严格水土保持设施验收标准,细化验收分类、对象、内容、范围、程序和方式等要求。

(5)进一步健全水土保持监督管理制度。建立健全水土保持监督年度工作及重大水土流失案件(事件)报告制度;建立并落实对重大水土保持违法违规案件的挂牌督办制度;省级水行政部门对从事水土保持方案技术审查、水土保持设施验收技术评估等技术支撑服务的机构制定规范的管理制度;对水土保持监督管理人员和参与水土保持方案技术审查、技术评估等技术服务机构的专家,建立廉政管理机制;建立和完善水土保持监督管理公示公告制度,公告水土保持方案审批、验收等行政许可依据、程序、条件、时限、内容和结果,公告生产建设项目水土保持监测成果和其他重要事项,做到公正、公开、透明,自觉接受社会各界监督。

8.7.2.2　增强水土保持监督管理机构履行职责能力

(1)根据监管实际工作需要,研究确定监管能力标准化建设方案,制定水土保持监管机构、人员、装备配置标准,逐步配备完善省、州(市)、县各级水土保持监管机构、装备和队伍建设。

(2)开展水土保持监督执法人员的定期培训与考核,完善执法责任制、公示制、错误追究制、监督检查制等规章制度和管理办法,不断提升执法人员的业务能力。

(3)出台水土保持监督执法装备配置标准,配套交通、办公、取证等执法装备,逐步完善各级水土保持监督执法队伍,提高监督执法的质量和效率。

(4)依托国家和水利水土保持行业信息网络资源,推进水土保持信息化管理,完善水土保持监测管理信息系统、水土保持综合监督管理系统,做好政务公开,增加监管透明度,加强水土保持综合防治和生产建设项目水土保持管理,实现水土保持监管的网络化和信息化,提高水土保持实时监控和处置能力。

8.7.3　社会服务能力建设

加强水土保持方案编制、监测、监理、评估等技术服务单位的社会化管理,设立技术服务单位管理档案,明确职责和义务,建立咨询设计质量和诚信评价体系,引入退出机制;加强从业人员技术和知识的更新培训和交流,提高服务水平。

8.7.4　宣传教育能力建设

加强日常水土保持业务宣传,重视广播、电视、报纸、期刊、简报等传统信息传播方式,完善青海省水利信息网、青海省水土保持生态建设网等网络宣传平台建设;加强水土保持宣传机构和队伍建设,成立专门的宣传信息工作组,加强人员技术培训;制订水土保持宣传方案,做好宣传选题选材,提升宣传效果;通过开展水土保持知识进校园、水土保持知识进农户、水土保持知识进企业等宣传教育活动,普及水土保持知识,提高社会公众参与水土保持的积极性和主动性。

8.8　科技支撑

8.8.1　科技支撑体系

8.8.1.1　积极推进水土保持科技体制改革,努力完善水土保持知识创新体系

加强省属水土保持研究机构科研能力建设,消除体制机制性障碍,加强部门之间、地方之间、部门与地方之间的统筹协调,切实整合全省水土保持科技资源,优化资源配置,集中力量形成优势研究领域和基地,建设青海省水土保持协同创新中心等一批高水平科研机构。

8.8.1.2　大力加强水土保持科研队伍建设

依托全省水土保持现有机构,实施水土保持科技人才培养,建设一支创新能力足、业务能力强的专业化高技能人才队伍。着眼于青海省水土保持事业中长期科技发展的需要,积极吸纳高水平水土保持人才落户青海省。促进青年水土保持科技人才和学科带头人成长。

8.8.1.3　加强与东部地区及邻近省份的水土保持科技合作与交流

发挥青海省在全国水土保持的区位优势,加强和促进青海省与国家经济较发达的东部地区及邻近省份政府、高等院校、科研机构开展多形式、多渠道和多层次的科技合作与交流,构建青藏高原、黄土高原、祁连山地水土保持协同创新体系,为青海省实施“生态立省”战略提供强有力的科技支撑。

8.8.2　重点研究领域

8.8.2.1　水土保持基础理论研究

重点研究土壤侵蚀影响因素、机制及其过程,土壤侵蚀预报模型,土壤侵蚀区退化生态系统植被恢复机制及关键技术,水土保持措施蓄水保土机制及适用性评价,流域生态经济系统演变过程和水土保持措施配置,水土保持生态效益补偿机制等6项基础理论。

1. 土壤侵蚀影响因素、机制及其过程

针对青海省水力侵蚀、风力侵蚀、冻融侵蚀广泛存在、交错分布的现实情况,研究青海省土壤侵蚀的影响因素和侵蚀营力,揭示青海省土壤侵蚀的动力学机制及其演化过程。对东部黄土区面蚀—崩塌、沟蚀—泥石流链式水土流失灾害过程,共和盆地水风复合侵蚀机制,三江源地区冻融侵蚀—流水、风力、重力作用,“黑土滩”型草地退化机制,柴达木盆地工程扰动风沙启动机制等开展深入研究。

2. 土壤侵蚀预报模型

根据青海省土壤侵蚀影响因素、动力机制和演化过程特征,合理划分土壤侵蚀预报类型区,分区域建立土壤水力、风力、冻融侵蚀预报模型,分区域确定合理的容许土壤流失量和土壤侵蚀强度分级标准,开展各类预报模型的精度与应用效果评价。

3. 土壤侵蚀区退化生态系统植被恢复机制及关键技术

开展不同土壤侵蚀类型区生态系统植被退化的类型及其成因、不同土壤侵蚀类型区

退化生态系统植被恢复机制和途径等研究。

4.水土保持措施蓄水保土机制及适用性评价

青海省水土保持措施丰富多样,应系统总结各地区水土保持措施,阐述各种措施的蓄水保土机制与适用区域,确定各区域水土保持措施的合理配置方案,指导全省水土流失治理与生态文明建设。

5.流域生态经济系统演变过程和水土保持措施配置

流域是相对完整的自然单元,它既是地表径流泥沙汇集输移的基本单元,也是水土保持措施配置的单元。根据流域土壤侵蚀、水土资源的时空分异规律,综合布置各种治理措施,提出东部黄土区小流域坝系综合规划方案,研究不同空间流域土壤侵蚀过程、土壤侵蚀治理及两者共同驱动下的生态经济系统演替过程。

6.水土保持生态效益补偿机制

水土流失不仅造成江河源区、上游生态恶化,制约社会经济的可持续发展,而且严重危害流域中下游地区生态、水资源和水利工程安全。限制上游地区的一些生产经营行为与规模,保护上游生态环境,以及通过经济补偿的形式解决上游地区人们的生存与发展问题越来越成为人们普遍关注的重点。青海省地处长江、黄河、黑河的源区,号称"中华水塔",开展水土保持生态效益补偿研究尤为重要。

8.8.2.2 水土保持关键技术研发

1.干旱半干旱地区水土保持林营造技术

青海省主要属干旱半干旱地区,降水稀少,人工造林经济成本高,成活率与保存率低,应加强区域水土保持林营造技术与管理技术研究,选育高效、抗逆性强的林、灌、草品种,合理确定整地方式,研究林地节水灌溉技术,推进小流域农林复合经营。

2.生产建设项目水土流失防治技术

随着青海省经济社会的快速发展以及国家重大工程在青海省的落地实施,生产建设过程中人为造成的水土流失不容忽视,特别是高寒冻土区和柴达木盆地戈壁区。应研究不同区域生产建设项目挖土、弃土、弃渣土壤流失形式、流失量及危害性,研究生产建设严重扰动区植被快速营造模式与技术。

3.水土流失试验方法与动态监测技术

青海省在土壤侵蚀野外原型定位动态监测工作方面还比较薄弱,亟待加强。另外,不同监测方法观测的资料难以统一分析和对比。应加强坡面和小流域观测设施设备、沟蚀过程与流失量测验技术、滑坡和泥石流监测技术、冻融侵蚀监测方法、水土流失测验数据整编与数据库建设等方面的研究。

4.水土保持信息化技术

随着第一次全国水利普查水土保持情况普查、新一轮水土保持规划工作实施,启动全省水土保持管理信息化建设已经成熟。依托青海省水土保持局现有信息化建设基础,以国家水土保持信息化发展规划为指导,在青海省第一次水利普查水土保持情况普查成果基础上,以统一的地理空间基准,对青海省基础地理、土壤侵蚀、侵蚀沟道以及水土保持措施数据进行整合集成,实现对青海省水土保持普查成果的综合应用,实现水土保持管理"一张图",为青海省水土保持项目建设和评估提供科技支撑。

8.8.3　技术示范推广

根据青海省土壤侵蚀类型、特征,水土保持生态建设分区的区域差异以及水土保持生态建设中存在的问题,建议建设以下水土保持科技示范区。

8.8.3.1　河湟谷地小流域综合治理与旱地高效农业试验示范区

河湟谷地是青海省水土流失最严重地区,也是水土流失治理的主战场。近年来,随着退耕还林(草)、人工造林、淤地坝建设等水土保持工程实施,区域水土流失恶化趋势有所缓解,生态环境得到改善。下一步,应以"坡面—沟道—流域"系统为单元,实施综合治理,发展流域旱地高效农业,实现流域水土保持与农业的协调发展,打造一批精品示范小流域,带动全区小流域综合治理与旱地高效农业发展。

8.8.3.2　共和盆地水风复合侵蚀区水土保持与生态修复试验示范区

共和盆地是非常典型的水风复合侵蚀区,受水蚀、风蚀复合作用影响,该区域生态环境非常脆弱。该区域推广的人工种草、土地开发整理等项目取得了很大成效。下一步应针对水风复合侵蚀机制、水风复合作用下侵蚀沟道发育特征、水风复合侵蚀入河(库)泥沙量计算、水风复合侵蚀区生态修复技术等开展研究,以恰不恰、沙珠玉、茫拉河等地作为典型区,着手建设水风复合侵蚀区水土保持与生态修复试验示范区。

8.8.3.3　柴达木盆地绿洲农业防风固沙与节水灌溉试验示范区

干旱缺水是柴达木盆地面临的最严重生态环境问题,应将水土保持生态建设与绿洲农业发展结合起来,大力推广绿洲节水灌溉。研究荒漠区人工造林技术、绿洲农田防护技术、绿洲—沙漠过渡带防风固沙技术、风沙区建设工程的风沙防护技术、荒漠区植被恢复技术、经济型防护体系建设技术等关键技术,选择夏日哈、香日德、若木洪等绿洲建立技术试验示范区。

8.8.3.4　祁连山地土壤保持与水源涵养技术试验示范区

祁连山地是黑河的主要水源地,其生态环境质量直接影响西宁、海东、海北以及甘肃省酒泉、敦煌等地的水资源安全。应围绕提高水源涵养能力这条主线,研究水源涵养林培育和管护技术、林草植被水源涵养能力评估、水土保持措施的水文效应等关键技术,建设祁连山地土壤保持与水源涵养技术试验示范区。

8.8.3.5　三江源地区冻融侵蚀防治技术试验示范区

目前,在冻融侵蚀区,尚无十分有效的土壤侵蚀防治技术。在规划期,可以选择一个典型区和若干个典型小流域,布设多种水土保持措施,对比水土保持措施的抗冻融性能和水土保持效益,研究确定冻融侵蚀区土壤侵蚀防治技术。玉树市在玉树地震后启动了一大批生态建设工程,该地区是一个典型水冻复合侵蚀区,可选择在玉树市建立冻融侵蚀防治技术试验示范区。

8.8.4　科普教育

8.8.4.1　宣传

加大水土保持生态建设的宣传力度,充分利用广播、电视、报刊、网络等新闻媒体开展系列报道,扩大水土保持的社会影响,增强全社会的水土保持意识。组织新闻单位深入基层进行采访,对水土保持先进典型和经验进行大力宣传和报道,营造良好的水土保持氛围。

8.8.4.2　培训

加强对水土保持业务干部培训,提升全省水土保持管理水平。加强对水土流失区的群众进行宣传教育和技术培训,提高广大群众参与水土流失治理的积极性。

8.8.4.3　科普教育

组织编制《青海省水土保持科普教育读本》,积极组织开展"水土保持科普教育进校园"活动,积极利用现有水土保持观测试验站、场开展中小学生水土保持科普教育。

8.8.5　技术标准体系建设

8.8.5.1　建立省级水土保持技术标准体系

在水土保持国家级技术标准体系基础上,结合青海省实际情况,开展省级水土保持技术标准体系编制工作,以规范青海省水土保持工作,引导环保、林业、农业、建设、交通等部门涉及水土保持内容技术标准的编制及修订。

8.8.5.2　推动一批国家级水土保持技术标准制定

冻融侵蚀是青海省面积最大、分布范围最广的土壤侵蚀类型,是全国冻融侵蚀的主要分布区之一。目前,我国尚未出台有关冻融侵蚀的水土保持技术标准,这在一定程度上制约了青海省冻融侵蚀区水土保持工作。应联合有关省份、科研机构,积极推动冻融侵蚀技术标准制定工作。

8.9　信息化建设

为全面推进水土保持信息化建设,以水土保持信息化推进水土保持现代化,水利部出台了《全国水土保持信息化发展纲要(2008—2020年)》(简称《纲要》),要求各级水利部门不断加强水土保持信息化工作。

青海省水土保持信息化工作应在《纲要》的总体指导下,抓住全国水土保持监测网络和信息系统建设的机遇,结合全省水土保持信息化发展现状和需求,建成由地面观测、遥感监测、科学试验和信息网络等构成的数据采集、处理、传输与发布体系,建成水土保持数据库,构建满足各级水土保持业务应用和信息共享的技术平台,形成基于网络、面向社会的信息服务体系,全面提高水土流失监测预报、水土保持生态建设管理、预防监督、科学研究以及社会公众服务的能力。

8.9.1　建设任务

青海省水土保持信息化建设的主要任务包括:一是开展水土保持信息化技术标准的制定和修订工作,规范水土保持信息化建设;二是依托水土保持监测网络,建立和完善水土保持数据采集、处理、存储、传输和发布系统;三是按照统一的技术标准,建立健全全省、市、县的数据库体系;四是根据水土保持信息共享需要,统一规划,建立水土保持业务与信息交换共享平台;五是按照全省水土保持信息化的总体需求,开发满足各级水土保持业务需求的应用系统。

8.9.2　重点建设内容

8.9.2.1　建立水土保持监测管理信息系统

建立和完善水土保持监测管理信息系统,包括区域水土流失监测数据管理、水土流失定点监测数据上报与管理、生产建设项目水土保持监测管理、水土流失野外调查单元管理系统,实现对水土流失的监测监控,对水土流失及其相关生态状况变化进行定期和实时监测预报。

8.9.2.2　完善全省水土保持信息化系统

依托青海省水土保持现有信息化建设基础,以国家水土保持信息化发展规划为指导,在青海省第一次水利普查水土保持情况普查成果基础上,以统一的地理空间基准,对青海省基础地理、土壤侵蚀、侵蚀沟道以及水土保持措施数据进行整合集成,完善全省水土保持信息化系统,为青海省水土保持项目建设和评估提供科技支撑。

8.9.2.3　完善生产建设项目水土保持监督管理系统

完善生产建设项目水土保持监督管理系统,实现生产建设项目水土保持方案审查、批复、监督检查、设施验收等信息全面、准确、及时的查询、统计和输出,建成统一、规范的全省水土保持监督管理数据库,促进各级水土保持机构和技术服务单位信息沟通与资源共享。

8.10　监管预期效果

到 2030 年,全省水土保持法律法规体系建立健全,通过水土保持政府目标责任考核,各级政府强化防治水土流失和改善生态的社会管理职责,形成比较完善的预防监督管理和检测评价体系;通过科研基地、标准体系、科技示范园等基础平台建设,完善水土保持政策、技术标准、规划、机构队伍体系,社会服务能力得到提高;通过构建全省水土保持基础信息平台和水土保持监督管理信息系统,水土保持信息化水平大幅度提高。

第9章　水土保持措施投资匡算方法

　　计算规划阶段水土保持工程和措施的投资时应有前瞻性,宜采用综合匡算的方法计算,参照《水土保持工程概(估)算编制规定》和《水土保持工程概算定额》(水总〔2003〕67号),结合不同类型区的典型调查和典型设计,考虑社会经济发展,确定各项措施综合单价(青海省水土保持措施体系见表9-1),按照措施配比综合分析计算确定投资。监测及综合监管项目投资采用综合指标法进行匡算。

表 9-1　青海省水土保持措施体系

序号	项目或措施名称	
一	重点治理工程	
1	坡改梯	
2	田间道路	
3	渠系配套工程	
4	水土保持林	乔木林
5		灌木林
6	经济林	
7	种草	
8	排水工程	
9	拦砂坝	
10	小型蓄水工程	
11	谷坊	
12	沟头防护工程	
13	护岸工程	
14	淤地坝	骨干坝
15		中型坝
16		小型坝
17	封禁治理	
二	重点预防工程	
1	封育保护	
2	能源替代工程	
3	农村清洁工程	

续表 9-1

序号	项目或措施名称
三	监测
1	全省水土保持监测基础信息平台建设
2	全省水土流失动态监测与公告项目
3	全省水土保持普查
四	综合监管
1	能力(监管、社会服务、宣传教育)建设
2	基础平台(科研基地、标准体系、科技示范园)建设
3	监管信息化建设

9.1　投资匡算依据和计算方法

9.1.1　依据

青海省水土保持规划投资匡算采用各类工程单位综合单价乘以相应工程量的方式计算。综合单价在基础单价和估算单价计算的基础上综合分析得出,基础单价和估算单价计算时各项费率和工程量按照《水土保持工程概算定额》(水总〔2003〕67 号)、《水土保持工程概(估)算编制规定》(水总〔2003〕67 号)、《黄河水土保持生态工程概算定额》(黄规计〔2001〕133 号)、《工程勘察设计收费管理规定》(国家发展计划委员会、建设部计价格〔2002〕10 号)、《工程建设监理费有关规定》(国家物价局、建设部〔1992〕价费字 479 号)、《关于水利建设工程质量监督收费标准及有关问题的复函》(国家计委收费管理司、财政部综合与改革司计司收费函〔1996〕2 号)等的规定并结合不同地区典型小流域或典型工程调查选取。

9.1.2　计算方法

(1)淤地坝估算投资计算时各项措施工程量按照青海省已建淤地坝典型调查结果及实践经验综合分析确定。

(2)植物措施选取青海省适生且生长范围较广的常见树草种分别计算其单位面积估算投资,根据计算结果并结合工程实践经验综合分析后确定出乔木林、经济林、灌木林、种草的匡算单价。

(3)护岸工程、排水工程、坡改梯时修建的田间道路和渠系配套工程根据典型调查和当地工程经验,取常规稍大断面计算出单位长度所需工程量和估算投资,作为该工程匡算投资的指标。

(4)谷坊根据青海省实际情况按照浆砌石谷坊,长度平均以 10 m 计,根据《水土保持工程概算定额》(水总〔2003〕67 号)以谷坊高×谷坊顶宽 = 4 m×2 m 的工程量计算出估算单价,作为匡算单价;拦砂坝根据青海实际确定为浆砌石修筑,形式与谷坊相同但建设部位与谷坊不同且工程量较大,因此按照定额中所给谷坊最大断面计算出 10 m 长度拦砂坝的估算单价,单个拦砂坝的长度按照 15 m 长度计算出匡算投资单价。

(5)封禁治理、封育保护以标准设计工程量乘以单位工程造价得出估算投资,作为匡算投资的依据。封禁治理措施费由网围栏、幼林抚育和封禁标志牌建设费用组成,封育保护措施费包括网围栏和封禁标志牌建设费用。

(6)小型蓄水工程一处的匡算投资按照 1 座涝池并配套 1 座沉沙池和 1 处集雨面投资之和计算,涝池、沉沙池、集雨面单价采用定额计算单价,计算时采用的工程量根据典型调查和实践经验得出。

(7)坡改梯工程分别计算出坡度 5°~10°推土机修筑土坎水平梯田和 10°~15°推土机修筑土坎水平梯田单价,根据计算结果并结合工程实践经验综合分析后确定出坡改梯工程的匡算单价。

(8)能源替代工程主要指农村太阳能、煤改电、煤改气、环保采暖炉等清洁能源的替代和更新换代,根据市场调查,按照 5 000 元/套的价格匡算;农村清洁工程主要包括清除垃圾杂草,清理排水沟渠和池塘,部分排水沟硬化,拆除占用公共道路、公共场所的乱搭乱建建筑和废弃建筑,新建垃圾池、摆放垃圾桶、续建垃圾填埋场等设施,实施改厕工作等,旨在提升基础设施水平和垃圾处置能力,为农村清洁工程提供有力的保障,故匡算时结合实地调查采用综合指标法,按照 15 000 元/处计算。

(9)水土保持监测、综合监管等规划投资采用综合指标法进行匡算,匡算时应考虑的指标内容见本章附表 73 和附表 74。

9.2 估算编制方法

本书以 2015 年作为价格水平年介绍在水土保持总体规划阶段的投资估算编制方法,供水土保持相关从业人员参考。

投资估算严格按照《水土保持工程概(估)算编制规定》进行投资估算。淤地坝工程估算由工程措施费、林草措施费、封育治理措施费和独立费用四部分组成。

工程措施费由工程量乘以工程单价计算,梯田工程以工程单价乘以相应措施量计算;林草措施费、封育治理措施费以措施量乘以标准设计单位工程造价计算;独立费用以第一至三部分之和乘费率计算。基本预备费以第一至四部分之和乘费率计算。各项工程只计算静态总投资。

9.3 基础单价

9.3.1 人工单价

根据《水土保持工程概(估)算编制规定》计算人工预算单价,见表 9-2 和表 9-3。

表 9-2　人工单价（技工）

序号	项目	计算式	金额（元）
1	基本工资	320 元/月 × 12 月 ÷ 250 天 × 1.068	16.4
2	辅助工资		10.69
	地区津贴	100 元/月 × 25% × 12 月 ÷ 250 天 × 1.068	1.28
	施工津贴	5.3 元/天 × 365 天 × 95% ÷ 250 天 × 1.068	7.85
	夜餐津贴	(4.5 + 3.5) ÷ 2 × 20%	0.8
	节日加班津贴	基本工资 × 3 × 11 天 ÷ 250 天 × 35%	0.76
3	工资附加费		13.13
	职工福利基金	1 ~ 2 项之和 × 14%	3.79
	工会经费	1 ~ 2 项之和 × 2%	0.54
	养老保险费	1 ~ 2 项之和 × 20%	5.42
	医疗保险费	1 ~ 2 项之和 × 4%	1.08
	工伤保险费	1 ~ 2 项之和 × 1.5%	0.41
	职工失业保险基金	1 ~ 2 项之和 × 2%	0.54
	住房公积金	1 ~ 2 项之和 × 5%	1.35
4	人工工日预算单价	1 + 2 + 3	40.22
5	人工工时预算单价	4 ÷ 3	5.03

表 9-3　人工单价（普工）

序号	项目	计算式	金额（元）
1	基本工资	220 元/月 × 12 月 ÷ 250 天 × 1.068	11.28
2	辅助工资		7.78
	地区津贴	100 元/月 × 25% × 12 月 ÷ 250 天 × 1.068	1.28
	施工津贴	3.5 元/天 × 365 天 × 95% ÷ 250 天 × 1.068	5.18
	夜餐津贴	(4.5 + 3.5) ÷ 2 × 20%	0.8
	节日加班津贴	基本工资 × 3 × 11 天 ÷ 250 天 × 35%	0.52

续表 9-3

序号	项目	计算式	金额(元)
3	工资附加费		4.77
	职工福利基金	1~2 项之和×7%	1.33
	工会经费	1~2 项之和×1%	0.19
	养老保险费	1~2 项之和×10%	1.91
	医疗保险费	1~2 项之和×2%	0.38
	工伤保险费	1~2 项之和×1.5%	0.29
	职工失业保险基金	1~2 项之和×1%	0.19
	住房公积金	1~2 项之和×2.5%	0.48
4	人工工日预算单价	1+2+3	23.83
5	人工工时预算单价	4÷3	2.98

9.3.2　材料预算价格

主要材料原价主要参考《青海省建筑材料价格信息》(2015 年第 3 期),并结合市场调查情况确定,施工所用水、电单价按照《水土保持工程概(估)算编制规定》确定。材料预算价格包括运杂、采购及保管费,主要材料预算价格见表 9-4。

表 9-4　主要材料预算价格汇总表　　　　　(单位:元)

序号	名称及规格	单位	预算价格	其中		
				原价	运杂费	采购及保管费
1	水泥	t	446.04	400	39.45	6.59
2	粗砂	m³	113.42	60	51.74	1.68
3	块石	m³	132.88	65	65.92	1.96
4	钢筋	t	3 999.91	3 900	40.80	59.11
5	卵石	m³	90.07	37	51.74	1.33
6	板仿材	m³	1 261.48	1 200	42.83	18.64
7	钢模	kg	1.52	1.45	0.04	0.02
8	原木	m³	1 159.98	1 100	42.83	17.14

续表 9-4

序号	名称及规格	单位	预算价格	其中		
				原价	运杂费	采购及保管费
9	铅丝	kg	4.61	4.5	0.04	0.07
10	白灰	t	104.23	60	42.69	1.54
11	水	t	9.51	1	8.37	0.14
12	铁件	kg	5.94	5.81	0.05	0.09
13	铁丝	kg	4.61	4.5	0.04	0.07
14	电焊条	kg	5.02	4.9	0.04	0.07
15	砖	千块	393.94	300	88.12	5.82
16	青杨	株	2.57	2.5	0.05	0.03
17	云杉	株	5.10	5	0.05	0.05
18	沙棘	株	0.04	0.04	0.00	0.00
19	柽柳	株	0.05	0.04	0.01	0.00
20	柠条	kg	20.24	20	0.04	0.20
21	披碱草	kg	18.22	18	0.04	0.18
22	柴油	kg	5.14	5.01	0.06	0.08
23	碎石	m³	90.07	37	51.74	1.33
24	涵管(φ800)	m	567.33	360	198.95	8.38
25	涵管(φ600)	m	344.03	140	198.95	5.08
26	围栏网片	m	4.61	4.50	0.04	0.07
27	枸杞	株	1.02	1.00	0.01	0.02
28	花椒	株	1.28	1.20	0.06	0.02
29	核桃	株	6.13	6.00	0.04	0.09

9.3.3 机械台时费

机械台时费按《水土保持工程概(估)算定额》附录一中的施工机械台时费定额计算。

一类费用分为折旧费、修理及替换设备费和安拆费,以金额计;二类费用分为人工、动力燃料和消耗材料,以工时数量和实物消耗量计算。

表 9-5　施工机械台时费汇总表　　　　（单位:元）

序号	名称及规格	台时费	其中				
			折旧费	修理及替换设备费	安拆费	人工费	动力燃料费
1	0.4 m³拌和机	22.05	3.29	5.34	1.07	7.19	5.16
2	架子车	0.90	0.26	0.64	0.00	0.00	0.00
3	2.8 kW 蛙式夯实机	13.74	0.17	1.01	0.00	11.06	1.5
4	风水枪	88.51	0.24	0.42	0.00	0.00	87.9
5	钢筋弯曲机	13.01	0.53	1.45	0.24	7.19	3.6
6	钢筋调直机	16.24	1.60	2.69	0.44	7.19	4.3
7	钢筋切断机	20.68	1.18	1.71	0.28	7.19	10.3
8	电焊机	22.87	0.54	0.51	0.16	0.00	21.7
9	振捣器	2.60	0.54	1.86	0.00	0.00	0.2
10	59 kW 推土机	80.78	10.80	13.02	0.49	13.27	43.2
11	74 kW 推土机	110.46	19.00	22.81	0.86	13.27	54.52
12	吊车 10 t	97.06	25.08	17.45	0.00	14.93	39.60
13	轮式拖拉机 37 kW	39.75	3.04	3.65	0.16	7.19	25.72

9.4　工程单价

（1）工程单价由直接费、间接费、企业利润、税金组成。单项工程直接费用包括基本直接费和其他直接费,基本直接费包括人工费、材料费和机械使用费,根据《水土保持工程概(估)算编制规定》以人工、材料预算价格和机械台时费价格进行计算。单价计算时选取西宁地区的海拔作为参照,人工定额乘以 1.1 高海拔系数,机械台时费定额乘以1.25高海拔系数。

①直接费:直接费包括基本直接费和其他直接费;基本直接费包括人工费、材料费、机械使用费;其他直接费为基本直接费乘以其他直接费费率。根据规定其他直接费费率取值见表9-6。设备及安装工程和其他工程不计其他直接费。

②间接费:间接费为直接工程费乘以间接费费率,见表9-7。

表 9-6　其他直接费费率取值表

工程类别	计算基础	其他直接费费率(%)
工程措施	基本直接费	4,梯田取 2
林草措施	基本直接费	1.5
封育治理	基本直接费	1

表 9-7　间接费费率取值表

工程类别	计算基础	间接费费率(%)
工程措施	直接费	7,梯田、谷坊取 5
林草措施	直接费	5
自然修复	直接费	4

③企业利润:为直接工程费与间接费之和乘以企业利润率,根据规定工程措施取 4%,林草、封育措施取 2%。

④税金:为直接工程费、间接费、企业利润等三项费用之和乘以税率,根据规定工程措施和林草、封育措施取 3.22%。

(2)独立费用包括建设管理费、工程建设监理费、科研勘测设计费、征地及淹没补偿费、水土流失监测费、工程质量监督费,独立费用取费标准见表 9-8。

表 9-8　独立费用取费标准表

序号	费用名称	编制依据及计算公式
一	建设管理费	按建安费的 2.4%计算
二	工程建设监理费	按建安费的 2.5%计算
三	科研勘测设计费	国家计委、建设部〔2002〕10 号文
四	征地及淹没补偿费	无
五	水土流失监测费	按建安工作量的 0.6%计算
六	工程质量监督费	按建安工作量的 0.2%计算

(3)预备费包括基本预备费和价差预备费,按国家有关规定本次只计算基本预备费,以第一至四部分之和的 6%计算。

9.5　匡算综合单价

青海省各类水土保持措施投资匡算单价汇总表见表9-9~表9-11。

表9-9　植物措施计算单价及匡算综合单价汇总表

植物名称	单位	措施量 造林、种草	苗木(种籽)数量 (株、kg)	数量 苗木种子量(株、kg/hm²)	数量 整地数量(个/hm²)	单位估算投资 林草及种子费(元/hm²)	单位估算投资 栽植费(元/hm²)	单位估算投资 整地费(元/hm²)	单位估算投资 单位投资(元/hm²、(座、处))	匡算采用的单位投资(元/hm²(座、处)) 措施名称	匡算采用的单位投资(元/hm²(座、处)) 投资	树种配置及密度
青杨	hm²	1.00	1 667	1 667	1 667	4 287	1 803	1 335	7 426	乔木林	10 000	青杨:2 m×3 m、穴状整地(50 cm×50 cm)
云杉	hm²	1.00	1 667	1 667	1 667	8 496	2 015	4 390	14 901			云杉:2 m×3 m、鱼鳞坑
沙棘	hm²	1.00	5 000	5 000	5 000	225	2 651	868	3 743	灌木林	7 000	沙棘:1 m×2 m、穴状整地(30 cm×30 cm)
柠条	hm²	1.00	23	23	1 333	455	399	7 198	8 053			柠条:1 m×2 m、水平阶
枸杞	hm²	1.00	8 333	8 333		8 504	4 623	3 756	16 882	经济林	15 000	枸杞:1 m×1.2 m、机械全面整地
花椒	hm²	1.00	833	833	833+1 333	1 063	468	11 696	13 226			花椒:3 m×4 m、水平阶+穴状整地
核桃	hm²	1.00	1 111	1 111	1 111+1 333	6 814	1 064	10 123	18 001			核桃:3 m×3 m、水平阶+穴状整地
披碱草	hm²	1.00	60	60		1 093	687	3 201	4 981	种草	3 000	披碱草:撒播、人力全面整地
披碱草	hm²	1.00	60	60		1 093	687		1 780			披碱草:撒播、不整地

表9-10 工程措施计算单价及匡算综合单价汇总表

措施名称	单位	措施量	单位估算投资(元/hm²(座、处))	匡算采用的单位投资(元/hm²(座、处))	备注
封禁治理	hm²	1	3 109.72	3 109.72	估算时已按较高标准和较大工程量计算,因此匡算投资同估算投资
封育保护	hm²	1	1 241.76	1 241.76	估算时已按较高标准和较大工程量计算,因此匡算投资同估算投资
谷坊	10 m/座	1	59 835.26	59 835.26	估算时已按较高标准和较大工程量计算,因此匡算投资同估算投资
拦砂坝	10 m/座	1	101 379.11	152 068.67	匡算时按15 m/座计
骨干坝	座	1	2 977 837.31	2 977 837.31	估算时已按较高标准和较大工程量计算,因此匡算投资同估算投资
中型坝	座	1	1 498 752.96	1 498 752.96	估算时已按较高标准和较大工程量计算,因此匡算投资同估算投资
小型坝	座	1	497 834.34	497 834.34	估算时已按较高标准和较大工程量计算,因此匡算投资同估算投资
机修梯田(地面坡度5°~10°)	hm²	1	15 823.18	18 000.00	按照权重加权平均并结合实践经验综合取18 000元
机修梯田(地面坡度10°~15°)	hm²	1	29 170.39		
护岸工程	km	1	409 897.03	409 897.03	估算时已按较高标准和较大工程量计算,因此匡算投资同估算投资
排水工程	km	1	214 495.86	214 495.86	估算时已按较高标准和较大工程量计算,因此匡算投资同估算投资
沟头防护工程	100 m/处	1	3 222.53	4 833.80	匡算时按150 m/处计
田间道路	km	1	50 555.31	50 555.31	估算时已按较高标准和较大工程量计算,因此匡算投资同估算投资
渠系配套工程	km	1	19 942.06	19 942.06	估算时已按较高标准和较大工程量计算,因此匡算投资同估算投资
小型蓄水工程	座	1	56 260.99	56 260.99	按涝池1座,与之配套沉沙池1座、为集雨修建集雨面1处,集雨面按400 m²计,投资单价为涝池单价+沉沙池单价+集雨面单价

表 9-11　青海省水土保持各项措施单位工程匡算造价汇总表

序号	措施名称		单位	单价(万元)
1	淤地坝	骨干坝	座	297.8
2		中型坝	座	149.9
3		小型坝	座	49.8
4	拦砂坝		座	15.2
5	谷坊		座	6.0
6	小型蓄水工程		座	5.6
7	沟头防护工程		处	0.5
8	坡改梯		hm²	1.8
9	田间道路		km	5.1
10	渠系配套工程		km	2.0
11	护岸工程		km	41.0
12	排水工程		km	21.4
13	水土保持林	乔木林	hm²	1.0
14		灌木林	hm²	0.7
15	经济林		hm²	1.5
16	种草		hm²	0.3
17	封禁治理		hm²	0.3
18	封育保护		hm²	0.1
19	能源替代工程		套	0.5
20	农村清洁工程		处	1.5

9.6　估算投资附表

估算投资附表见附表 1～附表 74。

附表 1　单价汇总表　　　　　　（单位：元）

序号	工程名称	单位	单价	直接费	间接费	企业利润	税金	扩大(10%)	工时
1	胶轮车运混凝土	m³	7.84	6.20	0.43	0.27	0.23	0.71	0.89
2	机拌混凝土	m³	32.66	25.83	1.81	1.11	0.94	2.97	3.16
3	200#混凝土	m³	503.90	398.59	27.90	17.06	14.55	45.81	6.06
4	150#混凝土	m³	485.09	398.59	27.90	17.06	14.55	45.81	6.06

续附表 1

序号	工程名称	单位	单价	直接费	间接费	企业利润	税金	扩大（10%）	工时
5	钢筋安装	t	7 309.54	5 781.81	404.73	247.46	211.04	664.50	114.40
6	0.8 m 混土管安装	m	48.66	38.49	2.69	1.65	1.40	4.42	1.92
7	0.6 m 混土管安装	m	33.10	26.18	1.83	1.12	0.96	3.01	0.66
8	碎石垫层	m³	158.91	125.70	8.80	5.38	4.59	14.45	5.58
9	蛙夯夯实	m³	11.26	8.91	0.62	0.38	0.33	1.02	0.88
10	人工挖淤泥	m³	25.59	20.24	1.42	0.87	0.74	2.33	3.80
11	人工挖沟槽（Ⅲ类土）	m³	18.92	14.96	1.05	0.64	0.55	1.72	2.78
12	人工挖沟槽（Ⅰ～Ⅱ类土）	m³	15.95	12.62	0.88	0.54	0.46	1.45	2.34
13	人工挖截排水沟（Ⅲ类土）	m³	15.35	12.14	0.85	0.52	0.44	1.40	225.50
14	人工挖截排水沟（Ⅰ～Ⅱ类土）	m³	8.81	6.97	0.49	0.30	0.25	0.80	129.36
15	推土机推土 80 m	m³	7.59	6.00	0.42	0.26	0.22	0.69	0.05
16	推土机推土 70 m	m³	6.67	5.27	0.37	0.23	0.19	0.61	0.05
17	推土机推土 60 m	m³	5.78	4.57	0.32	0.20	0.17	0.53	0.04
18	推土机推土 50 m	m³	4.84	3.83	0.27	0.16	0.14	0.44	0.03
19	推土机平整场地	m²	1.06	0.85	0.04	0.04	0.03	0.10	0.01
20	拖拉机压实	m³	8.27	6.54	0.46	0.28	0.24	0.75	0.28
21	土坝植物护坡	m²	0.71	0.59	0.03	0.01	0.02	0.06	0.08
22	挖土方	m³	3.11	2.46	0.17	0.11	0.09	0.28	0.44
23	浆砌块石基础	m³	360.36	285.04	19.95	12.20	10.40	32.76	7.53
24	反滤体	m³	165.24	130.70	9.15	5.59	4.77	15.02	5.58
25	人工夯实	m³	24.42	19.31	1.35	0.83	0.70	2.22	3.59
26	围栏封禁	m	9.22	7.65	0.31	0.16	0.27	0.84	7.92
27	封禁标志牌	个	319.64						4.00

续附表 1

序号	工程名称	单位	单价	直接费	间接费	企业利润	税金	扩大（10%）	工时
28	浆砌石谷坊（谷坊高×谷坊顶宽为 3 m×1.5 m）	10 m/个	33 807	27 250	1 363	1 145	976	3 073	1 203
29	浆砌石谷坊（谷坊高×谷坊顶宽为 3 m×1.5 m）	10 m/个	59 835	48 231	2 412	2 026	1 728	5 440	59 835
30	5°~10°机修梯田	hm²	15 823.18	12 754.46	637.72	535.69	456.83	1 438.47	2 553.10
31	10°~15°机修梯田	hm²	29 170.39	23 513.15	1 175.66	987.55	842.18	2 651.85	5 381.20
32	沟头防护	m	32.23						
33	水平沟整地	个	5.62	4.62	0.23	0.10	0.16	0.51	1.51
34	水平阶整地	个	5.40	4.44	0.22	0.09	0.16	0.49	1.44
35	鱼鳞坑整地	个	2.63	2.16	0.11	0.05	0.08	0.24	0.70
36	穴状整地（30 cm×30 cm）	个	0.17	0.14	0.01	0.00	0.01	0.02	0.04
37	穴状整地（50 cm×50 cm）	个	0.80	0.66	0.03	0.01	0.02	0.07	19.80
38	穴状整地（60 cm×60 cm）	个	1.38	1.14	0.06	0.02	0.04	0.13	34.21
39	全面整地(人力)	hm²	3 201.04	2 630.83	131.54	55.25	92.42	291.00	702.90
40	全面整地(机械)	hm²	3 755.84	3 086.80	154.34	64.82	108.44	341.44	702.90
41	人工清理表层	m²	1.92	1.52	0.11	0.06	0.06	0.17	0.26
42	人工挖手扶运	m³	15.64	12.37	0.87	0.53	0.45	1.42	1.17
43	浆砌块石挡土墙	m³	372.69	294.80	20.64	12.62	10.76	33.88	9.18
44	浆砌块石护底	m³	370.82	293.31	20.53	12.55	10.71	33.71	841.72
45	浆砌块石护坡	m³	377.99	298.99	20.53	12.80	10.91	34.36	950.29
46	水窖	眼	4 637.15	3 737.83	186.89	156.99	133.88	421.56	455.18
47	蓄水池	座	32 945.49	26 556.10	1 327.81	1 115.36	951.18	2 995.04	2 790.70

续附表1

序号	工程名称	单位	单价	直接费	间接费	企业利润	税金	扩大（10%）	工时
48	沉沙池	座	2 631.00	2 120.75	106.04	89.07	75.96	239.18	145.75
49	集雨面	m²	51.71	41.68	2.08	1.75	1.49	4.70	273.68
50	幼林抚育	hm²	1 867.97	1 535.22	154.34	32.24	53.93	169.82	378.40
51	穴播柠条	hm²	398.83	327.79	16.39	6.88	11.51	36.26	102.30
52	栽植沙棘	株	0.53	0.44	0.02	0.01	0.02	0.05	0.12
53	栽植柽柳	株	0.24	0.20	0.01	0.00	0.01	0.02	0.07
54	青杨植苗	株	1.08	0.89	0.04	0.02	0.03	0.10	0.21
55	云杉植苗	株	1.21	0.99	0.05	0.02	0.03	0.11	0.21
56	条播披碱草	hm²	686.65	564.33	28.22	11.85	19.82	62.42	168.30
57	栽植枸杞	株	0.55	0.46	0.02	0.01	0.02	0.05	12.10
58	栽植花椒	株	0.56	0.46	0.02	0.01	0.02	0.05	12.10
59	核桃植苗	株	0.96	0.79	0.04	0.02	0.03	0.09	14.30

附表2　新建骨干坝分部工程估算表

序号	工程或名称费用	单位	数量	单价（元）	合计（元）
	第一部分　工程措施				257.26
1	坝体				212.97
	清基	m³	5 651.64	25.59	14.46
	结合槽开挖	m³	2 525.04	18.92	4.78
	结合槽回填	m³	2 525.04	26.91	6.79
	削坡	m³	10 009.72	15.64	15.66
	清除草皮	m²	4 521.32	1.92	0.87
	坝体碾压土方	m³	93 999.99	8.27	77.73
	推土机推土	m³	112 799.99	7.59	85.61
	排水沟开挖	m³	156.96	3.11	0.05
	浆砌石排水沟	m³	28.78	360.36	1.04

续附表 2

序号	工程或名称费用	单位	数量	单价(元)	合计(元)
	反滤体	m³	254.80	165.24	4.21
	土坝植物护坡	m²	8 102.39	0.71	0.58
	取土场整治	m²	11 280.00	1.06	1.19
2	放水建筑物				44.29
(1)	卧管				17.63
	挖方	m³	6 976.32	18.92	13.20
	人工回填	m³	139.67	24.42	0.34
	混凝土卧管	m³	51.36	503.90	2.59
	钢筋制作、安装	t	2.06	7 309.54	1.51
(2)	卧管消力池				5.77
	挖方	m³	1 613.88	18.92	3.05
	人工回填	m³	118.47	24.42	0.29
	混凝土消力池	m³	19.56	485.09	0.95
	钢筋制作、安装	t	2.03	7 309.54	1.48
(3)	涵洞				18.02
	挖方	m³	816.28	18.92	1.54
	人工回填	m³	587.28	24.42	1.43
	预应力钢筋混凝土管ϕ800	m	150.00	567.33	8.51
	预应力钢筋混凝土管安装	m	150.00	48.66	0.73
	钢筋混凝土管胶圈	根	49.50	50	0.25
	混凝土(底座)	m³	114.50	485.09	5.55
	浆砌石(底座)	m³		360.36	0
(4)	明渠				2.15
	挖方	m³	146.87	18.92	0.28
	人工回填	m³	86.22	24.42	0.21
	混凝土明渠	m³	34.25	485.09	1.66

续附表 2

序号	工程或名称费用	单位	数量	单价(元)	合计(元)
	浆砌石明渠	m³		360.36	0
(5)	明渠消力池				0.72
	挖方	m³	56.24	18.92	0.11
	人工回填	m³	40.16	11.26	0.05
	混凝土消力池	m³	7.27	485.09	0.35
	钢筋制作、安装	m³	0.29	7 309.54	0.21
	第二部分　林草措施				
	第三部分　封育治理措施				
	第四部分　独立费用				23.67
1	建设管理费	%	257.26	2.4	6.17
2	工程建设监理费	%	257.26	2.5	6.43
3	科研勘测设计费	%	257.26	国家计委、建设部〔2002〕10 号文	9.00
4	征地及淹没补偿费				
5	水土流失监测费	%	257.26	0.6	1.54
6	工程质量监督费	%	257.26	0.2	0.51
	一至四部分合计				280.93
	基本预备费	%	280.93	6	16.86
	静态总投资				297.78
	差价预备费				
	工程总投资				297.78

附表3　新建中型坝分部工程估算表

序号	工程或名称费用	单位	数量	单价(元)	合计(元)
	第一部分　工程措施				129.48
1	坝体				112.89
	清基	m³	3 804.48	25.59	9.73
	结合槽开挖	m³	2 266.88	18.92	4.29
	结合槽回填	m³	2 266.88	26.91	6.10
	削坡	m³	828.71	15.64	1.30
	清除草皮	m²	3 043.58	1.92	0.58
	坝体碾压土方	m³	50 773.05	8.27	41.99
	推土机推土	m³	60 927.66	7.59	46.24
	排水沟开挖	m³	92.22	3.11	0.03
	浆砌石排水沟	m³	16.91	360.36	0.61
	反滤体	m³	67.71	165.24	1.12
	土坝植物护坡	m²	3 586.78	0.71	0.26
	取土场整治	m²	6 092.77	1.06	0.65
2	放水建筑物				16.59
(1)	卧管				2.58
	挖方	m³	313.11	18.92	0.59
	人工回填	m³	45.89	24.42	0.11
	混凝土卧管	m³	16.19	503.90	0.82
	钢筋制作、安装	t	1.46	7 309.54	1.06
(2)	卧管消力池				0.67
	挖方	m³	65.10	18.92	0.12
	人工回填	m³	23.13	24.42	0.06
	混凝土消力池	m³	4.28	485.09	0.21
	钢筋制作、安装	t	0.38	7 309.54	0.28
(3)	涵洞				11.61

续附表 3

序号	工程或名称费用	单位	数量	单价(元)	合计(元)
	挖方	m³	2 999.71	18.92	5.67
	人工回填	m³	182.87	24.42	0.45
	预应力钢筋混凝土管φ800	m	60.66	567.33	3.44
	预应力钢筋混凝土管安装	m	60.66	48.66	0.30
	钢筋混凝土管胶圈	根	20	50	0.10
	混凝土(底座)	m³	34.14	485.09	1.66
	浆砌石(底座)	m³		360.36	0
(4)	明渠				1.57
	挖方	m³	437.33	18.92	0.83
	人工回填	m³	43.04	24.42	0.11
	混凝土明渠	m³	13.15	485.09	0.64
	浆砌石明渠	m³		360.36	0
(5)	明渠消力池				0.15
	挖方	m³	17.13	18.92	0.03
	人工回填	m³	6.10	11.26	0.01
	混凝土消力池	m³	1.47	485.09	0.07
	钢筋制作、安装	m³	0.06	7 309.54	0.04
	第二部分　林草措施				
	第三部分 封育治理措施				
	第四部分　独立费用				11.91
1	建设管理费	%	129.48	2.4	3.11
2	工程建设监理费	%	129.48	2.5	3.24
3	科研勘测设计费	%	129.48	国家计委、建设部〔2002〕10 号文	4.53
4	征地及淹没补偿费				
5	水土流失监测费	%	129.48	0.6	0.78

续附表 3

序号	工程或名称费用	单位	数量	单价(元)	合计(元)
6	工程质量监督费	%	129.48	0.2	0.26
	一至四部分合计				141.39
	基本预备费	%	141.39	6	8.48
	静态总投资				149.88
	差价预备费				
	工程总投资				149.88

附表 4　新建小型坝分部工程估算表

序号	工程或名称费用	单位	数量	单价(元)	合计(元)
	第一部分　工程措施				43.01
1	坝体				33.29
	清基	m³	1 385.07	9.64	1.34
	结合槽开挖	m³	673.792 5	7.13	0.48
	结合槽回填	m³	673.792 5	14.42	0.97
	削坡	m³	3 610.305	9.43	3.40
	清除草皮	m²	1 108.056	0.72	0.08
	坝体碾压土方	m³	16 945.99	6.76	11.46
	推土机推土	m³	20 335.19	7.02	14.28
	排水沟开挖	m³	85.344 16	1.17	0.01
	浆砌石排水沟	m³	15.646 43	314.95	0.49
	反滤体	m³	38.873 66	136.34	0.53
	土坝植物护坡	m²	1 141.809	0.39	0.04
	取土场整治	m²	2 033.519	0.98	0.20
2	放水建筑物				9.72
(1)	卧管				1.79
	挖方	m³	290.09	7.13	0.21

续附表 4

序号	工程或名称费用	单位	数量	单价(元)	合计(元)
	人工回填	m³	42.51	9.20	0.04
	混凝土卧管	m³	15.00	435.50	0.65
	钢筋制作、安装	t	1.35	6 581.76	0.89
(2)	卧管消力池				0.31
	挖方	m³	40.30	7.13	0.03
	人工回填	m³	14.32	9.20	0.01
	混凝土消力池	m³	2.65	435.50	0.12
	钢筋制作、安装	t	0.24	6 581.76	0.16
(3)	涵洞				6.51
	挖方	m³	2 455.99	7.13	1.75
	人工回填	m³	149.73	9.20	0.14
	预应力钢筋混凝土管 ϕ 800	m	49.67	567.33	2.82
	预应力钢筋混凝土管安装	m	49.67	39.09	0.19
	钢筋混凝土管胶圈	根	17.00	50	0.09
	混凝土(底座)	m³	34.94	435.50	1.52
	浆砌石(底座)	m³	0	314.95	0
(4)	明渠				1.03
	挖方	m³	486.81	7.13	0.35
	人工回填	m³	47.91	9.20	0.04
	混凝土明渠	m³	14.64	435.50	0.64
	浆砌石明渠	m³		314.95	0
(5)	明渠消力池				0.08
	挖方	m³	11.68	7.13	0.01
	人工回填	m³	4.16	4.99	0.00
	混凝土消力池	m³	1.00	435.50	0.04
	钢筋制作、安装	m³	0.04	6 581.76	0.03

续附表4

序号	工程或名称费用	单位	数量	单价(元)	合计(元)
	第二部分　林草措施				
	第三部分　封育治理措施				
	第四部分　独立费用				3.96
1	建设管理费	%	43.01	2.4	1.03
2	工程建设监理费	%	43.01	2.5	1.08
3	科研勘测设计费	%	43.01	国家计委、建设部〔2002〕10号文	1.51
4	征地及淹没补偿费				
5	水土流失监测费	%	43.01	0.6	0.26
6	工程质量监督费	%	43.01	0.2	0.09
	一至四部分合计				46.97
	基本预备费	%	46.97	6	2.82
	静态总投资				49.78
	差价预备费				
	工程总投资				49.78

附表5　浆砌石谷坊单价分析表

定额编号:10010	谷坊高×谷坊顶宽(3 m×1.5 m)	定额单位:10 m

工作内容:定线、清基、挖结合槽、挖坡脚沟、选石、修石、砌筑、填缝、找平。

编号	规格及名称	单位	数量	单价(元)	合价(元)
一	直接工程费				27 250
(一)	基本直接费				26 202
1	人工费	工时	1 203.40	5.03	6 050
2	材料费				19 663
	块石	m³	90.40	132.88	12 012
	砂浆	m³	28.8	258.89	7 456
	其他材料费	%	19 468.40	1.00	195

续附表5

编号	规格及名称	单位	数量	单价(元)	合价(元)
3	机械费				489
	胶轮架子车	台时	87.88	0.90	79
	拌和机	台时	18.38	22.05	405
	其他机械费	%	484.24	1	5
(二)	其他直接费	%	26 202.26	4.00	1 048
二	间接费	%	27 250.35	5.00	1 363
三	利润	%	28 612.87	4.00	1 145
四	税金	%	29 757.38	3.28	976
	小计				30 733
	扩大	%	10.00		3 073
	合计				33 807

附表6　浆砌石谷坊单价分析表

定额编号:10011	谷坊高×谷坊顶宽(4 m×2 m)	定额单位:10 m

工作内容:定线、清基、挖结合槽、挖坡脚沟、选石、修石、砌筑、填缝、找平。

编号	规格及名称	单位	数量	单价(元)	合价(元)
一	直接工程费				48 231
(一)	基本直接费				46 376
1	人工费	工时	2 133.01	5.03	10 724
2	材料费				34 955
	块石	m³	160.70	132.88	21 354
	砂浆	m³	51.2	258.89	13 255
	其他材料费	%	34 609.01	1.00	346
3	机械费				697
	胶轮架子车	台时	125.00	0.90	113
	拌和机	台时	26.20	22.05	578

续附表 6

编号	规格及名称	单位	数量	单价(元)	合价(元)
	其他机械费	%	690.19	1	7
(二)	其他直接费	%	46 375.90	4.00	1 855
二	间接费	%	48 230.93	5.00	2 412
三	利润	%	50 642.48	4.00	2 026
四	税金	%	52 668.18	3.28	1 728
	小计				54 396
	扩大	%	10.00		5 440
	合计				59 835

附表 7　浆砌石拦砂坝单价分析表

定额编号:10012　　　　高×顶宽(5 m×3 m)　　　　定额单位:10 m

工作内容:定线、清基、挖结合槽、挖坡脚沟、选石、修石、砌筑、填缝、找平。

编号	规格及名称	单位	数量	单价(元)	合价(元)
一	直接工程费				81 718
(一)	基本直接费				78 575
1	人工费	工时	3 607.89	5.03	18 139
2	材料费				59 255
	块石	m³	272.40	132.88	36 197
	砂浆	m³	86.8	258.89	22 471
	其他材料费	%	58 668.20	1.00	587
3	机械费				1 181
	胶轮架子车	台时	211.80	0.90	191
	拌和机	台时	44.40	22.05	979
	其他机械费	%	1 169.61	1	12
(二)	其他直接费	%	78 574.86	4.00	3 143

续附表7

编号	规格及名称	单位	数量	单价(元)	合价(元)
二	间接费	%	81 717.85	5.00	4 086
三	利润	%	85 803.74	4.00	3 432
四	税金	%	89 235.89	3.28	2 927
	小计				92 163
	扩大	%	10.00		9 216
	合计				101 379

附表8　沟头防护单价分析表

定额编号:　　　　　　　　　　　　　　　　　　定额单位:100 m

工作内容:定线、挖沟、筑埝。

编号	规格及名称	单位	数量	单价(元)	合价(元)
1	土方开挖	m³	50	18.92	945.90
2	人工挖手扶运	m³	67.5	15.64	1 055.88
3	人工筑埝	m³	50	24.42	1 220.76
	合计				3 222.53

附表9　排水工程单价分析表

序号	项目名称	单位	工程量	单价(元)	合价(万元)	备注
一	排水工程				21.45	
1	排水沟开挖	m³	700	18.92	1.32	1 km 长度排水
2	浆砌块石	m³	540	372.69	20.13	
3	碎石垫层	m³	0	158.91	0.00	

附表 10　护岸工程单价分析表

序号	项目名称	单位	工程量	单价(元)	合价(万元)	备注
一	护岸工程				40.99	
1	土方开挖	m³	700	18.92	1.32	1 km 长度护岸
2	浆砌块石	m³	1 000	372.69	37.27	
3	土方回填	m³	300	26.91	0.81	
4	碎石垫层	m³	100	158.91	1.59	

附表 11　田间道路、渠系配套单价分析表

序号	项目名称	单位	工程量	单价(元)	合价(万元)	备注
1	田间道路				5.06	
	清理表层土	m²	6 000	1.92	1.15	1 km 长度道路
	推土机推土	m³	2 500	7.59	1.90	
	道路平整	m²	5 000	1.06	0.53	
	道路压实	m³	1 786	8.27	1.48	
2	渠系配套工程				1.99	
	排水沟开挖	m³	280	15.95	0.45	1 km 长度排水
	浆砌块石护坡	m³	32	377.99	1.21	
	浆砌块石护底	m³	8	370.82	0.30	
	碎石垫层	m³	2.6	158.91	0.04	

附表 12　集雨池单价分析表

定额编号:10067		定额单位:100 m²		

工作内容:场地翻夯、平整、现浇混凝土、砂浆,或铺设石片、塑料薄膜等。

编号	规格及名称	单位	数量	单价(元)	合价(元)
一	直接工程费				4 168.25
(一)	基本直接费				4 007.93
1	人工费	工时	273.68	5.03	1 375.93
2	材料费				2 632.00

续附表 12

编号	规格及名称	单位	数量	单价(元)	合价(元)
	混凝土	m³	10.3	243.366	2 506.67
	其他材料费	%	2 506.67	5.00	125.33
(二)	其他直接费	%	4 007.93	4.00	160.32
二	间接费	%	4 168.25	5.00	208.41
三	利润	%	4 376.66	4.00	175.07
四	税金	%	4 551.73	3.28	149.30
	小计				4 701.02
	扩大	%	10.00		470.10
	合计				5 171.12

附表 13　沉沙池单价分析表

定额编号:10103		矩形 4.5 m³		定额单位:座	

工作内容:土方开挖、浆砌石砌筑、混凝土浇筑、土方回填。

编号	规格及名称	单位	数量	单价(元)	合价(元)
一	直接工程费				2 121
(一)	基本直接费				2 039
1	人工费	工时	145.75	5.03	733
2	材料费				1 306
	块石	m³	5.14	132.881 3	683
	砂浆	m³	2.07	271.114 2	561
	其他材料费	%	1 244.22	5.00	62
(二)	其他直接费	%	2 039.19	4.00	82
二	间接费	%	2 120.75	5.00	106
三	利润	%	2 226.79	4.00	89
四	税金	%	2 315.86	3.28	76
	小计				2 392
	扩大	%	10.00		239
	合计				2 631

附表 14　封闭式矩形蓄水池单价分析表

定额编号:10103	水池容积 105 m³	定额单位:座

工作内容:土方开挖、浆砌石砌筑、混凝土浇筑、土方回填。

编号	规格及名称	单位	数量	单价(元)	合价(元)
一	直接工程费				26 556
(一)	基本直接费				25 535
1	人工费	工时	2 790.70	5.03	14 030
2	材料费				11 101
	块石	m³	23.76	132.881 3	3 157
	砌筑砂浆	m³	6.48	271.114 2	1 757
	混凝土	m³	23.25	243.37	5 658
	其他材料费	%	10 572.34	5.00	529
3	机械费				404
	胶轮架子车	台式	427.00	0.90	384
	其他机械费	%	384.30	5.00	19
(二)	其他直接费	%	25 534.72	4.00	1 021
二	间接费	%	26 556.10	5.00	1 328
三	利润	%	27 883.91	4.00	1 115
四	税金	%	28 999.27	3.28	951
	小计				29 950
	扩大	%	10.00		2 995
	合计				32 945

附表 15　水窖单价分析表

定额编号:10024	混凝土窖底,水窖容积 50 m³	定额单位:眼

工作内容:窖体开挖、墁壁、窖底浇筑、窖体防渗、制作窖口及窖盖等。

编号	规格及名称	单位	数量	单价(元)	合价(元)
一	直接工程费				3 738
(一)	基本直接费				3 594
1	人工费	工时	455.18	5.03	2 288
2	材料费				1 306
	混凝土	m³	1.06	243.37	258
	水泥	t	1.00	446.04	446.04
	石子	m³	0.87	90.07	78.36
	砂子	m³	2.80	113.42	317.57
	水	m³	3.00	9.51	28.53
	抗渗剂	kg	23.00	5.00	115.00
	其他材料费	%	1 243.48	5.00	62
(二)	其他直接费	%	3 594.07	4.00	144
二	间接费	%	3 737.83	5.00	187
三	利润	%	3 924.72	4.00	157
四	税金	%	4 081.71	3.28	134
	小计				4 216
	扩大	%	10.00		422
	合计				4 637

附表 16 封禁围栏单价分析表

定额编号:2087 改		丘陵沟壑区、土石山区		定额单位:100 延长米	

工作内容:定线,材料场内运输,建立防护围栏。

序号	名称及规格	单位	数量	单价(元)	合价(元)
一	直接费				765.15
(一)	基本直接费				757.57
1	人工费	工时	26.40	2.98	78.64
2	材料费				678.93
	围栏立柱	根	12.00	8.50	102.00
	铁丝	kg	18.00	4.61	83.00
	围栏网	米	105.00	4.61	483.94
	零星材料费	元			10.00
(二)	其他直接费	%	757.57	1.00	7.58
二	间接费	%	765.15	4.00	30.61
三	计划利润	%	795.75	2.00	15.92
四	税金	%	811.67	3.28	26.62
	小计				838.29
	扩大	%	10.00	838.29	83.83
	合计				922.12

附表 17 封禁标志牌单价分析表

序号	费用项目	单位	数量	单价	合计
1	土方开挖	m³	0.09	18.92	1.70
2	混凝土预制	m³	0.23	503.90	115.90
3	钢筋制作安装	kg	3.11	7.31	22.73
4	土方回填	m³	0.01	24.42	0.24

续附表 17

序号	费用项目	单位	数量	单价	合计
5	其他				150.00
	小计				290.58
	扩大	%	10		29.06
	总计				319.64

附表 18　立柱(门柱)预制运输及安装单价计算表

序号	项目	材料费	运输费	安装费	合计
1	围栏立柱(根)	8.00	0.5		8.50
2	门柱(根)	8.00	0.5	3.00	11.50
3	围栏网(m)				4.28
4	围栏门及安装(个)	50.00	0.50	5.00	55.50

附表 19　推土机修筑土坎水平梯田单价分析表(坡度 5°~10°)

定额编号:09360	坡度 5°~10°,土类 Ⅰ~Ⅱ	定额单位:hm²

工作内容:定线、清基、筑坎、保留表土、修平田面、表土还原等。

编号	规格及名称	单位	数量	单价(元)	合价(元)
一	直接费				12 754.46
(一)	基本直接费				12 504.37
1	人工费	工时	2 553.10	2.98	7 605.05
2	材料费				
3	机械费 74 kW	台时	40	110.46	4 418.39
4	零星材料费	%	12 023.44	4.00	480.94
(二)	其他直接费	%	12 504.37	2.00	250.09
二	间接费	%	12 754.46	5.00	637.72
三	利润	%	13 392.18	4.00	535.69

续附表 19

编号	规格及名称	单位	数量	单价(元)	合价(元)
四	税金	%	13 927.87	3.28	456.83
	小计				14 384.70
	扩大	%	10.00		1 438.47
	合计				15 823.18

附表 20　推土机修筑土坎水平梯田单价分析表（坡度 10°～15°）

定额编号:09371 改	坡度 10°～15°,土类 Ⅰ～Ⅱ	定额单位:hm²

工作内容:定线、清基、筑坎、保留表土、修平田面、表土还原等。

编号	规格及名称	单位	数量	单价(元)	合价(元)
一	直接费				23 513.15
（一）	基本直接费				23 052.10
1	人工费	工时	5 381.20	2.98	16 029.25
2	材料费				
3	推土机 74 kW	台时	57.5	110.46	6 351.43
4	零星材料费	%	22 380.68	3.00	671.42
（二）	其他直接费	%	23 052.10	2.00	461.04
二	间接费	%	23 513.15	5.00	1 175.66
三	利润	%	24 688.80	4.00	987.55
四	税金	%	25 676.36	3.28	842.18
	小计				26 518.54
	扩大	%	10.00		2 651.85
	合计				29 170.39

附表21　砂浆砌砖工程单价分析表

工作内容:拌浆、洒水、砌筑、勾缝。

| 工程名称:砂浆砌砖 | | | | 定额编号:03007 | |
| 定额依据:水土保持工程概算定额 | | | | 定额单位:100 m³ 砌体方 | |
编号	规格及名称	单位	数量	单价(元)	合价(元)
一	直接费				34 064.13
(一)	基本直接费				32 753.97
1	人工费	工时	978.12	5.03	4 917.50
2	材料费				27 646.04
	砖	千块	53.40	393.94	21 036.34
	砂浆	m³	25.00	258.89	6 472.16
	其他材料费	%	27 508.50	0.50	137.54
3	机械费				190.42
	砂浆拌和机 0.4 m³	台时	5.63	22.05	124.03
	胶轮架子车	台时	73.78	0.90	66.40
(二)	其他直接费	%	32 753.97	4.00	1 310.16
二	间接费	%	34 064.13	7.00	2 384.49
三	利润	%	36 448.62	4.00	1 457.94
四	税金	%	37 906.56	3.28	1 243.34
	小计				39 149.89
	扩大	%	10.00		3 914.99
	合计				45 553.66
五	差价				1 244.39
	块石	m³			0.00
	砂子	m³	27.75	43.42	1 204.87
	卵石	m³			
	税金	%	1 204.87	3.28	39.52

附表22　浆砌块石基础单价分析表

定额编号:03027		基础		定额单位:100 m³ 砌体方	
工作内容:选石、冲洗、修石、拌浆、砌筑、勾缝。					
编号	规格及名称	单位	数量	单价(元)	合价(元)
一	直接费				28 504.15
(一)	基本直接费				27 407.84
1	人工费	工时	752.84	5.03	3 784.90
2	材料费				23 269.08
	块石	m³	108.00	132.88	14 351.18
	砂浆	m³	34.00	258.89	8 802.14
	其他材料费	%	23 153.32	0.50	115.77
3	机械费				353.85
	砂浆拌和机0.4 m³	台时	7.88	22.05	173.64
	胶轮架子车	台时	200.24	0.90	180.21
(二)	其他直接费	%	27 407.84	4.00	1 096.31
二	间接费	%	28 504.15	7.00	1 995.29
三	利润	%	30 499.44	4.00	1 219.98
四	税金	%	31 719.42	3.28	1 040.40
	小计				32 759.82
	扩大	%	10.00		3 275.98
	合计				36 035.80

附表 23　浆砌块石挡土墙单价分析表

| 定额编号:03028 | | 挡土墙 | | 定额单位:100 m³ 砌体方 | |

工作内容:选石、冲洗、修石、拌浆、砌筑、勾缝。

编号	规格及名称	单位	数量	单价(元)	合价(元)
一	直接费				29 479.71
(一)	基本直接费				28 345.87
1	人工费	工时	918.06	5.03	4 615.55
2	材料费				23 373.15
	块石	m³	108.00	132.88	14 351.18
	砂浆	m³	34.40	258.89	8 905.69
	其他材料费	%	23 256.87	0.50	116.28
3	机械费				357.17
	砂浆拌和机 0.4 m³	台时	7.98	22.05	175.84
	胶轮架子车	台时	201.48	0.90	181.33
(二)	其他直接费	%	28 345.87	4.00	1 133.83
二	间接费	%	29 479.71	7.00	2 063.58
三	利润	%	31 543.29	4.00	1 261.73
四	税金	%	32 805.02	3.28	1 076.00
	小计				33 881.02
	扩大	%	10.00		3 388.10
	合计				37 269.12

附表 24　浆砌块石护坡单价分析表

定额编号:03024		平面护坡		定额单位:100 m³砌体方	

工作内容:选石、冲洗、修石、拌浆、砌筑、勾缝。

编号	规格及名称	单位	数量	单价(元)	合价(元)
一	直接费				29 898.98
(一)	基本直接费				28 749.02
1	人工费	工时	950.29	5.03	4 777.58
2	材料费				23 607.32
	块石	m³	108.00	132.88	14 351.18
	砂浆	m³	35.30	258.89	9 138.69
	其他材料费	%	23 489.87	0.50	117.45
3	机械费				364.12
	砂浆拌和机 0.4 m³	台时	8.18	22.05	180.25
	胶轮架子车	台时	204.30	0.90	183.87
(二)	其他直接费	%	28 749.02	4.00	1 149.96
二	间接费	%	29 898.98	7.00	2 092.93
三	利润	%	31 991.91	4.00	1 279.68
四	税金	%	33 271.59	3.28	1 091.31
	小计				34 362.90
	扩大	%	10.00		3 436.29
	合计				37 799.19

附表 25　浆砌块石护底单价分析表

定额编号:03026		护底		定额单位:100 m³砌体方	

工作内容:选石、冲洗、修石、拌浆、砌筑、勾缝。

编号	规格及名称	单位	数量	单价(元)	合价(元)
一	直接费				29 331.32
(一)	基本直接费				28 203.19
1	人工费	工时	841.72	5.03	4 231.75
2	材料费				23 607.32
	块石	m³	108.00	132.88	14 351.18
	砂浆	m³	35.30	258.89	9 138.69
	其他材料费	%	23 489.87	0.50	117.45
3	机械费				364.12
	砂浆拌和机0.4 m³	台时	8.18	22.05	180.25
	胶轮架子车	台时	204.30	0.90	183.87
(二)	其他直接费	%	28 203.19	4.00	1 128.13
二	间接费	%	29 331.32	7.00	2 053.19
三	利润	%	31 384.51	4.00	1 255.38
四	税金	%	32 639.89	3.28	1 070.59
	小计				33 710.48
	扩大	%	10.00		3 371.05
	合计				37 081.52

附表 26　人工铺筑反滤体单价分析表

定额编号:03002　　　　　　　　　　　　　定额单位:100 m³实方

工作内容:摊铺、找平、压实、修坡

编号	名称及规格	单位	数量	单价(元)	合价(元)
一	直接费				13 070.24
(一)	基本直接费				12 567.54
1	人工费	工时	558.36	5.03	2 807.15
2	材料费				9 760.39
	砂子	m³	20.40	113.42	2 313.74
	碎(卵)石	m³	81.60	90.07	7 350.01
	其他材料费	%	9 663.75	1.00	96.64
(二)	其他直接费	%	12 567.54	4.00	502.70
二	间接费	%	13 070.24	7.00	914.92
三	计划利润	%	13 985.16	4.00	559.41
四	税金	%	14 544.57	3.28	477.06
	扩大	%	15 021.63	10.00	1 502.16
	合计				16 523.79

附表 27　骨干坝植物护坡单价分析表

定额编号:黄—4276　　　　　　　　　　　定额单位:100 m²

工作内容:坝坡、挖沟、栽埋、种植及其整理。

编号	名称及规格	单位	数量	单价(元)	合价(元)
一	直接费				58.68
(一)	基本直接费				57.81
1	人工费	工时	8.10	5.03	40.70
2	披碱草	kg	0.50	18.22	9.11
3	零星材料费	元		8.00	8.00
(二)	其他直接费	%	57.81	1.50	0.87
二	间接费	%	58.68	5.00	2.93
三	计划利润	%	61.62	2.00	1.23
四	税金	%	62.85	3.28	2.06
	扩大	%	64.91	10.00	6.49
	合计				71.40

附表 28　拖拉机压实单价分析表

| 定额编号:01303 | | 土料干密度≤16.67 kg/m³ | | 定额单位:100 m³ 实方 | |

工作内容:推平、刨毛、压实、削坡、洒水、蛙夯补边夯、辅助工作等。

编号	名称及规格	单位	数量	单价(元)	合价(元)
一	直接费				654.12
(一)	基本直接费				628.96
1	人工费	工时	27.50	5.03	138.26
2	材料费				62.33
	零星材料费	%	11	566.63	62.33
3	机械费				428.37
	拖拉机 11 kW	台时	2.48	110.46	273.39
	推土机 74 kW	台时	0.91	92.88	84.76
	蛙式打夯机	台时	1.38	13.74	18.89
	刨毛机	台时	0.91	56.26	51.34
(二)	其他直接费	%	628.96	4.00	25.16
二	间接费	%	654.12	7.00	45.79
三	计划利润	%	699.90	4.00	28.00
四	税金	%	727.90	3.28	23.88
	扩大	%	751.78	10.00	75.18
	合计				826.95

附表 29　推土机推土单价分析表

定额编号:01152		土类级别 Ⅰ～Ⅱ			定额单位:100 m³自然方

工作内容:推松、运送、卸除、拖平、空回。　　　　推土距离 50 m

编号	名称及规格	单位	数量	单价(元)	合价(元)
一	直接费				383.21
(一)	基本直接费				368.47
1	人工费	工时	3.41	5.03	17.14
2	材料费				36.51
	零星材料费	%	11	331.95	36.51
3	机械费				314.81
	推土机 74 kW	台时	2.85	110.46	314.81
(二)	其他直接费	%	368.47	4.00	14.74
二	间接费	%	383.21	7.00	26.82
三	计划利润	%	410.03	4.00	16.40
四	税金	%	426.43	3.28	13.99
	扩大	%	440.42	10.00	44.04
	合计				484.46

附表 30　推土机推土单价分析表

定额编号:01153		土类级别 Ⅰ～Ⅱ			定额单位:100 m³自然方

工作内容:推松、运送、卸除、拖平、空回。　　　　推土距离 60 m

编号	名称及规格	单位	数量	单价(元)	合价(元)
一	直接费				457.17
(一)	基本直接费				439.59
1	人工费	工时	4.07	5.03	20.46

续附表 30

编号	名称及规格	单位	数量	单价(元)	合价(元)
2	材料费				43.56
	零星材料费	%	11	396.02	43.56
3	机械费				375.56
	推土机 74 kW	台时	3.40	110.46	375.56
(二)	其他直接费	%	439.59	4.00	17.58
二	间接费	%	457.17	7.00	32.00
三	计划利润	%	489.17	4.00	19.57
四	税金	%	508.74	3.28	16.69
	扩大	%	525.43	10.00	52.54
	合计				577.97

附表 31　推土机推土单价分析表

定额编号:01154		土类级别 Ⅰ ~ Ⅱ		定额单位:100 m³ 自然方	
工作内容:推松、运送、卸除、拖平、空回。			推土距离 70 m		
编号	名称及规格	单位	数量	单价(元)	合价(元)
一	直接费				527.31
(一)	基本直接费				507.03
1	人工费	工时	4.62	5.03	23.23
2	材料费				50.25
	零星材料费	%	11	456.78	50.25
3	机械费				433.55
	推土机 74 kW	台时	3.93	110.46	433.55
(二)	其他直接费	%	507.03	4.00	20.28
二	间接费	%	527.31	7.00	36.91
三	计划利润	%	564.22	4.00	22.57
四	税金	%	586.79	3.28	19.25
	扩大	%	606.04	10.00	60.60
	合计				666.64

附表 32　推土机推土单价分析表

| 定额编号:01155 | | 土类级别 I ~ II | | 定额单位:100 m³ 自然方 | |

工作内容:推松、运送、卸除、拖平、空回。　　　　　推土距离 80 m

编号	名称及规格	单位	数量	单价(元)	合价(元)
一	直接费				600.32
(一)	基本直接费				577.23
1	人工费	工时	5.39	5.03	27.10
2	材料费				57.20
	零星材料费	%	11	520.02	57.20
3	机械费				492.93
	推土机 74 kW	台时	4.46	110.46	492.93
(二)	其他直接费	%	577.23	4.00	23.09
二	间接费	%	600.32	7.00	42.02
三	计划利润	%	642.34	4.00	25.69
四	税金	%	668.03	3.28	21.91
	扩大	%	689.94	10.00	68.99
	合计				758.94

附表 33　推土机平整场地单价分析表

| 定额编号:01146 | | 土类级别 I ~ II | | 定额单位:100 m² | |

工作内容:推平。

编号	名称及规格	单位	数量	单价(元)	合价(元)
一	直接费				85.36
(一)	基本直接费				83.69
1	人工费	工时	0.77	5.03	3.87

续附表 33

编号	名称及规格	单位	数量	单价(元)	合价(元)
2	材料费				79.82
	推土机 74 kW	台时	0.61	110.46	67.66
	零星材料费	%	17	71.53	12.16
(二)	其他直接费	%	83.69	2.00	1.67
二	间接费	%	85.36	5.00	4.27
三	计划利润	%	89.63	4.00	3.59
四	税金	%	93.21	3.28	3.06
	扩大	%	96.27	10.00	9.63
	合计				105.90

附表 34 人工挖沟槽单价分析表

定额编号:01025		Ⅲ类土		定额单位:100 m³ 自然方	

工作内容:挖槽、抛土并倒运至槽边两侧 0.5 m 以外,修整底、边。

编号	名称及规格	单位	数量	单价(元)	合价(元)
一	直接费				1 496.40
(一)	基本直接费				1 438.85
1	人工费	工时	277.86	5.03	1 396.94
2	材料费				41.91
	零星材料费	%	3	1 396.94	41.91
(二)	其他直接费	%	1 438.85	4.00	57.55
二	间接费	%	1 496.40	7.00	104.75
三	计划利润	%	1 601.15	4.00	64.05
四	税金	%	1 665.20	3.28	54.62
	扩大	%	1 719.82	10.00	171.98
	合计				1 891.80

附表 35 人工挖沟槽单价分析表

| 定额编号:01019 | | Ⅰ～Ⅱ类土 | | 定额单位:100 m³ 自然方 | |

工作内容:挖槽、抛土并倒运至槽边两侧 0.5 m 以外,修整底、边。

编号	名称及规格	单位	数量	单价(元)	合价(元)
一	直接费				1 261.81
(一)	基本直接费				1 213.28
1	人工费	工时	234.30	5.03	1 177.94
2	材料费				35.34
	零星材料费	%	3	1 177.94	35.34
(二)	其他直接费	%	1 213.28	4.00	48.53
二	间接费	%	1 261.81	7.00	88.33
三	计划利润	%	1 350.14	4.00	54.01
四	税金	%	1 404.15	3.28	46.06
	扩大	%	1 450.20	10.00	145.02
	合计				1 595.22

附表 36 人工挖排水沟、截水沟单价分析表

| 定额编号:01006 | | Ⅰ～Ⅱ类土 | | 定额单位:100 m³ 自然方 | |

工作内容:挂线、使用镐锹开挖。

编号	名称及规格	单位	数量	单价(元)	合价(元)
一	直接费				696.66
(一)	基本直接费				669.87
1	人工费	工时	129.36	5.03	650.36
2	材料费				19.51
	零星材料费	%	3	650.36	19.51
(二)	其他直接费	%	669.87	4.00	26.79

续附表 36

编号	名称及规格	单位	数量	单价(元)	合价(元)
二	间接费	%	696.66	7.00	48.77
三	计划利润	%	745.43	4.00	29.82
四	税金	%	775.25	3.28	25.43
	扩大	%	800.67	10.00	80.07
	合计				880.74

附表 37　人工挖排水沟、截水沟单价分析表

定额编号:01007	Ⅲ类土	定额单位:100 m³自然方

工作内容:挂线、使用镐锹开挖。

编号	名称及规格	单位	数量	单价(元)	合价(元)
一	直接费				1 214.42
(一)	基本直接费				1 167.71
1	人工费	工时	225.50	5.03	1 133.70
2	材料费				34.01
	零星材料费	%	3	1 133.70	34.01
(二)	其他直接费	%	1 167.71	4.00	46.71
二	间接费	%	1 214.42	7.00	85.01
三	计划利润	%	1 299.43	4.00	51.98
四	税金	%	1 351.41	3.28	44.33
	扩大	%	1 395.73	10.00	139.57
	合计				1 535.31

附表 38　蛙夯夯实土方单价分析表

定额编号:01294		土类级别 I ~ II		定额单位:100 m³实方	

工作内容:人工平土、刨毛、洒水、蛙夯夯实。

编号	名称及规格	单位	数量	单价(元)	合价(元)
一	直接费				890.93
(一)	基本直接费				856.67
1	人工费	工时	88.00	5.03	442.42
2	材料费				70.73
	零星材料费	%	9	785.93	70.73
3	机械费				343.51
	蛙式打夯机	台时	25.00	13.74	343.51
(二)	其他直接费	%	856.67	4.00	34.27
二	间接费	%	890.93	7.00	62.37
三	计划利润	%	953.30	4.00	38.13
四	税金	%	991.43	3.28	32.52
	扩大	%	1 023.95	10.00	102.39
	合计				1 126.34

附表 39　人工挖淤泥单价分析表

定额编号:01072		淤泥		定额单位:100 m³自然方	

工作内容:挖装、运卸、空回。　　　　　挖装运卸 20 m

编号	名称及规格	单位	数量	单价(元)	合价(元)
一	直接费				2 023.94
(一)	基本直接费				1 946.09
1	人工费	工时	379.50	5.03	1 907.94
2	材料费				38.16
	零星材料费	%	2	1 907.94	38.16

续附表 39

编号	名称及规格	单位	数量	单价(元)	合价(元)
(二)	其他直接费	%	1 946.09	4.00	77.84
二	间接费	%	2 023.94	7.00	141.68
三	计划利润	%	2 165.61	4.00	86.62
四	税金	%	2 252.24	3.28	73.87
	扩大	%	2 326.11	10.00	232.61
	合计				2 558.72

附表 40　碎石垫层单价分析表

定额编号:03001　　　　　　　　　　　　定额单位:100 m³实方

工作内容:摊铺、找平、压实、修坡。

编号	名称及规格	单位	数量	单价(元)	合价(元)
一	直接费				12 570.00
(一)	基本直接费				12 086.54
1	人工费	工时	558.36	5.03	2 807.15
2	材料费				9 279.39
	碎(卵)石	m³	102.00	90.07	9 187.51
	其他材料费	%	1.00	9 187.51	91.88
3	机械费				0.00
(二)	其他直接费	%	12 086.54	4.00	483.46
二	间接费	%	12 570.00	7.00	879.90
三	计划利润	%	13 449.90	4.00	538.00
四	税金	%	13 987.90	3.28	458.80
	扩大	%	14 446.70	10.00	1 444.67
	合计				15 891.37

附表 41　预制混凝土管安装(承插式接头)φ600 单价分析表

定额编号:黄—4245		每根长 4 m		定额单位:10 根

工作内容:接口、管道安装、安砌以及 40 m 以内料具搬运。

编号	名称及规格	单位	数量	单价(元)	合价(元)
一	直接费				1 047.18
(一)	基本直接费				1 006.90
1	人工费	工时	26.40	5.03	132.73
2	材料费				674.18
	橡胶圈	个	11.00	50.00	550.00
	砂浆	m³	0.100	271.11	27.11
	吊车 10 t	台时	10	97.06	97.06
3	零星材料费	元		200	200.00
(二)	其他直接费	%	1 006.90	4.00	40.28
二	间接费	%	1 047.18	7.00	73.30
三	计划利润	%	1 120.48	4.00	44.82
四	税金	%	1 165.30	3.28	38.22
	扩大	%	1 203.52	10.00	120.35
	合计				1 323.87

附表 42　预制混凝土管安装(套环式接头)φ800 单价分析表

定额编号:黄—4249		每根长 2 m		定额单位:10 根

工作内容:砂浆拌和和安砌、填筑及场内运输。

编号	名称及规格	单位	数量	单价(元)	合价(元)
一	直接费				769.84
(一)	基本直接费				740.23
1	人工费	工时	38.46	5.03	193.34
2	材料费				508.89
	油麻	kg	24.36	20.00	487.20

续附表 42

编号	名称及规格	单位	数量	单价(元)	合价(元)
	砂浆	m³	0.080	271.11	21.69
3	零星材料费	元		38	38.00
(二)	其他直接费	%	740.23	4.00	29.61
二	间接费	%	769.84	7.00	53.89
三	计划利润	%	823.72	4.00	32.95
四	税金	%	856.67	3.28	28.10
	扩大	%	884.77	10.00	88.48
	合计				973.25

附表 43 胶轮车运混凝土单价分析表

定额编号:04031		运距 50 m		定额单位:100 m³	

工作内容:装、运、卸、空回、清洗。

编号	名称及规格	单位	数量	单价(元)	合价(元)
一	直接费				620
(一)	基本直接费				596
1	人工费	工时	88.66	5.03	446
2	材料费				78
	零星材料费	%	15	518.28	78
3	机械费				73
	胶轮车	台时	80.60	0.90	73
(二)	其他直接费	%	596.02	4.00	24
二	间接费	%	619.86	7.00	43
三	计划利润	%	663.25	4.00	27
四	税金	%	689.78	3.28	23
	小计				712
	扩大	%	712.41	10	71
	合计				784

附表 44　拌和机拌制混凝土单价分析表

定额编号:04027				定额单位:100 m³	

工作内容:配运水泥、骨料、投料、加水、加外加剂、搅拌、出料、清洗等。

编号	名称及规格	单位	数量	单价(元)	合价(元)
一	直接费				2 583
(一)	基本直接费				2 484
1	人工费	工时	315.70	5.03	1 587
2	材料费				184
	零星材料费	%	8	2 299.79	184
3	机械费				713
	砂浆搅拌机	台时	27.63	22.05	609
	胶轮架子车	台时	115.00	0.90	104
(二)	其他直接费	%	2 483.78	4.00	99
二	间接费	%	2 583.13	7.00	181
三	计划利润	%	2 763.95	4.00	111
四	税金	%	2 874.51	3.28	94
	合计				2 969
	扩大	%	2 968.79	10	297
	合计				3 266

附表 45　150# 混凝土单价分析表

定额编号:04007	现浇 150#混凝土	定额单位:100 m³

工作内容:模板制作、安装、拆除、凿毛、清洗、浇筑、养护等。

编号	名称及规格	单位	数量	单价(元)	合价(元)
一	直接费				38 370
(一)	基本直接费				36 895
1	人工费	工时	606.43	5.03	3 049

续附表 45

编号	名称及规格	单位	数量	单价(元)	合价(元)
2	材料费				27 723
	板仿材	m³	0.34	1 261.48	429
	钢模板	kg	135.10	1.52	205
	铁件	kg	89.60	5.94	533
	混凝土		113.00	230.92	26 093
	其他材料费	%	1.7	27 260	463
3	机械费				1 963
	风水枪	台时	18.38	88.51	1 626
	振捣器 1.1 kW	台时	60.75	2.60	158
	其他机械费	%	10.00	1 784.56	178
4	其他				4 160
	混凝土拌制	m³	113.00	29.69	3 355
	混凝土运输	m³	113.00	7.12	805
(二)	其他直接费	%	36 894.69	4.00	1 476
二	间接费	%	38 370.48	7.00	2 686
三	计划利润	%	41 056.41	4.00	1 642
四	税金	%	42 698.67	3.28	1 401
	小计				44 099
	扩大	%	10.00		4 410
	合计				48 509

附表 46 200#混凝土单价分析表

定额编号:04007		现浇 200#混凝土		定额单位:100 m³	

工作内容:模板制作、安装、拆除、凿毛、清洗、浇筑、养护等。

编号	名称及规格	单位	数量	单价(元)	合价(元)
一	直接费				39 859
(一)	基本直接费				38 326
1	人工费	工时	606.43	5.03	3 049
2	材料费				29 154
	板仿材	m³	0.34	1 261.48	429
	钢模板	kg	135.10	1.52	205
	铁件	kg	89.60	5.94	533
	混凝土		113.00	243.37	27 500
	其他材料费	%	1.7	28 667	487
3	机械费				1 963
	风水枪	台时	18.38	88.51	1 626
	振捣器 1.1 kW	台时	60.75	2.60	158
	其他机械费	%	10.00	1 784.56	178
4	其他				4 160
	混凝土拌制	m³	113.00	29.69	3 355
	混凝土运输	m³	113.00	7.12	805
(二)	其他直接费	%	38 325.56	4.00	1 533
二	间接费	%	39 858.58	7.00	2 790
三	计划利润	%	42 648.68	4.00	1 706
四	税金	%	44 354.62	3.28	1 455
	小计				45 809
	扩大	%	10.00		4 581
	合计				50 390

附表 47　钢筋制作、安装单价分析表

定额编号:04068			定额单位:1 t		

工作内容:回直、除锈、切断、弯制、焊接、绑扎及加工场至施工场地运输。

编号	名称及规格	单位	数量	单价(元)	合价(元)
一	直接费				5 781.81
(一)	基本直接费				5 559.43
1	人工费	工时	114.40	5.03	575.15
2	材料费				4 341.81
	钢筋	t	1.06	3 999.91	4 239.90
	铁丝	kg	4.00	4.61	18.44
	电焊条	kg	7.22	5.02	36.22
	其他材料费	%	1.1	4 294.57	47.24
3	机械费				642.48
	钢筋调直机	台时	0.83	16.24	13.40
	风砂枪	台时	2.14	88.51	189.19
	钢筋切断机 20 kW	台时	0.55	20.68	11.37
	钢筋弯曲机 $\phi 6 \sim 40$	台时	1.51	13.01	19.68
	电焊机 25 kVA	台时	14.21	22.87	325.04
	其他机械费	%	15.00	558.68	83.80
(二)	其他直接费	%	5 559.43	4.00	222.38
二	间接费	%	5 781.81	7.00	404.73
三	计划利润	%	6 186.54	4.00	247.46
四	税金	%	6 434.00	3.28	211.04
	小计				6 645.03
	扩大	%	6 645.03	10	665
	合计				7 310

附表48　砂浆材料单价计算表

序号	标号	级配	预算量																单价(元)
			水泥(kg)			掺和料(m³)			砂子(m³)			卵石(m³)			水(kg)			
			数量	价格	估算价	数量	价格	估算价	数量	价格	估算价	数量	价格	估算价	数量	价格	估算价	
1	C10	2	203	0.45	90.55				0.55	113.42	62.38	0.85	90.07	76.56	150	0.010	1.427	230.92
2	C20	2	236	0.45	105.26				0.53	113.42	60.11	0.85	90.07	76.56	150	0.010	1.427	243.37
1	M7.5		292	0.45	130.24				1.11	113.42	125.89				289	0.010	2.749	258.89
2	M10		327	0.45	145.85				1.08	113.42	122.49				291	0.010	2.768	271.11

附表49　水泥砂浆抹面工程单价分析表

定额编号:03079	水泥砂浆平均厚2 cm	定额单位:100 m²

工作内容:冲洗、制浆、抹粉、压光。

编号	名称及规格	单位	数量	单价(元)	合价(元)
一	直接费				1 189
(一)	基本直接费				1 166
1	人工费	工时	94.38	5.03	474
2	材料费				673
	砂浆	m³	2.30	271.11	624
	其他材料费	%	8	623.56	50
3	机械费				18
	砂浆搅拌机	台时	0.51	22.05	11
	胶轮架子车	台时	6.99	0.90	6
	其他机械费	%	1.00	17.59	0
(二)	其他直接费	%	1 165.71	3.00	23
二	间接费	%	1 189.02	7.00	42
三	计划利润	%	1 230.64	3.00	37

续附表 49

编号	名称及规格	单位	数量	单价(元)	合价(元)
四	税金	%	1 267.56	3.28	41
	小计				1 308
	扩大	%	10		131
	合计				1 439

附表 50　人工夯实填土单价分析表

定额编号:01093　　　　　　　　　　　　　　定额单位:100 m³ 实方

工作内容:平土、刨毛、分层夯实和清理杂物等。

编号	规格及名称	单位	数量	单价(元)	合价(元)
一	直接费				1 931
(一)	基本直接费				1 857
1	人工费	工时	358.60	5.03	1 803
2	零星材料费	%	1 802.86	3.00	54
(二)	其他直接费	%	1 856.95	4.00	74
二	间接费	%	1 931.23	7.00	135
三	利润	%	2 066.41	4.00	83
四	税金	%	2 149.07	3.28	70
	小计				2 220
	扩大	%	10.00		222
	合计				2 442

附表 51　人工挖土方单价分析表

定额编号:01088		土类级别 Ⅰ ~ Ⅱ		定额单位:100 m³	

工作内容:挖松、就近堆放。

编号	规格及名称	单位	数量	单价(元)	合价(元)
一	直接费				246
(一)	基本直接费				237
1	人工费	工时	44.00	5.03	221
2	材料费				15
	零星材料费	%	221.21	7.00	15
(二)	其他直接费	%	236.69	4.00	9
二	间接费	%	246.16	7.00	17
三	计划利润	%	263.39	4.00	11
四	税金		273.93	3.28	9
	小计				283
	扩大	%	10.00		28
	合计				311

附表 52　人工清理表层土单价分析表

定额编号:01004				定额单位:100 m²	

工作内容:用铁锹、锄头清除施工场地表层土及杂草。

编号	名称及规格	单位	数量	单价(元)	合价(元)
一	直接费				151.84
(一)	基本直接费				146.00
1	人工费	工时	26.40	5.03	132.73
2	材料费				13.27
	零星材料费	%	10	132.73	13.27

续附表 52

编号	名称及规格	单位	数量	单价(元)	合价(元)
(二)	其他直接费	%	146.00	4.00	5.84
二	间接费	%	151.84	7.00	10.63
三	计划利润	%	162.47	4.00	6.50
四	税金	%	168.97	3.28	5.54
	小计				174.51
	扩大	%	174.51	10	17.45
	合计				191.96

附表 53　人工装、手扶拖拉机运土单价分析表

定额编号:01111		土类级别 Ⅰ~Ⅱ		定额单位:100 m³ 自然方	

工作内容:装、运、卸、空回。　　　　运距:200 m

编号	名称及规格	单位	数量	单价(元)	合价(元)
一	直接费				1 237.32
(一)	基本直接费				1 189.74
1	人工费	工时	116.71	5.03	586.76
2	材料费				23.33
	零星材料费	%	2	1 166.41	23.33
3	机械费				579.65
	手扶拖拉机 11 kW	台时	33.54	17.28	579.65
(二)	其他直接费	%	1 189.74	4.00	47.59
二	间接费	%	1 237.32	7.00	86.61
三	计划利润	%	1 323.94	4.00	52.96
四	税金	%	1 376.89	3.28	45.16
	小计				1 422.06
	扩大	%	1 422.06	10	142.21
	合计				1 564.26

附表54　鱼鳞坑整地单价分析表

| 定额编号:08024 | | 大鱼鳞坑 | | | 定额单位:100 个 |

工作内容:人工挖土、培埂。

编号	规格及名称	单位	数量	单价(元)	合价(元)
一	直接费				216.49
(一)	基本直接费				213.30
	人工费	工时	69.52	2.98	207.08
	零星材料费	%	207.08	3.00	6.21
(二)	其他直接费	%	213.30	1.50	3.20
二	间接费	%	216.49	5.00	10.82
三	利润	%	227.32	2.00	4.55
四	税金	%	231.87	3.28	7.61
	小计				239.47
	扩大	%	10.00		23.95
	合计				263.42

附表55　水平阶整地单价分析表

| 定额编号:08009 | | 地面坡度 20° | | | 定额单位:100 个 |

工作内容:人工挖土、甩土、填平。阶长 4~5 m,阶宽 1.5 m

编号	规格及名称	单位	数量	单价(元)	合价(元)
一	直接费				443.71
(一)	基本直接费				437.15
	人工费	工时	143.88	2.98	428.58
	零星材料费	%	428.58	2.00	8.57
(二)	其他直接费	%	437.15	1.50	6.56

续附表 55

编号	规格及名称	单位	数量	单价(元)	合价(元)
二	间接费	%	443.71	5.00	22.19
三	利润	%	465.90	2.00	9.32
四	税金	%	475.22	3.28	15.59
	小计				490.80
	扩大	%	10.00		49.08
	合计				539.88

附表 56 水平沟整地单价分析表

定额编号:08019	地面坡度30°	定额单位:100 个

工作内容:人工挖土、翻土、培埂、修整。每块沟长 4~6 m

编号	规格及名称	单位	数量	单价(元)	合价(元)
一	直接费				461.53
(一)	基本直接费				454.71
	人工费	工时	151.14	2.98	450.21
	零星材料费	%	450.21	1.00	4.50
(二)	其他直接费	%	454.71	1.50	6.82
二	间接费	%	461.53	5.00	23.08
三	利润	%	484.61	2.00	9.69
四	税金	%	494.30	3.28	16.21
	小计				510.51
	扩大	%	10.00		51.05
	合计				561.56

附表 57　全面整地(机械施工)单价分析表

定额编号:08046		Ⅲ类土		定额单位:hm²	

工作内容:人力施肥,拖拉机牵引铧犁耕翻地。

编号	规格及名称	单位	数量	单价(元)	合价(元)
一	直接费				3 086.80
(一)	基本直接费				3 041.18
1	人工费	工时	702.90	2.98	2 093.76
2	材料费				549.87
	农家土杂肥	m³	1.00	200.00	200.00
	其他材料费	%	2 691.31	13.00	349.87
3	机械费				397.55
	拖拉机 37 kW	台时	10.00	39.75	397.55
(二)	其他直接费	%	3 041.18	1.50	45.62
二	间接费	%	3 086.80	5.00	154.34
三	利润	%	3 241.14	2.00	64.82
四	税金	%	3 305.96	3.28	108.44
	小计				3 414.40
	扩大	%	10.00		341.44
	合计				3 755.84

附表 58　全面整地(畜力施工)单价分析表

定额编号:08043		Ⅲ类土		定额单位:hm²	

工作内容:人力施肥,畜力耕翻地。

编号	规格及名称	单位	数量	单价(元)	合价(元)
一	直接费				2 630.83
(一)	基本直接费				2 591.95
	人工费	工时	702.90	2.98	2 093.76

续附表 58

编号	规格及名称	单位	数量	单价（元）	合价（元）
	农家土杂肥	m³	1.00	200.00	200.00
	其他材料费	%	2 293.76	13.00	298.19
（二）	其他直接费	%	2 591.95	1.50	38.88
二	间接费	%	2 630.83	5.00	131.54
三	利润	%	2 762.37	2.00	55.25
四	税金	%	2 817.62	3.28	92.42
	小计				2 910.04
	扩大	%	10.00		291.00
	合计				3 201.04

附表 59　穴状（圆形）整地单价分析表

定额编号:08029		穴径×坑深（50 cm×50 cm）		定额单位:100 个	

工作内容:人工挖土、翻土、碎土。

编号	规格及名称	单位	数量	单价（元）	合价（元）
一	直接费				65.85
（一）	基本直接费				64.88
	人工费	工时	19.80	2.98	58.98
	零星材料费	%	58.98	10.00	5.90
（二）	其他直接费	%	64.88	1.50	0.97
二	间接费	%	65.85	5.00	3.29
三	利润	%	69.14	2.00	1.38
四	税金	%	70.53	3.28	2.31
	小计				72.84
	扩大	%	10.00		7.28
	合计				80.12

附表60　穴状(圆形)整地单价分析表

定额编号:08029		穴径×坑深(60 cm×60 cm)		定额单位:100 个	

工作内容:人工挖土、翻土、碎土。

编号	规格及名称	单位	数量	单价(元)	合价(元)
一	直接费				113.77
(一)	基本直接费				112.09
	人工费	工时	34.21	2.98	101.90
	零星材料费	%	101.90	10.00	10.19
(二)	其他直接费	%	112.09	1.50	1.68
二	间接费	%	113.77	5.00	5.69
三	利润	%	119.46	2.00	2.39
四	税金	%	121.85	3.28	4.00
	小计				125.85
	扩大	%	10.00		12.58
	合计				138.43

附表61　栽植枸杞单价分析表

定额编号:08092		冠丛高 60 cm		定额单位:100 株	

工作内容:挖坑、栽植、覆土保墒、浇水、清理。

编号	规格及名称	单位	数量	单价(元)	合价(元)
一	直接费				45.59
(一)	基本直接费				44.92
1	人工费	工时	12.10	2.98	36.04
2	材料费				8.87
	枸杞苗	株	102	1.02	
	水	m³	0.70	9.51	6.66
	其他材料费	%	110.75	2.00	2.21

续附表 61

编号	规格及名称	单位	数量	单价(元)	合价(元)
(二)	其他直接费	%	44.92	1.50	0.67
二	间接费	%	45.59	5.00	2.28
三	利润	%	47.87	2.00	0.96
四	税金	%	48.83	3.28	1.60
	小计				50.43
	扩大	%	10.00		5.04
	合计				55.47

附表 62 栽植花椒单价分析表

定额编号:08092	冠丛高 60 cm	定额单位:100 株

工作内容:挖坑、栽植、覆土保墒、浇水、清理。

编号	规格及名称	单位	数量	单价(元)	合价(元)
一	直接费				46.12
(一)	基本直接费				45.44
1	人工费	工时	12.10	2.98	36.04
2	材料费				9.39
	花椒苗	株	102	1.28	
	水	m³	0.70	9.51	6.66
	其他材料费	%	136.72	2.00	2.73
(二)	其他直接费	%	45.44	1.50	0.68
二	间接费	%	46.12	5.00	2.31
三	利润	%	48.42	2.00	0.97
四	税金	%	49.39	3.28	1.62
	小计				51.01
	扩大	%	10.00		5.10
	合计				56.11

附表63　核桃植苗单价分析表

定额编号:08084　　　　　　　　　　　　　　定额单位:100 株

工作内容:挖坑、栽植、覆土保墒、浇水、清理。

编号	规格及名称	单位	数量	单价(元)	合价(元)
一	直接费				78.67
(一)	基本直接费				77.51
1	人工费	工时	14.30	2.98	42.60
2	材料费				34.91
	核桃苗	株	102	6.13	
	水	m³	1.00	9.51	9.51
	其他材料费	%	635.06	4.00	25.40
(二)	其他直接费	%	77.51	1.50	1.16
二	间接费	%	78.67	5.00	3.93
三	利润	%	82.61	2.00	1.65
四	税金	%	84.26	3.28	2.76
	小计				87.02
	扩大	%	10.00		8.70
	合计				95.72

附表64　云杉植苗单价分析表

定额编号:08085　　　　　　　　　地径 2 cm　　　　　定额单位:100 株

工作内容:挖坑、栽植、浇水、覆土保墒、清理。

编号	规格及名称	单位	数量	单价(元)	合价(元)
一	直接费				99.36
(一)	基本直接费				97.89
1	人工费	工时	20.90	2.98	62.26
2	材料费				35.64

续附表 64

编号	规格及名称	单位	数量	单价(元)	合价(元)
	云杉苗	株	102	5.10	
	水	m³	1.50	9.51	14.27
	其他材料费	%	534.20	4.00	21.37
(二)	其他直接费	%	97.89	1.50	1.47
二	间接费	%	99.36	5.00	4.97
三	利润	%	104.33	2.00	2.09
四	税金	%	106.41	3.28	3.49
	小计				109.90
	扩大	%	10.00		10.99
	合计				120.89

附表 65　条播披碱草单价分析表

定额编号:08049		行距 20 cm		定额单位:hm²	

工作内容:种子处理、人工开沟、播草籽、镇压。

编号	规格及名称	单位	数量	单价(元)	合价(元)
一	直接费				564.33
(一)	基本直接费				555.99
1	人工费	工时	168.30	2.98	501.32
2	材料费				54.67
	草籽	kg	60	18.22	
	其他材料费	%	1 093.40	5.00	54.67
(二)	其他直接费	%	555.99	1.50	8.34
二	间接费	%	564.33	5.00	28.22
三	利润	%	592.55	2.00	11.85
四	税金	%	604.40	3.28	19.82
	小计				624.23
	扩大	%	10.00		62.42
	合计				686.65

附表 66　　青杨植苗单价分析表

| 定额编号:08085 | | | 定额单位:100 株 | | |

工作内容:挖坑、栽植、覆土保墒、浇水、清理。

编号	规格及名称	单位	数量	单价(元)	合价(元)
一	直接费				88.90
(一)	基本直接费				87.59
1	人工费	工时	20.90	2.98	62.26
2	材料费				25.33
	青杨苗	株	102	2.57	
	水	m³	1.50	9.51	14.27
	其他材料费	%	276.65	4.00	11.07
(二)	其他直接费	%	87.59	1.50	1.31
二	间接费	%	88.90	5.00	4.45
三	利润	%	93.35	2.00	1.87
四	税金	%	95.21	3.28	3.12
	小计				98.34
	扩大	%	10.00		9.83
	合计				108.17

附表 67　　栽植桎柳单价分析表

| 定额编号:08100 | | 孔植 | | 定额单位:100 株 | |

工作内容:钻孔、插条。

编号	规格及名称	单位	数量	单价(元)	合价(元)
一	直接费				20.05
(一)	基本直接费				19.76
1	人工费	工时	6.60	2.98	19.66
2	材料费				0.10
	桎柳插穗	株	102	0.05	
	其他材料费	%	4.89	2.00	0.10

续附表 67

编号	规格及名称	单位	数量	单价(元)	合价(元)
(二)	其他直接费	%	19.76	1.50	0.30
二	间接费	%	20.05	5.00	1.00
三	利润	%	21.06	2.00	0.42
四	税金	%	21.48	3.28	0.70
	小计				22.18
	扩大	%	10.00		2.22
	合计				24.40

附表 68 栽植沙棘单价分析表

定额编号:08091	冠丛高 60 cm	定额单位:100 株

工作内容:挖坑、栽植、覆土保墒、浇水、清理。

编号	规格及名称	单位	数量	单价(元)	合价(元)
一	直接费				43.57
(一)	基本直接费				42.93
1	人工费	工时	12.10	2.98	36.04
2	材料费				6.88
	沙棘苗	株	102	0.04	
	水	m³	0.70	9.51	6.66
	其他材料费	%	11.24	2.00	0.22
(二)	其他直接费	%	42.93	1.50	0.64
二	间接费	%	43.57	5.00	2.18
三	利润	%	45.75	2.00	0.91
四	税金	%	46.66	3.28	1.53
	小计				48.19
	扩大	%	10.00		4.82
	合计				53.01

附表 69　穴播柠条单价分析表(灌木林用)

| 定额编号:08077 | | 株距×行距(1.5 m×2 m) | | 定额单位:hm² | |

工作内容:种子处理、人工开沟、播种子、镇压。

编号	规格及名称	单位	数量	单价(元)	合价(元)
一	直接费				327.79
(一)	基本直接费				322.95
1	人工费	工时	102.30	2.98	304.73
2	材料费				18.22
	柠条种	kg	22.50	20.24	
	其他材料费	%	455.47	4.00	18.22
(二)	其他直接费	%	322.95	1.50	4.84
二	间接费	%	327.79	5.00	16.39
三	利润	%	344.18	2.00	6.88
四	税金	%	351.06	3.28	11.51
	小计				362.58
	扩大	%	10.00		36.26
	合计				398.83

附表 70　穴播柠条单价分析表(混交林用)

| 定额编号:08077 | | 株距×行距(1.5 m×2 m) | | 定额单位:hm² | |

工作内容:种子处理、人工开沟、播种子、镇压。

编号	规格及名称	单位	数量	单价(元)	合价(元)
一	直接费				313.41
(一)	基本直接费				308.77
1	人工费	工时	102.30	2.98	304.73
2	材料费				4.05
	柠条种	kg	5.00	20.24	
	其他材料费	%	101.22	4.00	4.05
(二)	其他直接费	%	308.77	1.50	4.63

续附表 70

编号	规格及名称	单位	数量	单价(元)	合价(元)
二	间接费	%	313.41	5.00	15.67
三	利润	%	329.08	2.00	6.58
四	税金	%	335.66	3.28	11.01
	小计				346.67
	扩大	%	10.00		34.67
	合计				381.33

附表 71　柠条单价分析表

工作内容:种子处理、人工开沟、播种子、镇压。

工程名称:直播柠条　　　　　　　　　　　定额编号:08075

定额依据:水土保持工程概算定额　　　　　定额单位:hm^2

编号	规格及名称	单位	数量	单价(元)	合价(元)
一	直接费				732.96
(一)	基本直接费				722.13
1	人工费	工时	220.00	2.98	655.33
2	材料费				66.80
	柠条种	kg	66.00	20.24	
	其他材料费	%	1 336.06	5.00	66.80
3	机械费				
(二)	其他直接费	%	722.13	1.50	10.83
二	间接费	%	732.96	5.00	36.65
三	利润	%	769.61	2.00	15.39
四	税金	%	785.00	3.28	25.75
	小计				810.75
	扩大	%	10.00		81.07
	合计				891.82

附表72　幼林抚育单价分析表

定额编号:08136、08137、08138　　　　　　　　　　　　　定额单位:hm²

施工方法:第1年抚育2次,第2、3年各抚育1次

编号	规格及名称	单位	数量	单价(元)	合价(元)
一	直接费				1 535.22
(一)	基本直接费				1 512.53
1	人工费				1 127.16
	人工	工时	378.40	2.98	1127.16
2	材料费				385.38
	零星材料费	%	1 127.16	34.19	385.38
(二)	其他直接费	%	1 512.53	1.50	22.69
二	间接费	%	1 535.22	5.00	76.76
三	利润	%	1 611.98	2.00	32.24
四	税金	%	1 644.22	3.28	53.93
	小计				1 698.15
	扩大	%	10.00		169.82
	合计				1 867.97

附表73　全省水土保持监测投资计算指标表

编号	工程或费用名称	单位
一	全省水土保持基础信息平台建设	
(一)	水土保持监测站点体系	
	一般水土保持监测点	个
(二)	水土保持应用支撑平台	项
(三)	业务应用系统	
1	全省水土保持管理系统优化和升级	项
2	移动终端开发	项

续附表 73

编号	工程或费用名称	单位
（四）	水土保持信息资源和数据库建设	项
1	水土保持信息资源	
2	数据库建设	
（五）	标准规范建设	项
二	全省水土流失动态监测与公告项目	
1	水土流失重点防治区监测	项
2	生产建设项目集中区监测	项
3	不同类型区水土保持定位观测	项
4	水土保持重点工程项目	项
6	公报编制	项
三	全省水土保持普查	
1	土壤侵蚀调查	水力侵蚀调查	项
		风力侵蚀调查	项
		冻融侵蚀调查	项
2	水土保持措施调查	项
	合计	

附表 74　水土保持综合监管投资指标表

能力建设			基础平台建设			信息化建设
监管能力	社会服务	宣传教育	科研基地	科技示范	标准体系	

第 10 章　　水土保持工作保障措施分析与探讨

为确保青海省水土保持工作健康、有序推进,应从加强组织领导、严格依法行政、完善投入机制、创新体制机制、强化科技支撑、加强宣传教育等方面做好水土保持工作的保障措施。

10.1　加强组织领导

青海省各级人民政府要将水土保持作为生态文明建设的重要内容,将确定的水土保持工作目标和任务纳入本级国民经济和社会发展规划,并结合"十三五"规划和扶贫工作安排专项资金,组织实施。

水土保持涉及水利、农业、林业、国土、环境、交通、电力、煤炭、石油等部门或行业,综合性强,地方各级人民政府要加强对水土保持工作的统一领导,成立由政府主要领导任组长,各相关部门负责人参加的组织协调机构,主要负责对全省水土保持规划、政策、重大问题的统筹协调和重大事件的应急管理和协调。在政府统一协调下,各部门按照职责分工,各司其职,各负其责,密切配合,综合防治水土流失。

县级以上人民政府应当加强水土保持工作的统一领导,将水土保持工作纳入本级国民经济和社会发展规划,对水土保持确定的任务,安排专项资金,并组织实施。

国家在水土流失重点预防区和重点治理区,实施地方各级人民政府水土保持目标责任制和考核奖惩制度。

10.2　严格依法行政

一是完善《中华人民共和国水土保持法》配套法规体系和制度建设。青海省各级人民政府要结合当地实际,出台《中华人民共和国水土保持法》实施办法,完成相关配套法规、规章和规范性文件的修订工作。各级水行政主管部门,要按照《中华人民共和国水土保持法》的要求,建立健全水土流失重点防治区地方人民政府水土保持目标、生产建设项目水土保持管理、水土保持生态补偿、水土保持监测评价、水土保持重点工程建设管理等方面的制度,为依法行政奠定基础。

二是依法强化对生产建设项目水土保持监管。对容易发生水土流失的区域,开办可能造成水土流失的生产建设项目,都要严格水土保持方案管理。有关基础设施建设、矿产资源开发、城镇建设、公共服务设施建设等方面的规划,在实施过程中可能造成水土流失的,要在规划中提出水土流失预防和治理的对策和措施,并在实施阶段认真落实。加强水土保持监督检查,落实水土保持专项验收,保证水土保持措施能够落到实处,强化对水土保持违法案件的查处,确保生产建设项目全面落实水土保持"三同时"制度。

三是强化监督执法能力建设。开展地方各级水行政主管部门水土保持监督管理能力建设,建立健全各级水土保持管理机构,根据水土保持监督管理、工程建设管理和监测评价任务配备相应数量的人员队伍。加强水土保持从业人员的培训,为监督管理人员配备一定数量的执法取证设备、执法办公设备和执法交通工具,提高依法行政能力。

10.3　完善投入机制

一是加大水土保持投入。以确定的水土保持重点工程为主,逐步提高用于水土保持生态建设财政投入在国民经济收入中所占的比重。

二是建立水土保持生态补偿制度。推动“环境有价、资源有价、生态功能有价”观念成为全社会价值取向,增强全民保护水土资源和生态环境意识。完善生产建设项目水土保持补偿费征收,协调相关利益各方关于水土保持生态建设效益与经济利益的分配关系。

三是调动社会投入水土保持的积极性。完善社会激励机制,稳定和拓宽投资、融资渠道,建立更加积极的投资、融资政策,运用更加灵活的融资手段,鼓励和引导民间资本参与水土保持工程建设,坚持“经济引导、鼓励扶持、依法管理、保护权益”的方针,切实保障治理开发者的合法权益,并在资金、技术、税收等方面予以扶持。

四是积极利用外资。争取利用世界银行、亚洲开发银行、联合国有关机构,以及双边或多边技术合作的贷款和赠款。

五是统筹资金、重点支持。为了深入推进涉农资金整合和统筹,加快推进财政支农资金科学化精细化管理,按照“渠道不乱、用途不变、统筹安排、集中投入、各司其责、形成合力”的原则,整合优化各类财政支农资金,统筹使用,形成部门协调配合、良性互动工作机制,集中支持对农业和农村经济起支撑带动作用的重点项目。

实行以规划带动项目,以项目整合资金。围绕生态建设和保护这个主题,推进科技创新,突出重点项目、重点区域,集中投入,连续投入,先易后难,稳步推进。

以精准扶贫为核心,加强和财政及各部门的沟通协作,通过创新投资方式方法,逐步形成支农资金归类合理、安排科学、使用高效、运作安全的使用管理机制。对水利、扶贫、农业、畜牧、交通等部门管理的农村人畜安全饮水、乡村道路、农田水利、土地治理、农业综合开发、农业产业化等性质相同、用途相近、使用分散的涉农项目进行归并,集中财力办事业,以求得投资效益最大化。

六是加强资金管理,确保专款专用。建章立制,完善内部控制制度。对于重点项目,各级水土保持业务部门要结合项目管理要求建立健全财务机构,制定财务管理办法,配备专(兼)职会计、出纳人员,规范财务工作;坚持财务制度,严格审批手续;加强资金的检查监督,杜绝违纪现象;坚持内审部门独立审计、监察部门实施监管的综合监督机制,充分发挥审计检查部门对财务工作的指导监督作用。

10.4　创新体制机制

一是调动社会资源参与水土保持。大力推动水土保持技术服务市场,以政府购买服务的方式调动社会力量积极参与水土保持监测、水土保持设计、技术审查、工程效益评价等技术服务工作。

二是调动广大农民群众参与水土流失治理的积极性。改革水土保持国家投资管理模式,坡耕地改造、封育管护等小型工程措施、植物措施,可由县级项目管理单位直接与土地的所有者或使用者签订治理合同,减少中间环节,提高国家水土保持投资使用效益。

三是实施村级水土保持生态文明工程。以村为单元制订水土保持文明工程建设实施方案,以全面治理村范围内的水土流失、实现水土资源可持续利用为基础,以村容村貌整治为补充,将生态文明建设与农村经济建设、文化建设、社会建设紧密结合,由村民集体讨论、集体实施,调动村民参与水土流失治理的积极性和主动性,提升水土保持的社会影响力。

10.5　强化科技支撑

一是加强水土保持基础理论和关键技术研究。针对青海省水土保持生态建设的重大战略问题,以及当前水土保持生产实践中亟须解决的热点、难点问题,加强水土保持前瞻性、战略性、方向性的重大理论问题和生产急需的关键技术研究。

二是加强应用技术推广。建立健全水土保持实用技术推广和服务体系,建立一批高水平的水土保持科技示范园,加快科技成果的转化。

三是应用最新科技,提高水土保持信息化管理水平。推动以数字小流域为基础的水土保持工程建设管理和以卫星遥感影像为基础的生产建设项目水土保持监测。将近期重点工程建设涉及的小流域全部数字化,实现小流域综合治理方案编制、技术审查、投资管理、进度控制、质量控制、验收和评价等全过程信息化管理。以高清卫星遥感影像为基础,对一定时间间隔的遥感影像进行对比,与现场查勘相结合,实现对生产建设项目的高效管理,最大限度减轻人为水土流失的发生。

四是深化水土保持科技体制改革与创新体系建设。强化宏观指导与调控,推进青海省水土保持现代科技管理体制建设,积极稳妥推进水土保持科研机构管理体制的改革,使其成为具备市场应对能力的应用研究和技术推广机构;对承担区域基础研究和监测的机构,政府要给予一定的支持。健全青海省水土保持科技决策机制,消除体制机制性障碍,切实整合科技资源,加强工程技术研究中心和重点实验室建设,加强科研能力建设,逐步建立起有利于水土保持科技发展的现代科技管理体制。

五是加强技术合作与交流。及时了解掌握国内外水土保持科技的最新动态,不断吸收和消化国内水土保持科技的先进理论、先进技术和先进管理模式,提高水土保持科技水平。

10.6　加强宣传教育

一是加大水土保持宣传力度。采取多种形式,广泛、深入、持久地开展水土保持宣传,大力营造防治水土流失人人有责、自觉维护、合理利用水土资源的氛围。

　　二是建立水土保持科普教育基地。加大科普教育的投入,结合水土保持工程建设,在县级以上城市周边,建设一定数量交通方便、设施齐全的水土保持科普教育基地。培养一批水土保持科普教员,把水土保持科普宣传贯穿到整个中小学义务教育阶段,增强全社会的水土保持生态文明意识。

　　三是建立水土保持公众参与平台。增强网络技术服务和信息发布功能,及时向社会发布水土保持监测和统计数据,公告近期重点工程建设和生产建设项目水土保持管理相关内容。建立公众网络交流机制,满足公众提交建议、举报水土保持违法事件的需要,提高全社会参与水平。

第 11 章 水土保持工作预期效果

根据水土保持工作的目标、任务和总体布局,在各行各业和全社会的共同努力下,预期到 2030 年,各项水土保持措施的实施将使全省水土流失得到基本控制,林草覆盖率提高 3% 以上,新增年减少土壤流失量约 1 800 万 t,全面提升青海省水土资源可持续利用能力,促进生态可持续维护,经济社会发展支撑和保障能力得以提高。

农业综合生产能力明显提高。到 2030 年,通过水土资源的有效治理与保护,可提高耕地质量、改善耕地条件,提高土地生产力,降水资源得到有效利用,抵御干旱的能力得到提高,农业综合生产能力进一步增强,夯实农业生产发展基础,促进农村经济发展、农民增收。东部黄土高原区梯田化率达到 14% 以上,沙漠绿洲农业耕地资源得到有效保护,山丘区粮食安全得到有效保障,三江源区通过封育保护和局部综合治理,农牧业生产能力得以增强。

水土保持功能得到维护和提高。到 2030 年,全省水土流失综合防治格局和体系基本形成,通过各项防治措施全面实施,各区域水土保持基础功能得到全面维护和显著提高。通过预防保护,北部格尔木盆地防沙生态维护预防带、祁连山水源涵养带、青海湖周边生态维护带、三江源水源涵养生态维护预防带退化的林草植被得到恢复和保护,林草覆盖率显著提高,水源涵养、水质维护、生态维护、防风固沙和人居环境维护功能得到维护和提高,三江源区水源涵养功能维护率接近 10%,三江源区水源涵养能力进一步增强,黑泉水库等重要饮用水水源地水质维护功能明显提升。东部黄土高原区通过坡耕地综合整治、侵蚀沟治理和小流域(片区)为单元的综合治理,土壤保持、蓄水保水、拦沙减沙和农田防护功能显著增强。

水土保持公共服务能力得到提高。到 2030 年,青海省水土保持法律法规体系基本建立健全,通过水土保持政府目标责任考核,强化政府防治水土流失和改善生态的社会管理职能,形成比较完善的预防监督管理和监测评价体系;通过科研基地、标准体系、科技示范园基础平台建设,完善水土保持政策、技术标准、规划、科技支撑、机构队伍体系,社会服务能力得到提高;通过构建全省水土保持基础信息平台和全省水土保持监督管理信息系统,水土保持信息化水平大幅提高。通过水土流失综合防治,提高生态产品的生产和供给能力,满足社会日益增长的对生态质量改善的需求,水土保持社会公共服务能力得到进一步提升。

参 考 文 献

[1] 青海省统计局,国家统计局青海调查总队.青海省统计年鉴2012[M].北京:中国统计出版社,2012.

[2] 星球地图出版社.青海省地图集[M].北京:星球地图出版社,2009.

[3] 《中国农业全书》总编辑委员会.中国农业全书——青海卷[M].北京:中国农业出版社,2001.

[4] 王治国,张云龙,等.林业生态工程学——林草植被建设的理论与实践[M].北京:中国林业出版社,2000.

[5] 刘震.水土保持监测技术[M].北京:中国大地出版社,2004.

[6] 罗朝阳.青海省国民经济和社会发展第十一个五年规划汇编[M].西宁:青海人民出版社,2007.

[7] 翟松天,崔永红.青海经济史[M].西宁:青海人民出版社,2004.

[8] 谢高地,等.青藏高原生态资产的价值评估[J].自然资源学报,2003,8(2):189-196.

[9] 张永利,杨峰伟,鲁绍伟.青海省森林生态系统服务功能价值评估[J].东北林业大学学报,2007,35(11):74-76,88.

[10] 闵庆文,等.青海草地生态系统服务功能的价值评估[J].资源科学,2004,26(3):56-60.

[11] 李菲云,吴方卫.沪郊农田生态系统服务功能价值评估[J].上海农村经济,2006(9):22-25.

[12] 刘敏超,等.三江源地区生态系统服务功能与价值评估[J].植物资源与环境学报,2005,14(1):40-43.

[13] 王浩,陈敏建,唐克旺.水资源环境价值和保护对策[M].北京:清华大学出版社,2004.

[14] 朱玉坤,鲁顺元.关注民族"生态家园"的安全——青藏高原环境破坏性生存战略替代与区域发展纵论[M].西宁:青海人民出版社,2004.

[15] 王如松,林顺坤,欧阳志云.海南生态省建设的理论与实践[M].北京:化学工业出版社,2004.

[16] 严行方.绿色经济[M].北京:中华工商联合出版社,2007.

[17] 陈孝全,苟新京.三江源自然保护区生态环境[M].西宁:青海人民出版社,2002.

[18] 青海三江源自然保护区生态保护和建设总体规划实施工作领导小组办公室.青海三江源生态保护和建设工程必读.2007.

[19] 李吉均.青藏高原隆升与亚洲环境演进[M].北京:科学出版社,2006.

[20] 牛文元.中国可持续发展总论[M].北京:科学出版社,2007.

[21] 解洪,等.四川建设长江上游生态屏障的探索与实践[M].成都:四川科学技术出版社,2002.

[22] 王绚.将青海作为青藏高原生态安全试验区的设想[J].青海社会科学,2008(2):35-37.

[23] 杨建平,丁永建,等.长江黄河源区生态环境变化综合研究[M].北京:气象出版社,2006.

[24] 亦冬.生态文明:21世纪中国发展战略的必然选择[J].攀登,2008,27(157):73-76.

[25] 曹文虎,李勇.青海省实施生态立省战略研究[M].西宁:青海人民出版社,2009.

[26] 《青海湖流域生态环境保护与修复》编委会.青海湖流域生态环境保护与修复[M].西宁:青海人民出版社,2008.

[27] 吴绍洪,郑度,杨勤业.我国西部地区生态地理区域系统与生态建设战略初步研究[J].地理科学进展,2001,20(1):10-20.

[28] 王治国,鲁胜力,等.全国水土保持区划成果概述及应用研究//中国水土保持学会规划设计专业委员会2012年年会论文集[C].中国水土保持学会,2013.

［29］ 纪强,王治国,等.关于水土流失重点防治区体系及划分的思考∥中国水土保持学会水土保持规划设计专业委员会 2011 年年会论文集［C］.中国水土保持学会,2011.

［30］ 王治国,王春红.对我国水土保持区划与规划中若干问题的认识［J］.中国水土保持科学,2007,5(1):105-109.

［31］ 张宗祜,李烈荣.中国地下水资源［M］.北京:中国地图出版社,2005.

［32］ 祁永刚.青海省水土保持监测网络建设管理现状及发展对策［J］.中国水土保持,2010(11):24-24.

［33］ 丹果,王海宁.青海省水土保持生态建设的成效与思路［J］.中国水土保持,2004(9):13-15.

［34］ 祁永刚,张卫,张小珠.三江源区水土保持生态监测实践与探索［J］.中国水土保持,2007(11):23-25.